AF504322

PALÉONTOLOGIE FRANÇAISE

DESCRIPTION

DES ANIMAUX INVERTÉBRÉS

DATES DE LA PUBLICATION

<table>
<tr><td>Feuilles   1 — 6 ....</td><td rowspan="2">} Octobre 1867.</td></tr>
<tr><td>Planches   1 — 24 ....</td></tr>
<tr><td>Feuilles   7 — 9 ....</td><td rowspan="2">} Juillet 1869.</td></tr>
<tr><td>Planches 25 — 36 ....</td></tr>
<tr><td>Feuilles 10 — 12 ....</td><td rowspan="2">} Août 1869.</td></tr>
<tr><td>Planches 37 — 48 ....</td></tr>
<tr><td>Feuilles 13 — 14 ....</td><td rowspan="2">} Janvier 1870.</td></tr>
<tr><td>Planches 49 — 60 ....</td></tr>
<tr><td>Feuilles 15 — 17 ....</td><td rowspan="2">} Novembre 1871.</td></tr>
<tr><td>Planches 61, 64 à 74 ....</td></tr>
<tr><td>Feuilles 18 — 20 ....</td><td rowspan="2">} Décembre 1872.</td></tr>
<tr><td>Planches 62, 75 à 85 ....</td></tr>
<tr><td>Feuilles 21 — 23 ....</td><td rowspan="2">} Janvier 1873.</td></tr>
<tr><td>Planches 63, 86 à 96 ....</td></tr>
<tr><td>Feuilles 24 — 26 ....</td><td rowspan="2">} Octobre 1873.</td></tr>
<tr><td>Planches 97 — 108 ....</td></tr>
<tr><td>Feuilles 27 — 28 ....</td><td rowspan="2">} Décembre 1873.</td></tr>
<tr><td>Planches 109 — 120 ....</td></tr>
<tr><td>Feuilles 29 — 31 ....</td><td rowspan="2">} Janvier 1874</td></tr>
<tr><td>Planches 121 — 132 ....</td></tr>
<tr><td>Feuilles 32 — 35 ....</td><td rowspan="2">} Juillet 1874.</td></tr>
<tr><td>Planches 133 — 142 ....</td></tr>
</table>

CORBEIL, TYP. ET STÉR. DE CRETÉ FILS.

PALÉONTOLOGIE FRANÇAISE

DESCRIPTION

DES ANIMAUX INVERTÉBRÉS

COMMENCÉE PAR ALCIDE D'ORBIGNY

continuée

SOUS LA DIRECTION D'UN COMITÉ SPÉCIAL

TERRAIN JURASSIQUE

TOME NEUVIÈME

ÉCHINIDES IRRÉGULIERS

PAR

G. COTTEAU

PRÉSIDENT DE LA SOCIÉTÉ GÉOLOGIQUE DE FRANCE

ATLAS

PARIS

G. MASSON, ÉDITEUR
LIBRAIRE DE L'ACADÉMIE DE MÉDECINE
Place de l'École-de-Médecine, 17
1867-1874

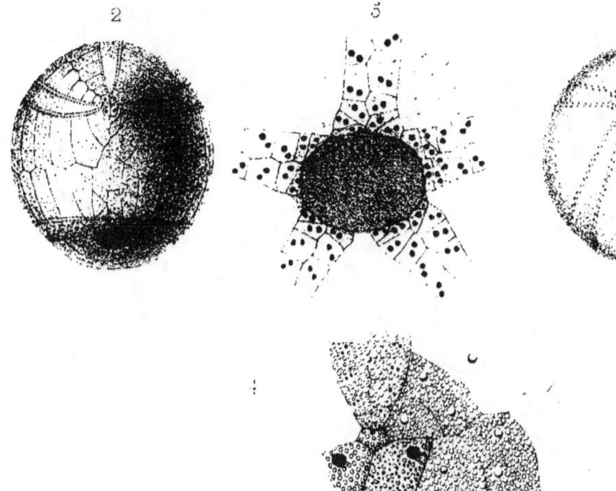

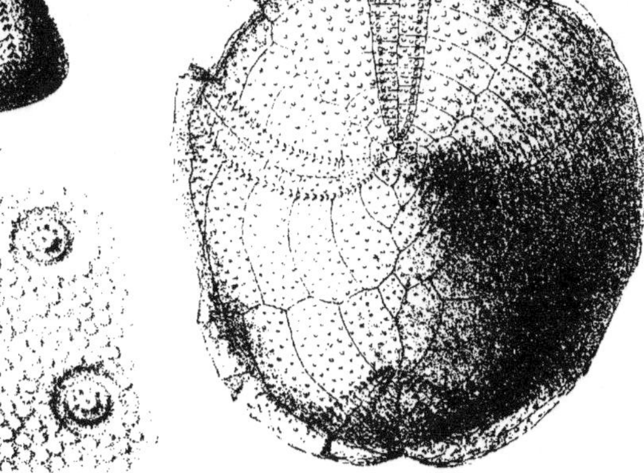

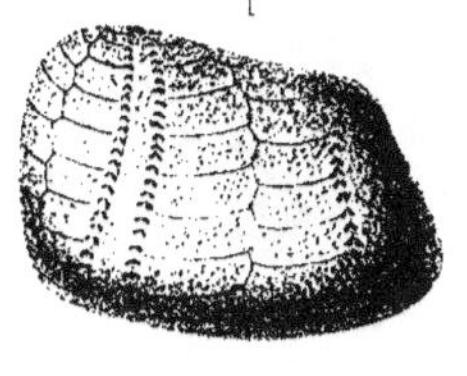

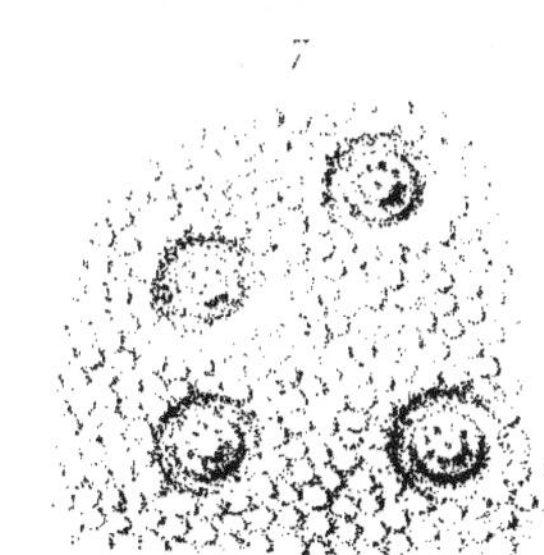

Humbert del et lith.   Imp. Becquet, Paris.

1 _ 5. *Metaporhinus Sarthacensis*, Cotteau. Et. Bajocien.
6 _ 7. *M. _________ Censoriensis*, _____ Et. Corallien.

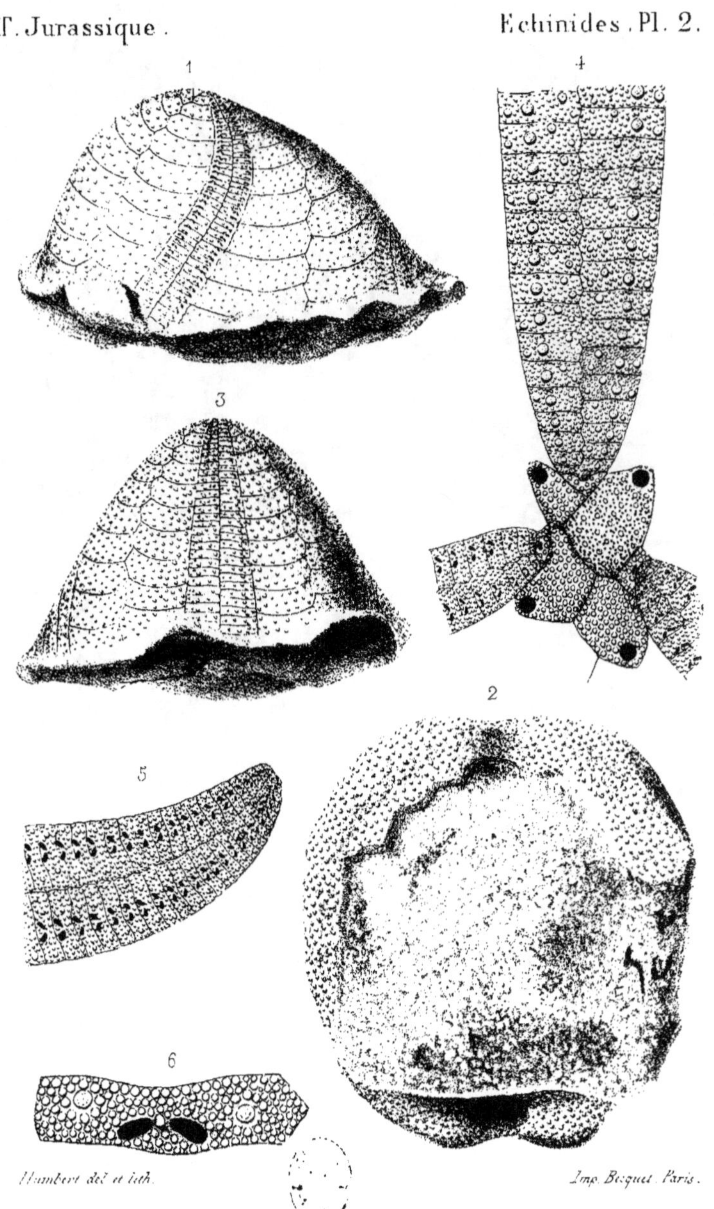

Metaporhinus Censoriensis, Cotteau. Et. Corallien.

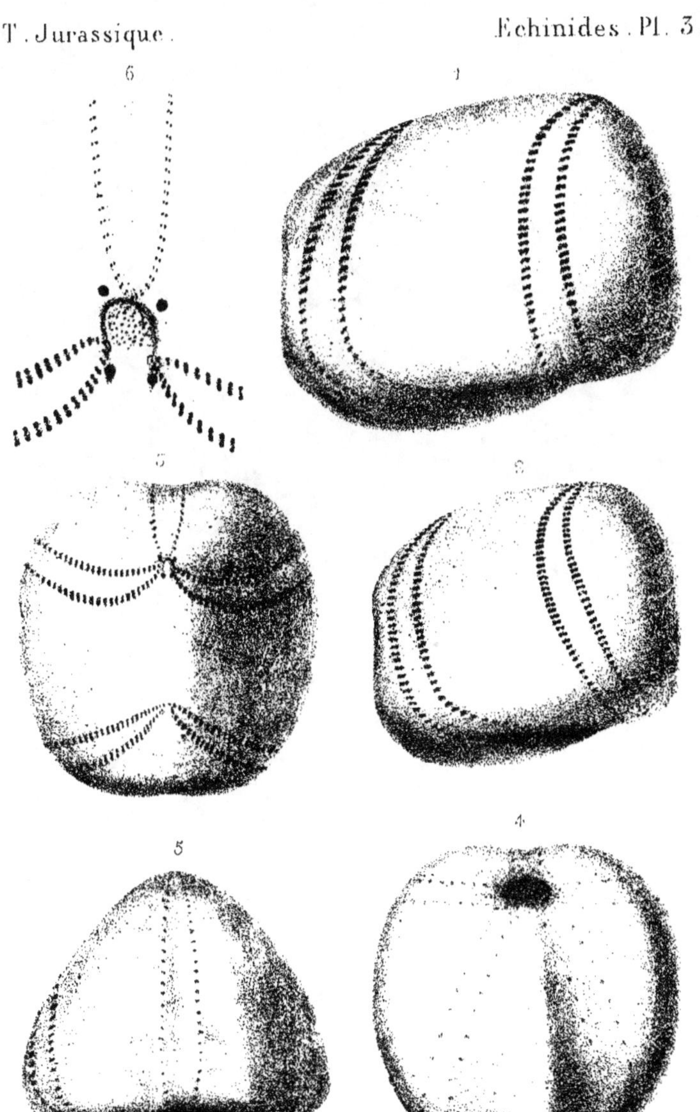

Metaporhinus Michelini, Agassiz. Corallien.

Humbert del et lith   Imp. Becquet Paris.

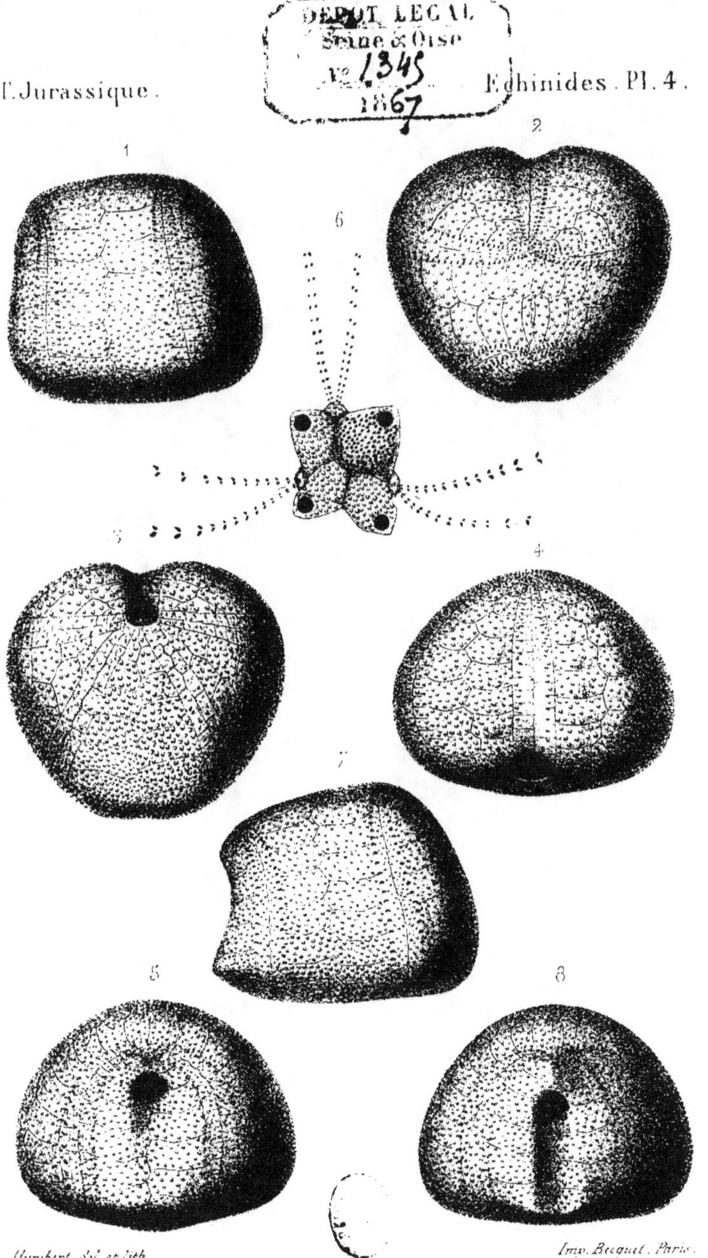

Humbert del. et lith.

Imp. Becquet. Paris.

Metaporhinus transversus, Cotteau.

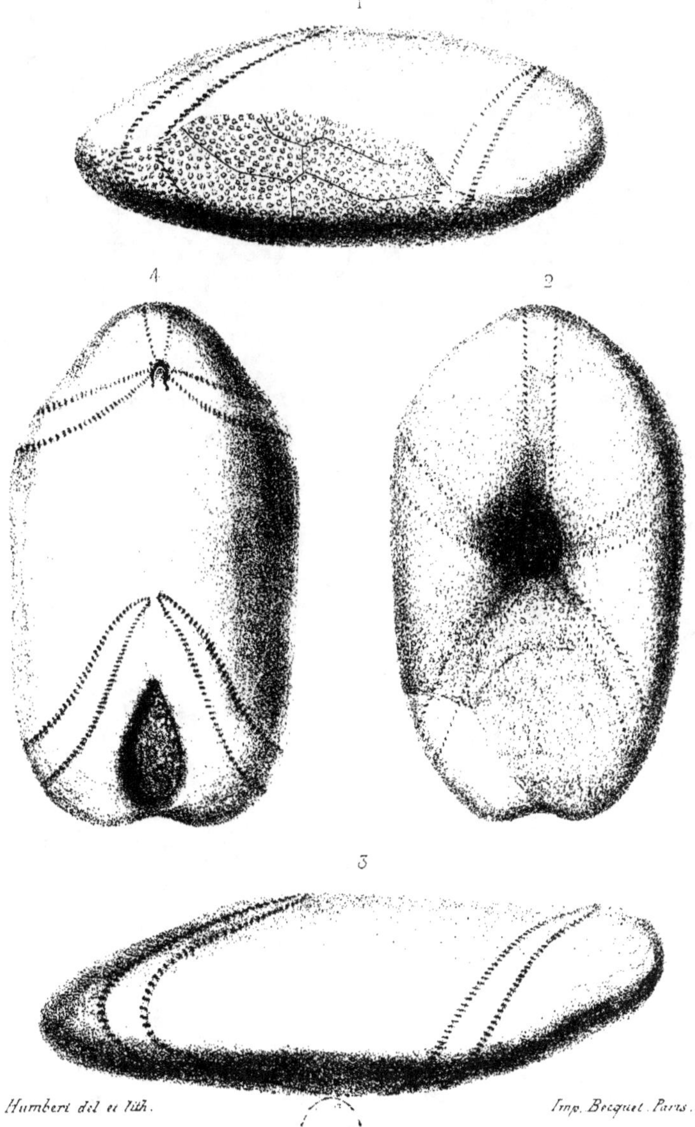

Grasia elongata, Michelin. Corallien.

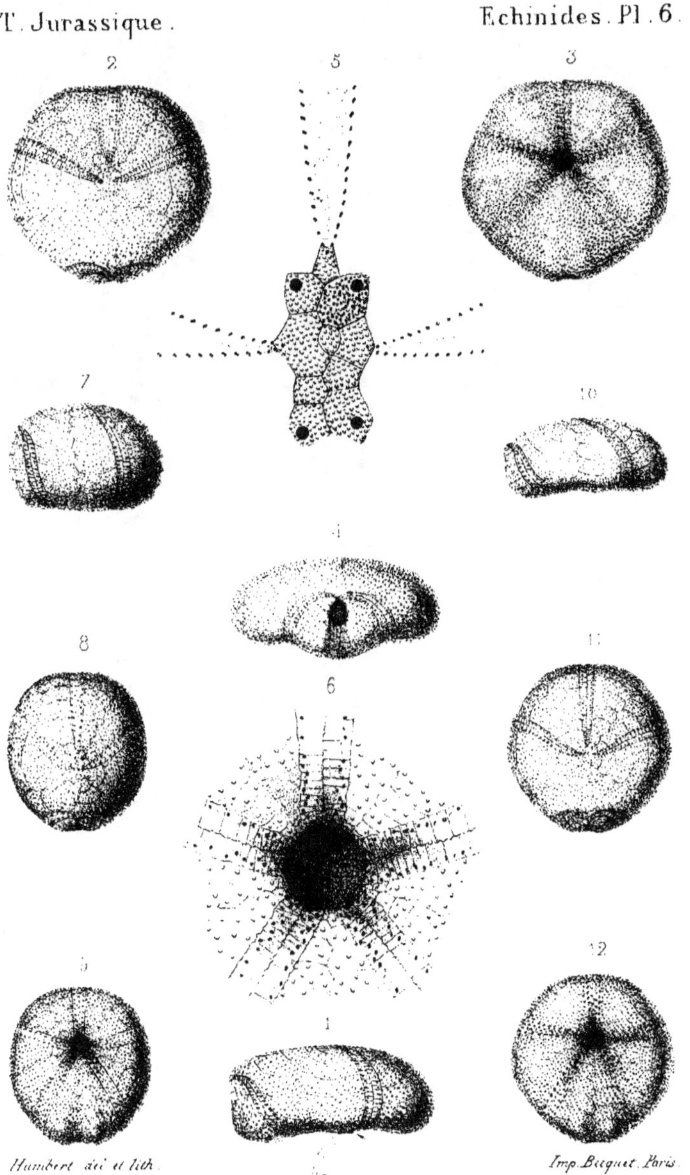

Collyrites ringens, Des Moulins, Bajocien et Bathonien.

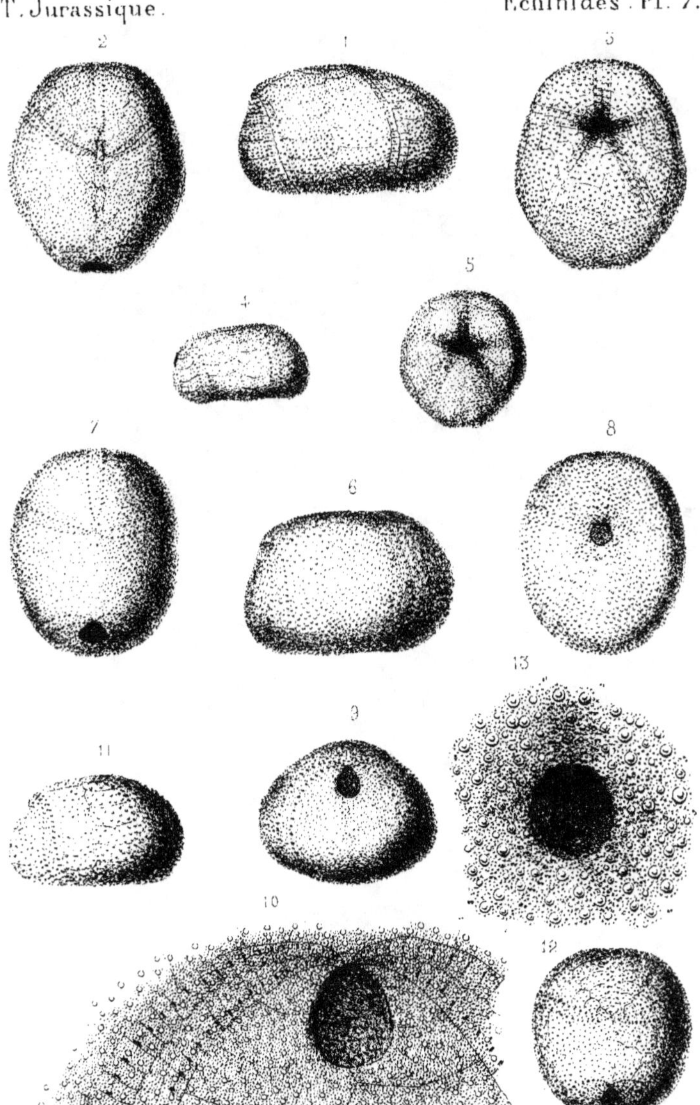

1 _ 5. *Collyrites ringens*, Des Moulins, Baj. et Bath.
6 _ 13. C. ______ *ovalis*, ______ ______

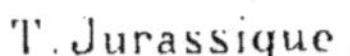

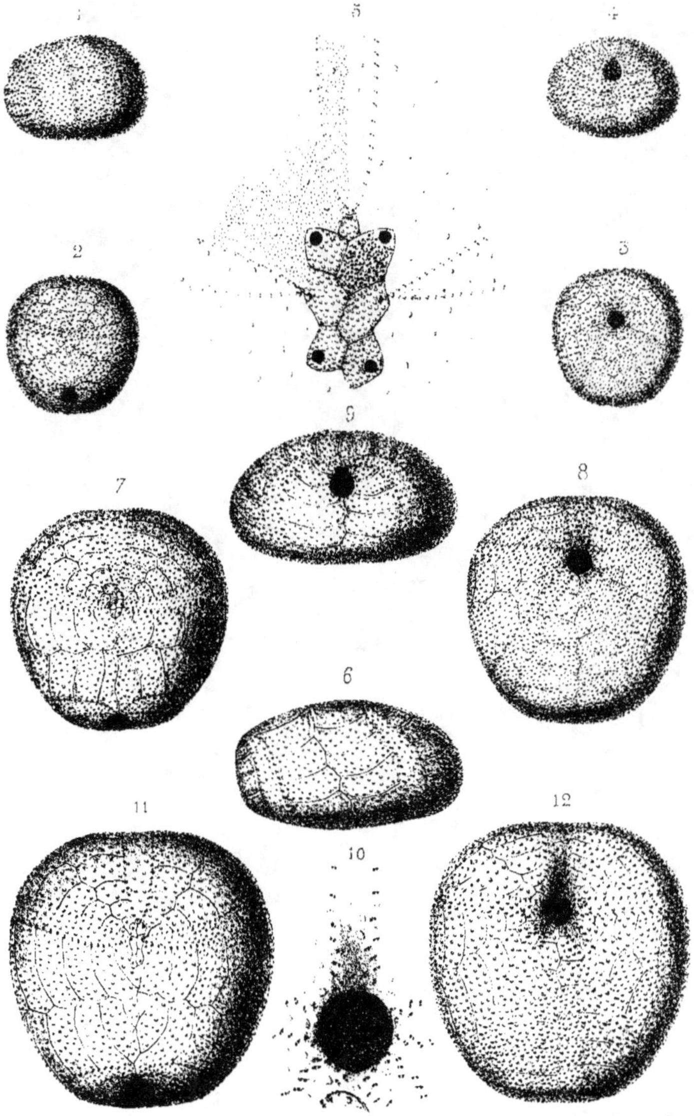

Humbert del. et lith.   Imp. Becquet, Paris.

1 _ 5. *Collyrites ovalis*, Des Moulins, Bajocien.
6 _ 12. C. ———— *analis*, ———— Bathonien.

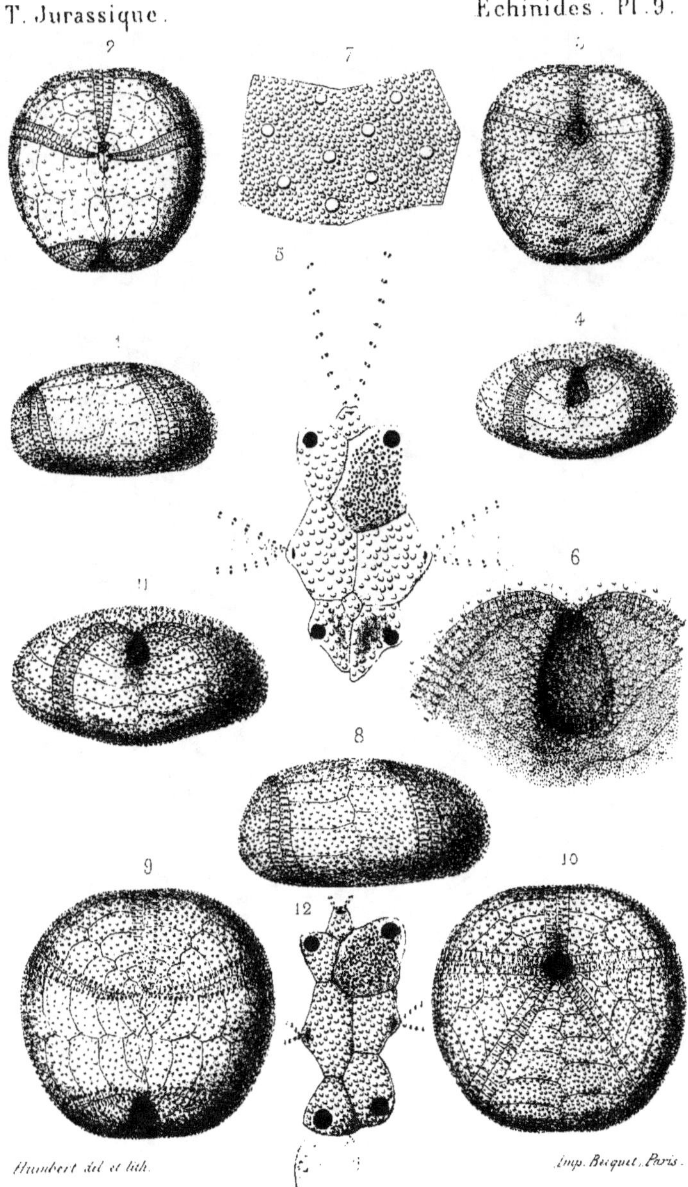

Collyrites analis, Des Moulins, Bathonien.

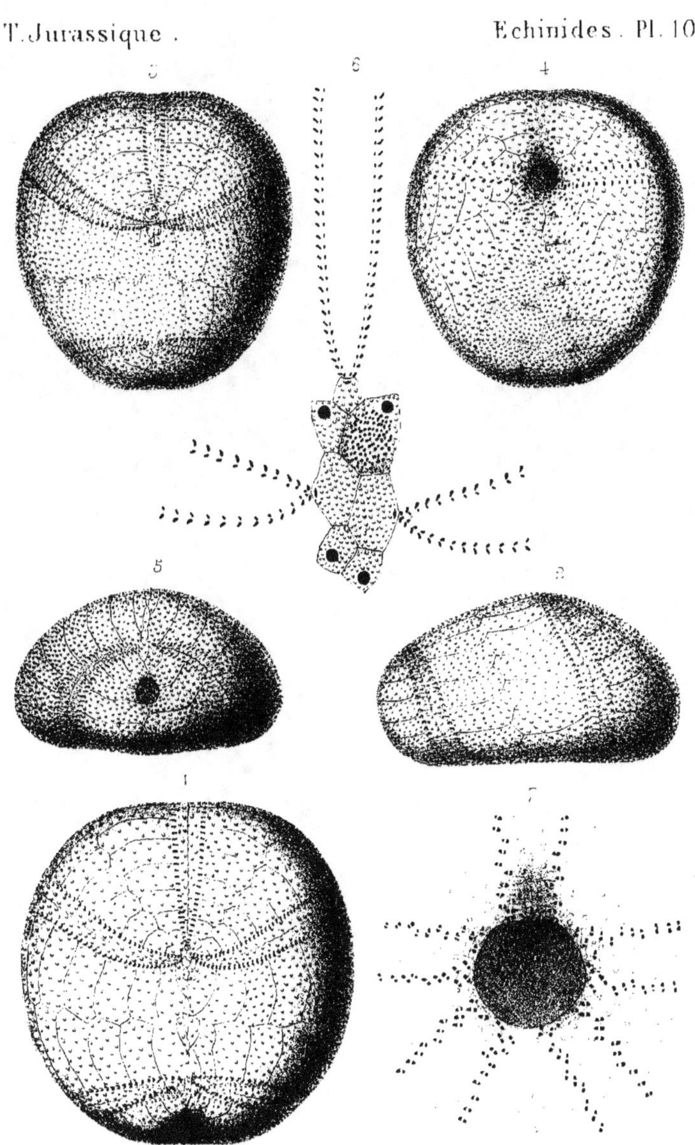

Collyrites elliptica, Des Moulins. Bathonien et Callovien.

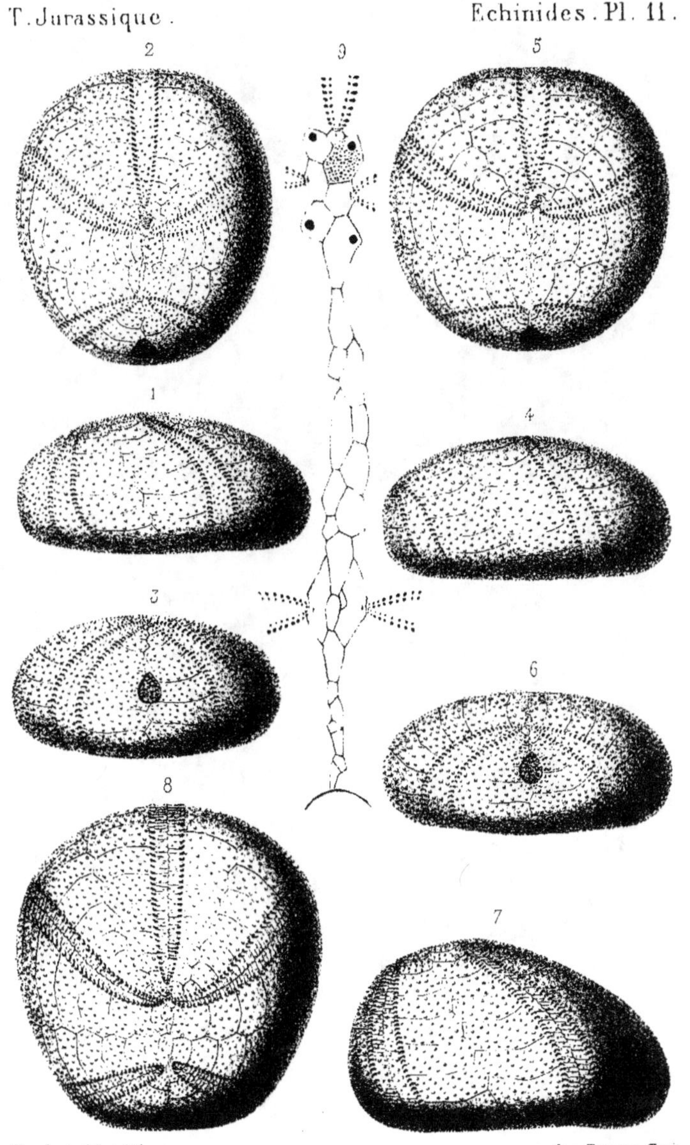

Humbert del et lith.   Imp. Becquet, Paris.

Collyrites elliptica, Des Moulins. Callovien.

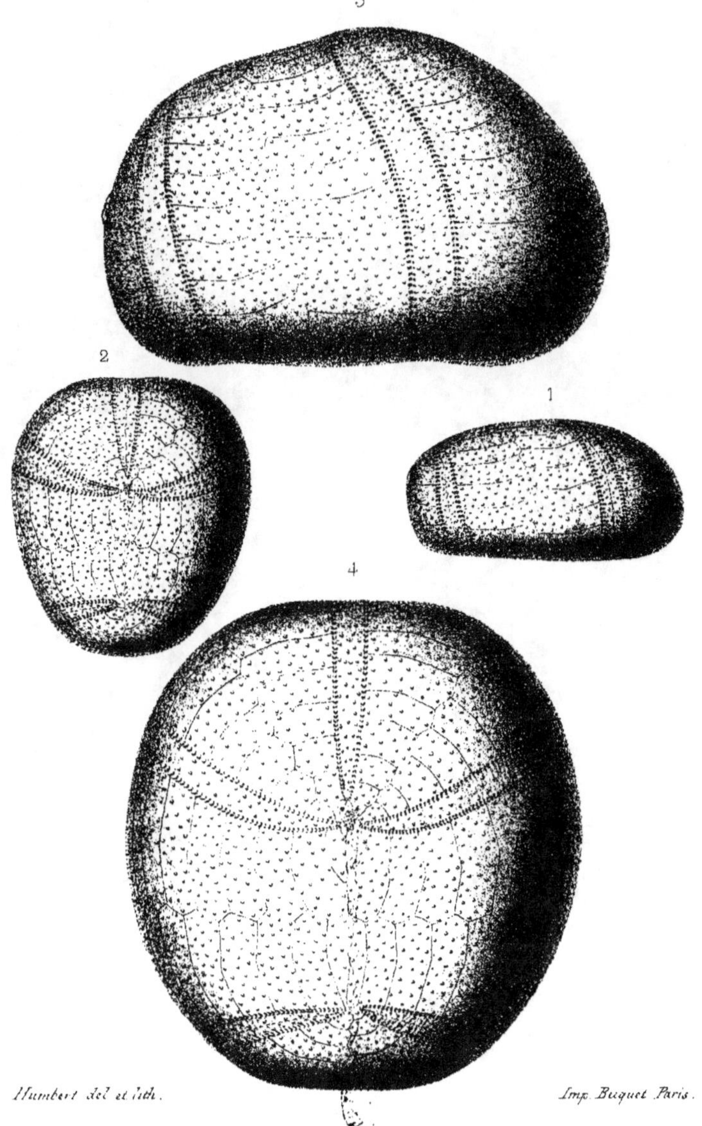

Humbert del et lith.

Imp. Becquet. Paris.

Collyrites elliptica , Des Moulins. Callovien.

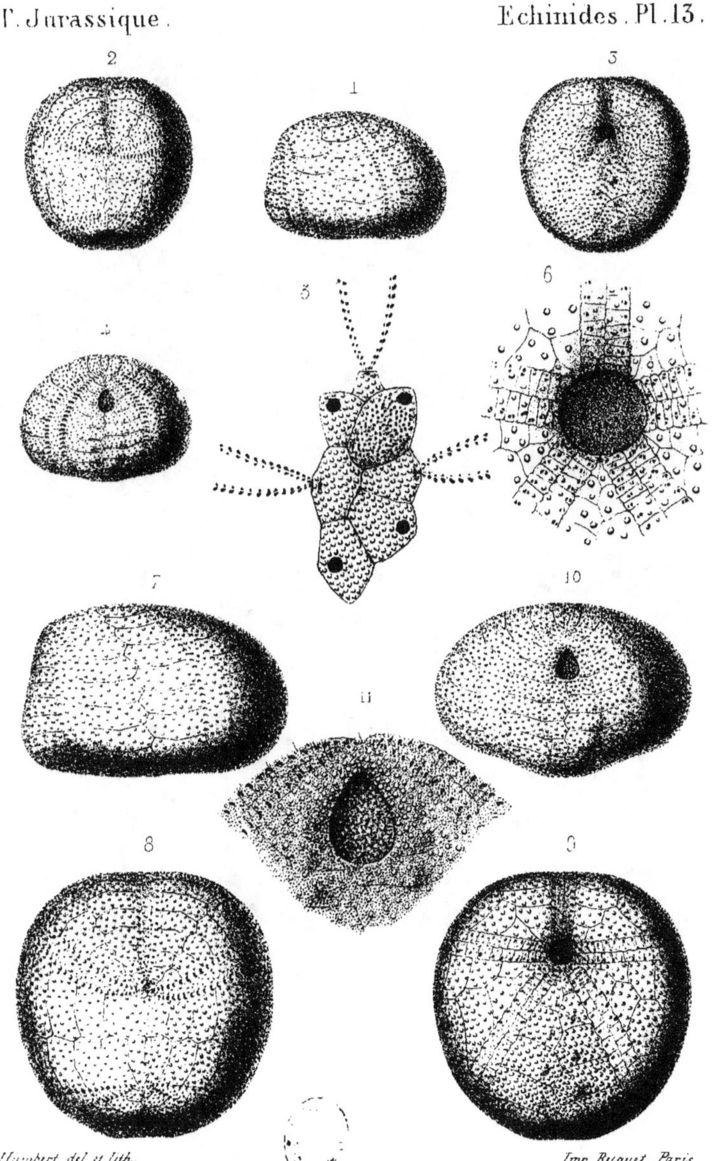

Collyrites dorsalis, d'Orbigny. Callovien.

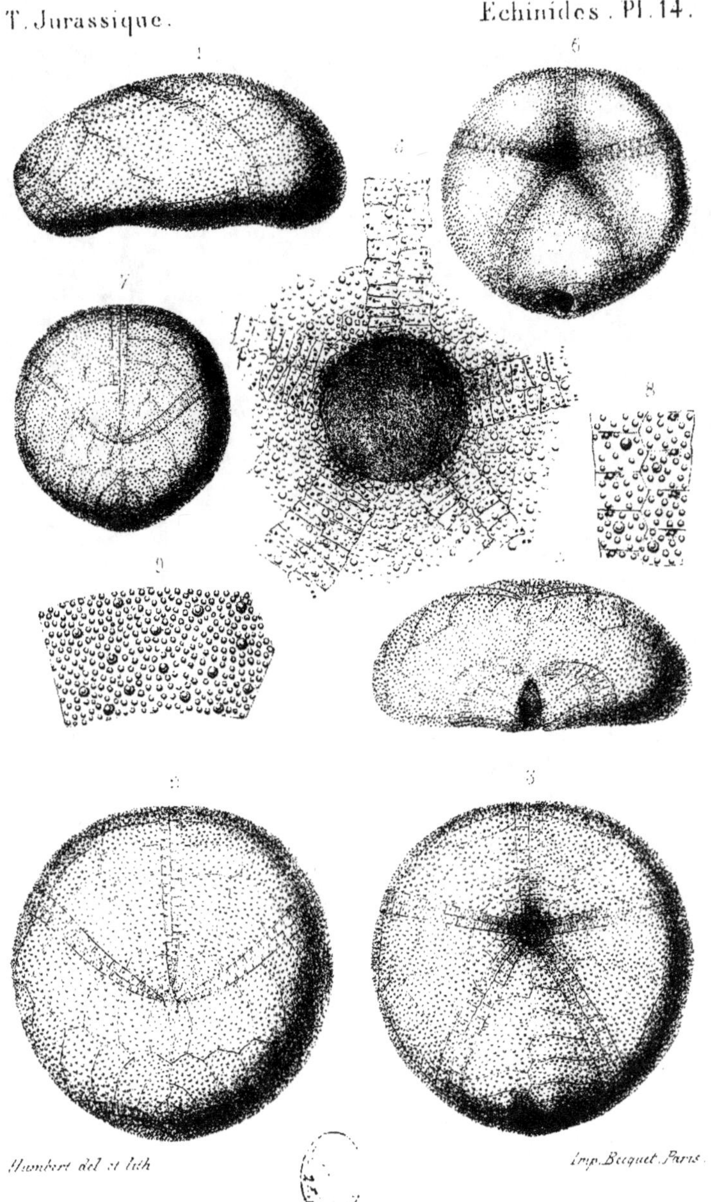

Collyrites pseudo-ringens, Cotteau. Callovien.

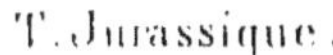

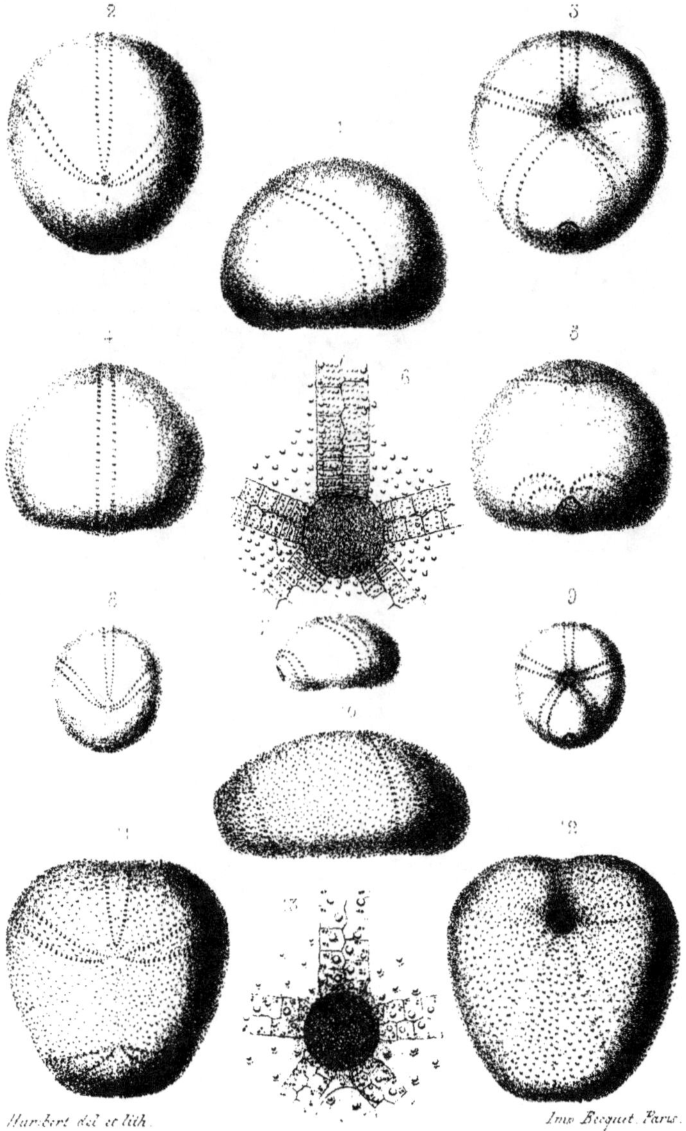

Harbert del et lith.   Imp Becquet. Paris.

1 _ 9. *Collyrites castanea*, Desor. Callovien.
10 _ 13. C. _______ *acuta*, _______ _______

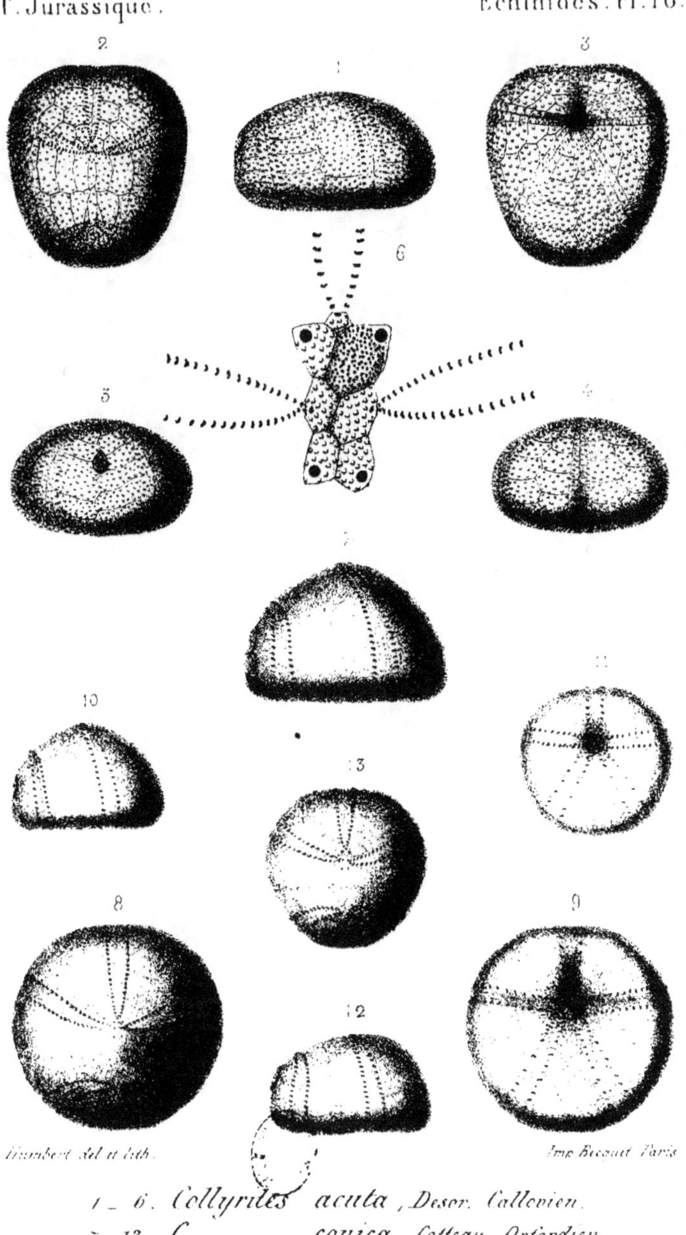

1 _ 6. *Collyrites acuta*, Deser. Callovien.
7 _ 13. C. ________ conica, Cotteau. Oxfordien.

Humbert del et lith.   Imp. Becquet Paris.

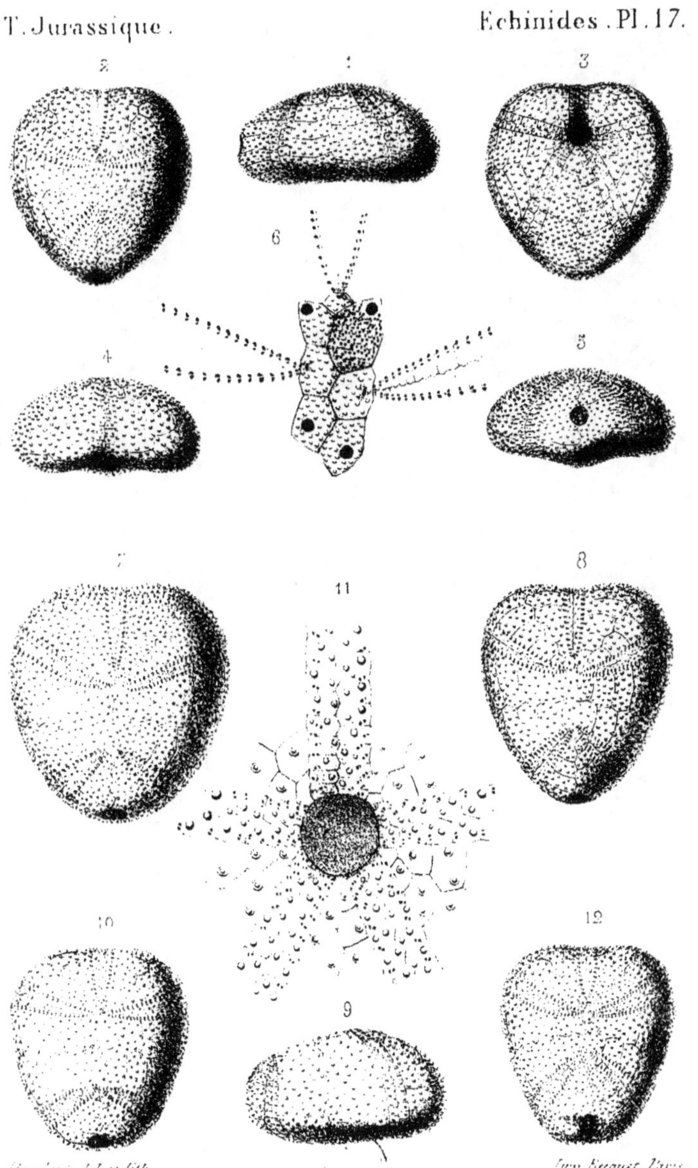

Collyrites capistrata, Des Moulins. Oxfordien sup.

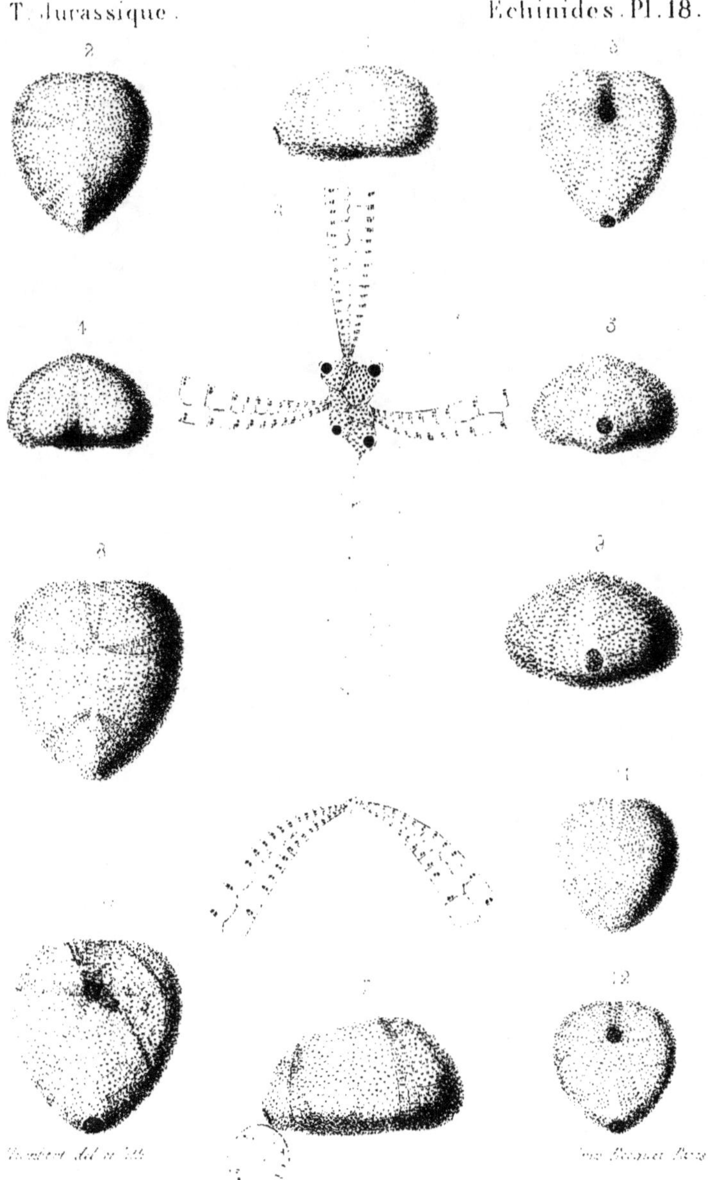

Collyrites carinata. Des Moulins. Oxford sup.

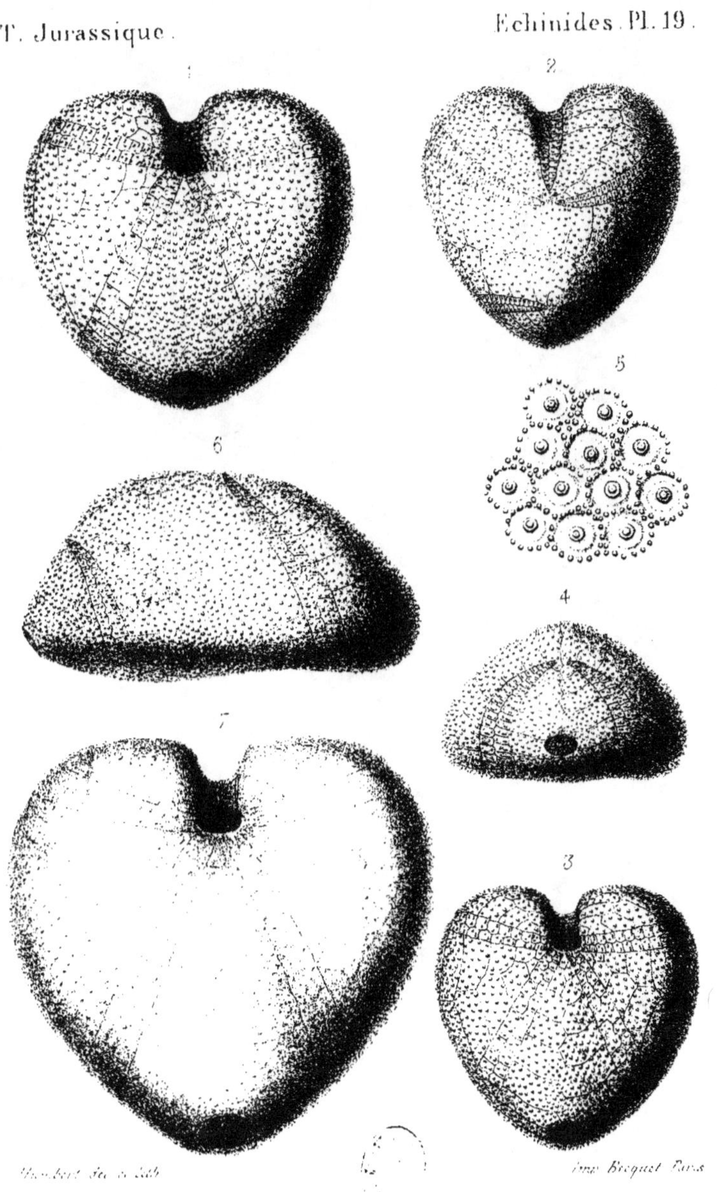

Collyrites Friburgensis Ooster. Oxford sup.

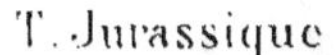

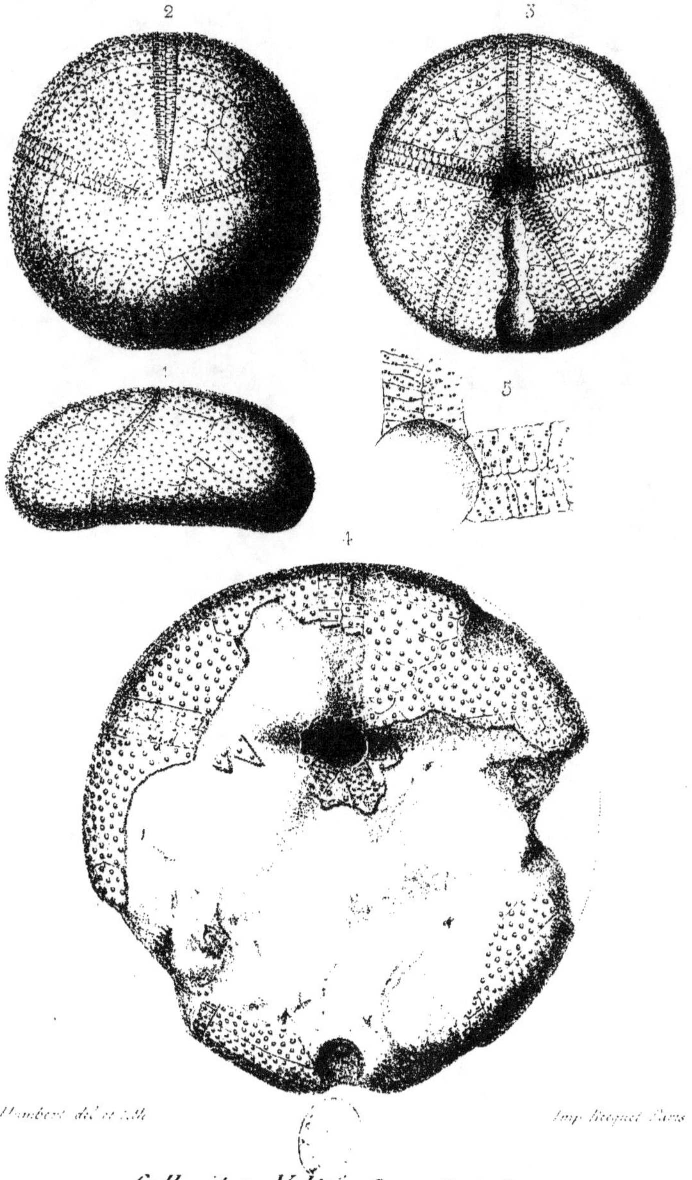

Humbert del. et lith. Imp. Becquet Paris

Collyrites Voltzi, Desor. Oxford sup.

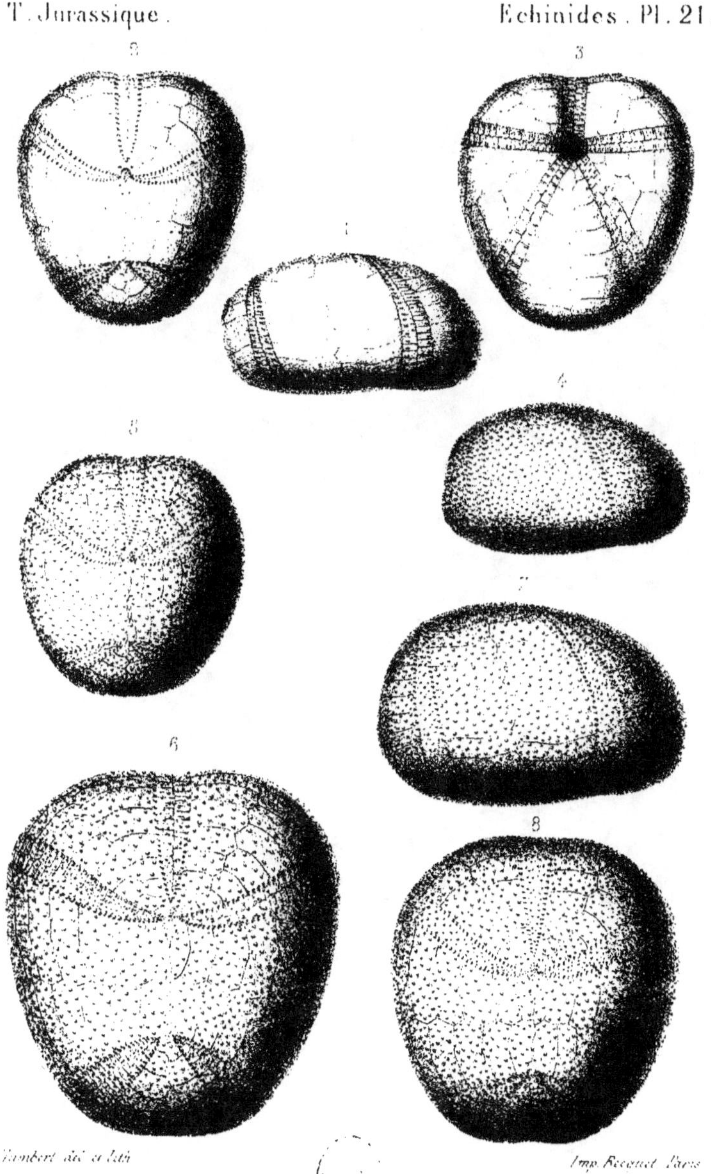

Collyrites bicordata, Des Moulins. Oxfordien.

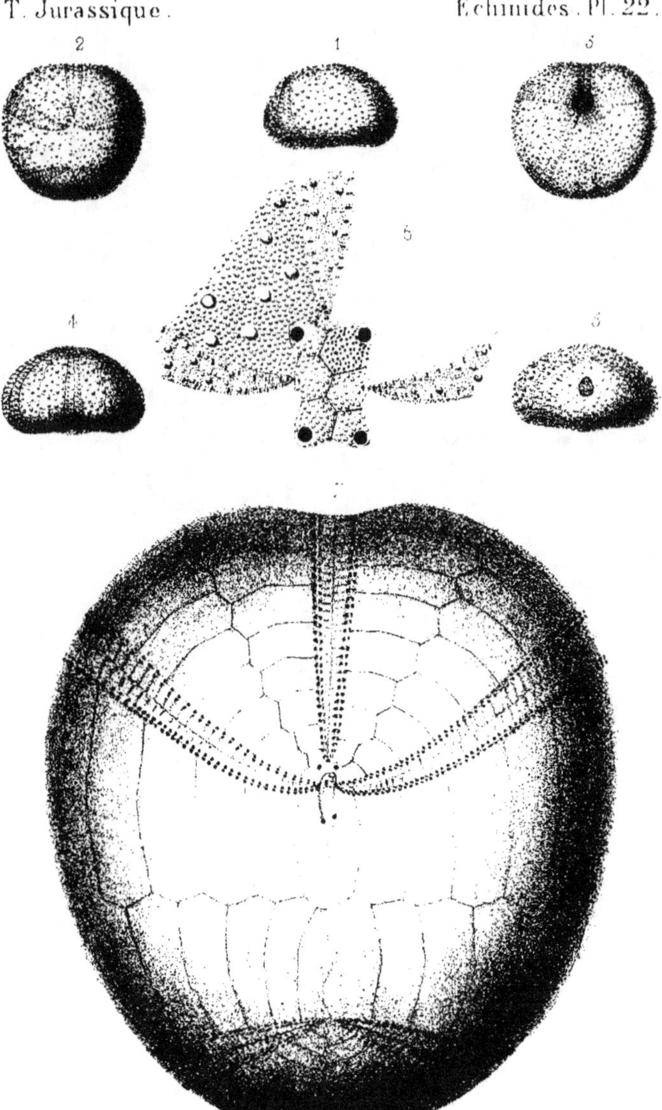

Humbert del et lith.   Imp. Becquet Paris.

1 _ 6. *Collyrites bicordata*, Des Moulins. Oxford sup.
7. C. _____ *Desoriana*, Cotteau. Corallien.

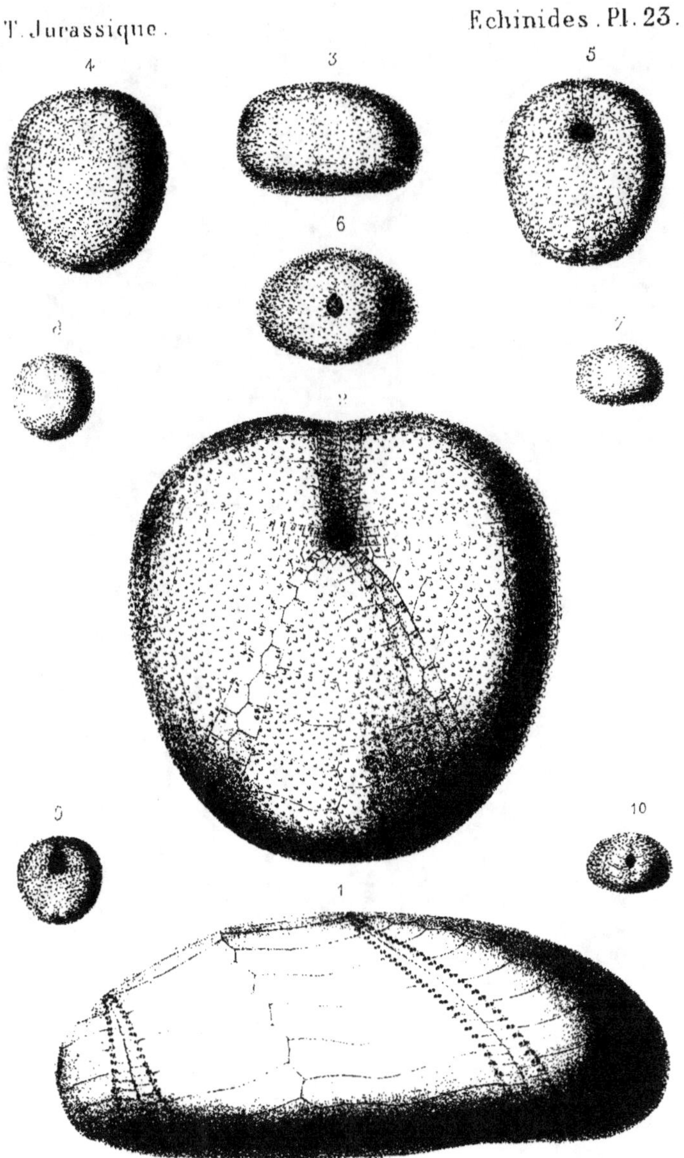

1 — 2. *Collyrites Desoriana*, Cotteau. Corallien.
3 — 10. C. ———— *Loryi*, d'Orbigny. ————

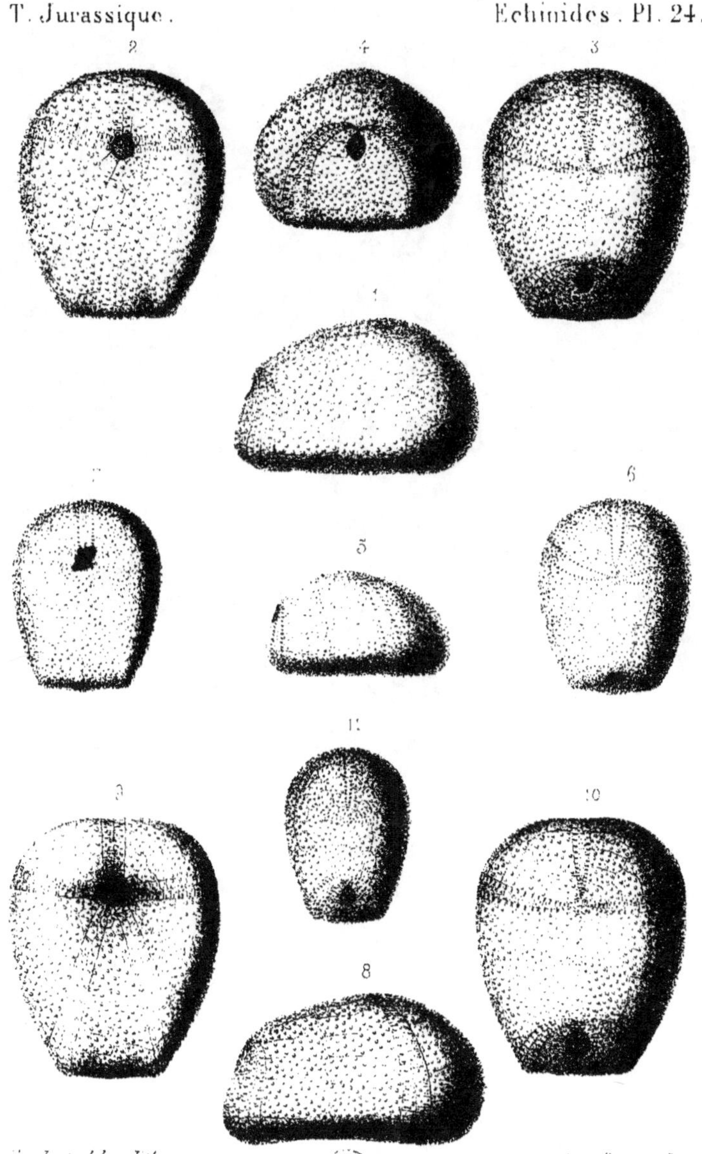

Gambey del. et lith.   Imp. Becquet Paris.

1 – 7. *Dysaster Moeschi*, Desor. Oxfordien.
8 – 11. D. ———— *granulosus*, Agassiz. Oxford sup.

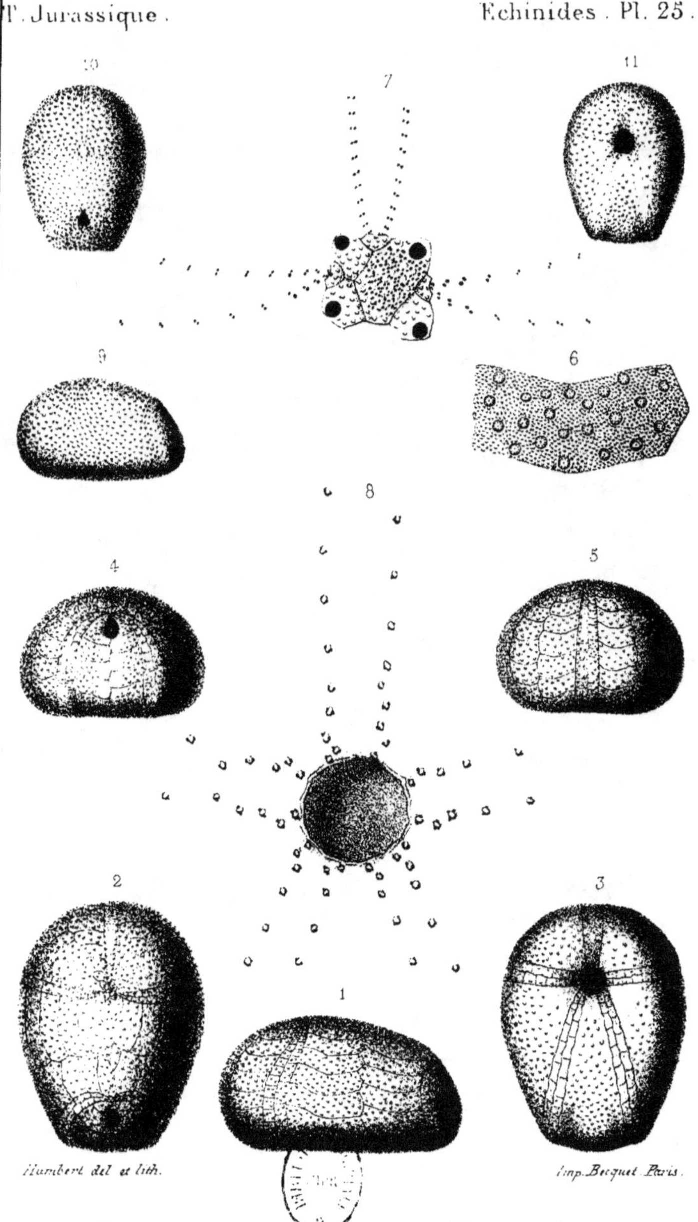

Dysaster granulosus, Agassiz. Kimmeridien.

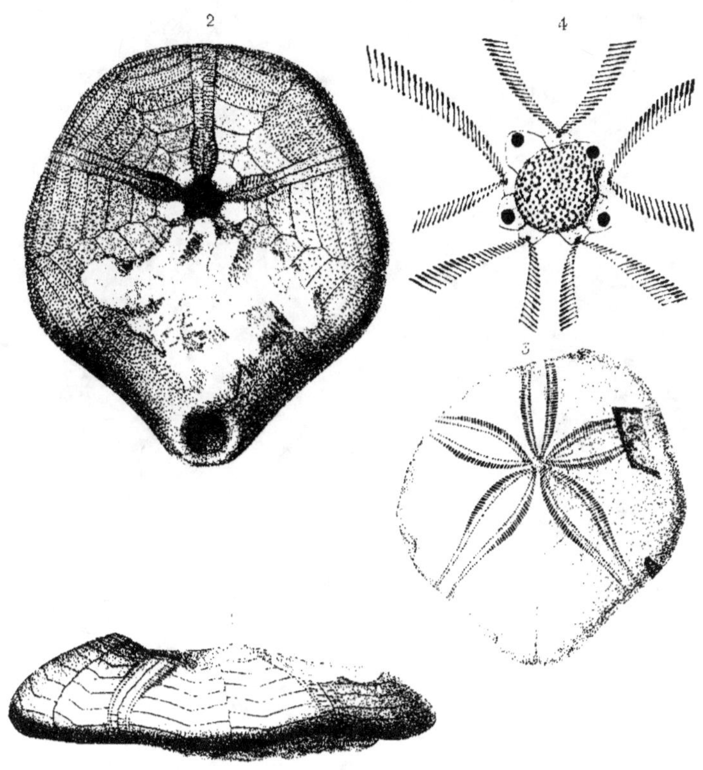

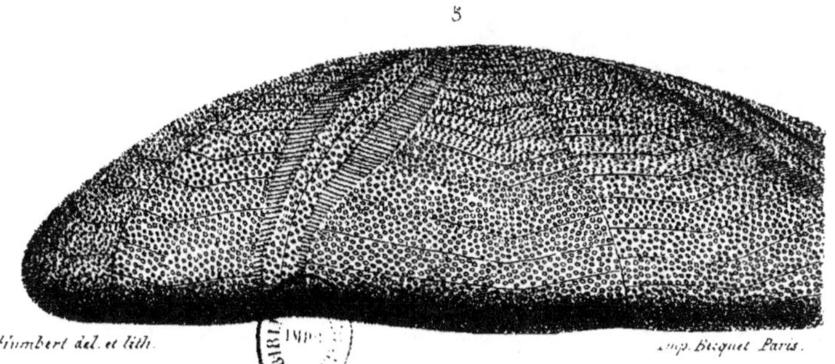

Humbert del. et lith.   Imp. Becquet Paris.

1..4. *Pygurus acutus*, Agassiz. Bajocien.
5. P.______ *Terquemi*, Cotteau ______?

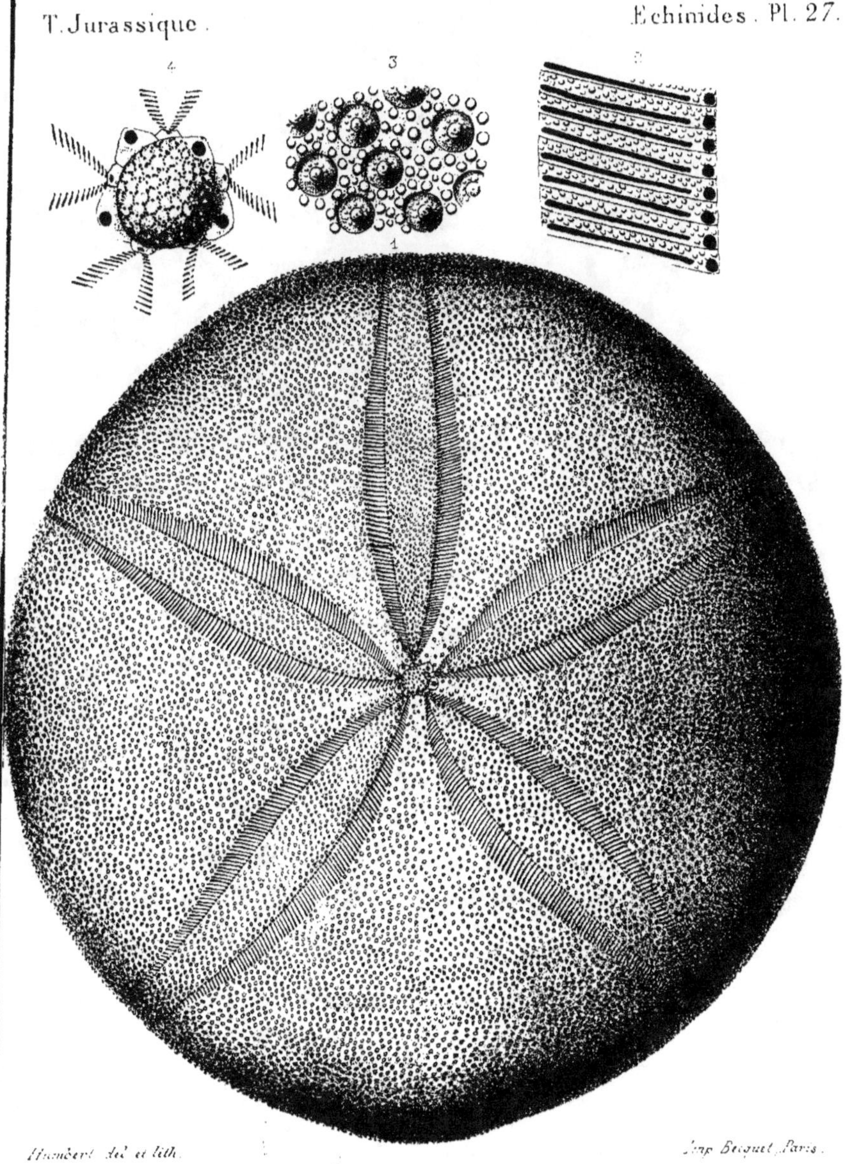

Humbert del. et lith.　　　　　　　　Imp. Becquet, Paris.

Pygurus Terquemi, Cotteau. Bajocien ?

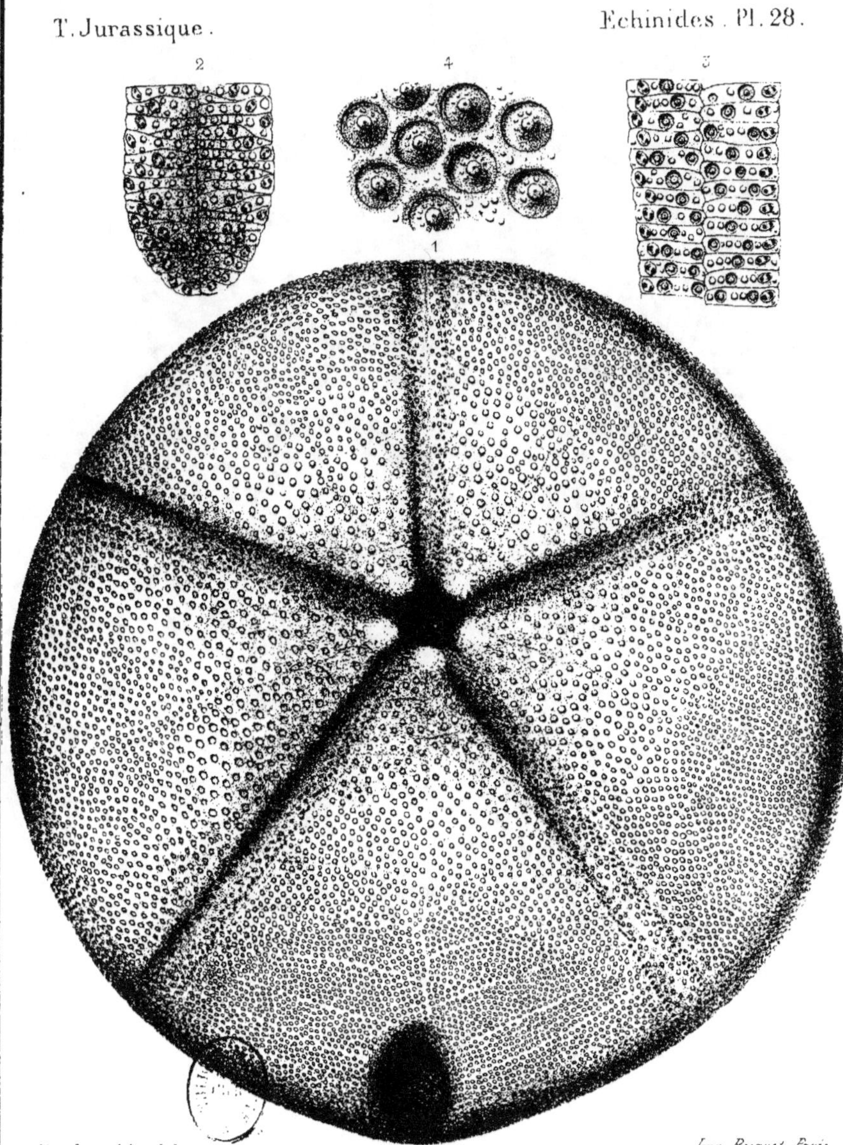

Pygurus Terquemi , Cotteau. Bajocien ?

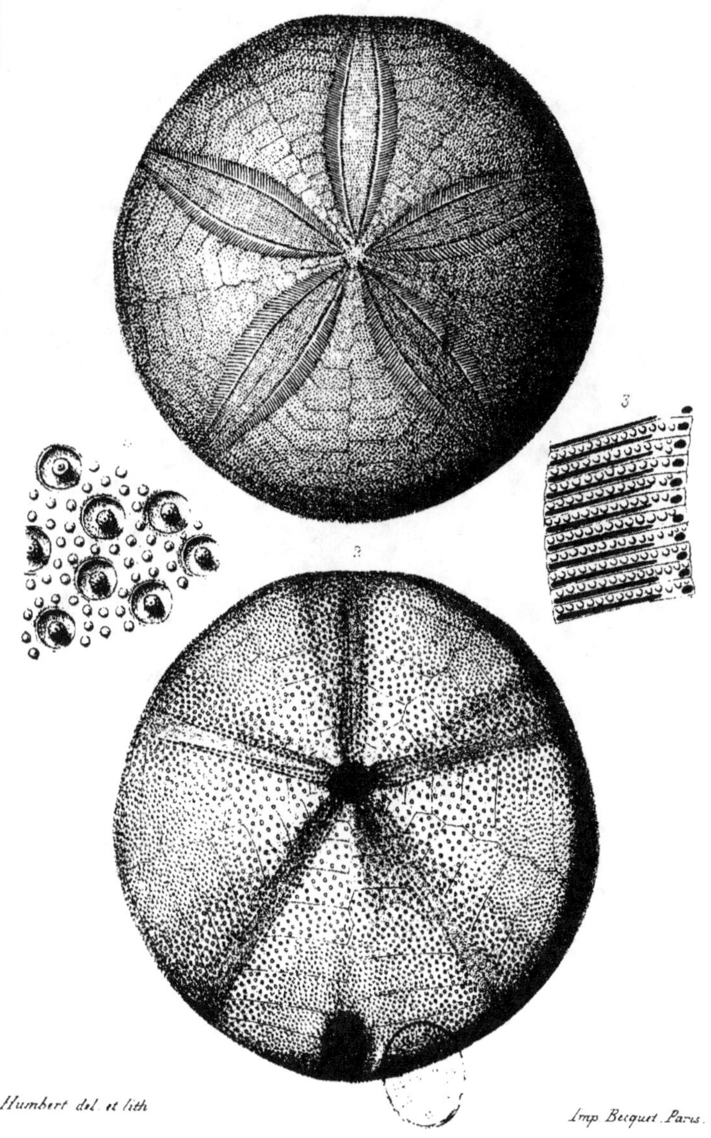

Humbert del. et lith.

Imp. Becquet. Paris.

Pygurus Michelini, Cotteau. Bathonien.

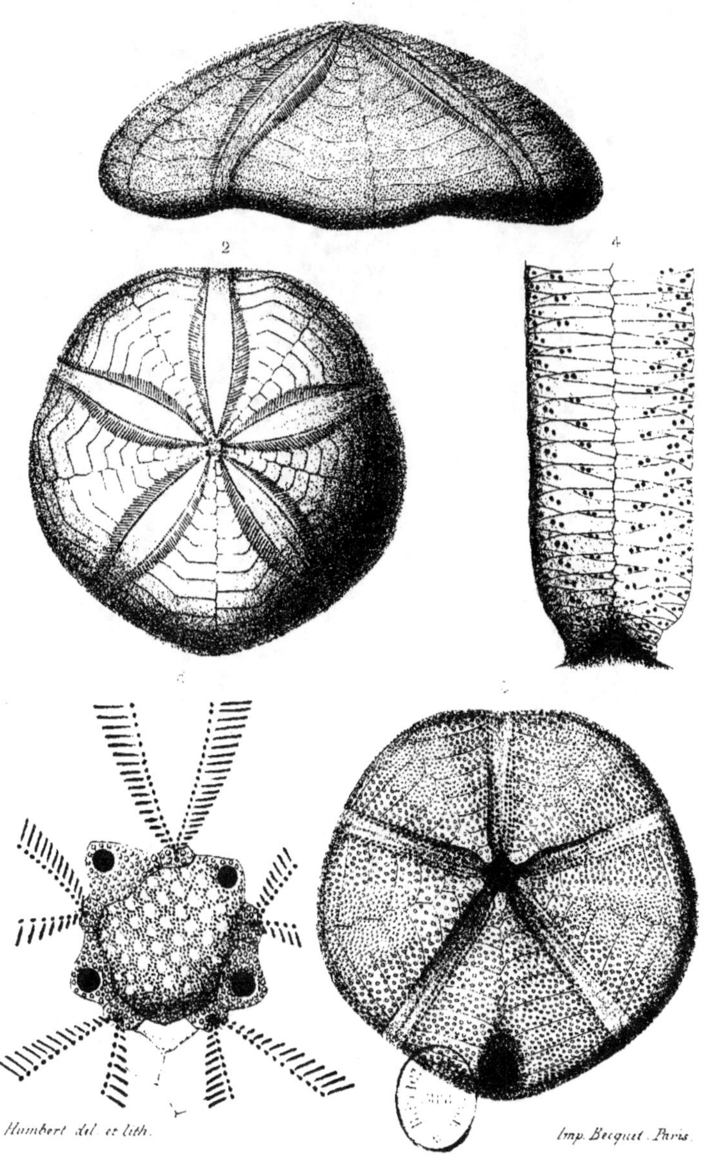

Pygurus Michelini, Cotteau. Bathonien.

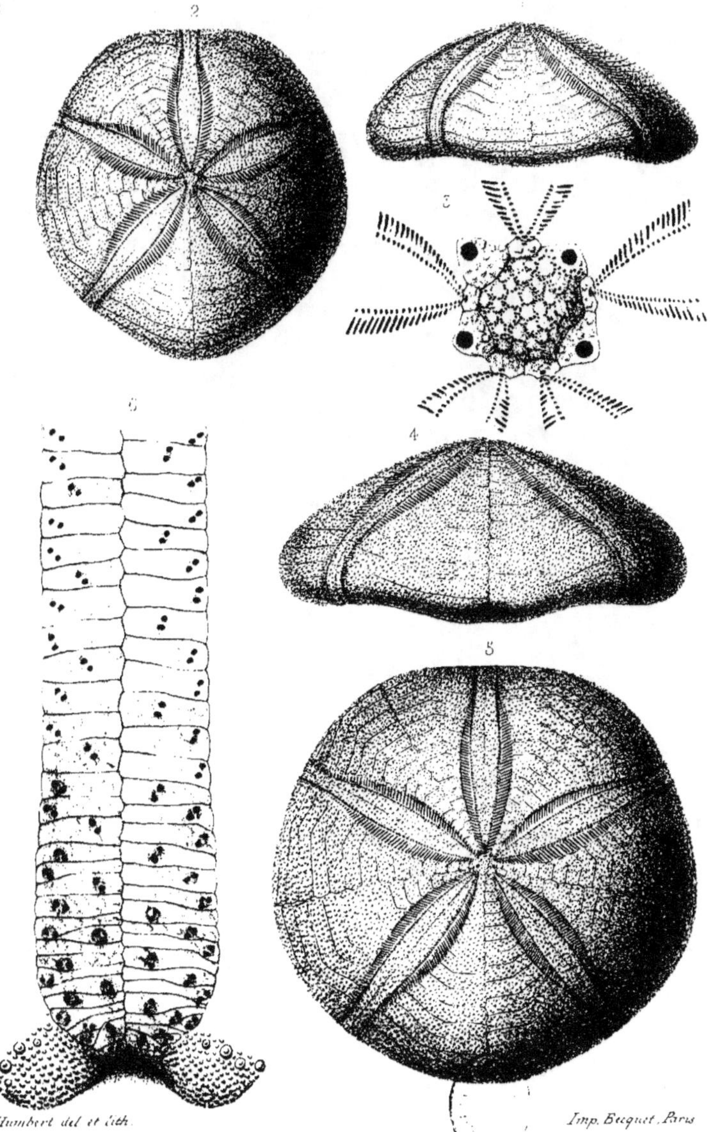

Pygurus depressus, Agassiz. Bathonien et callovien.

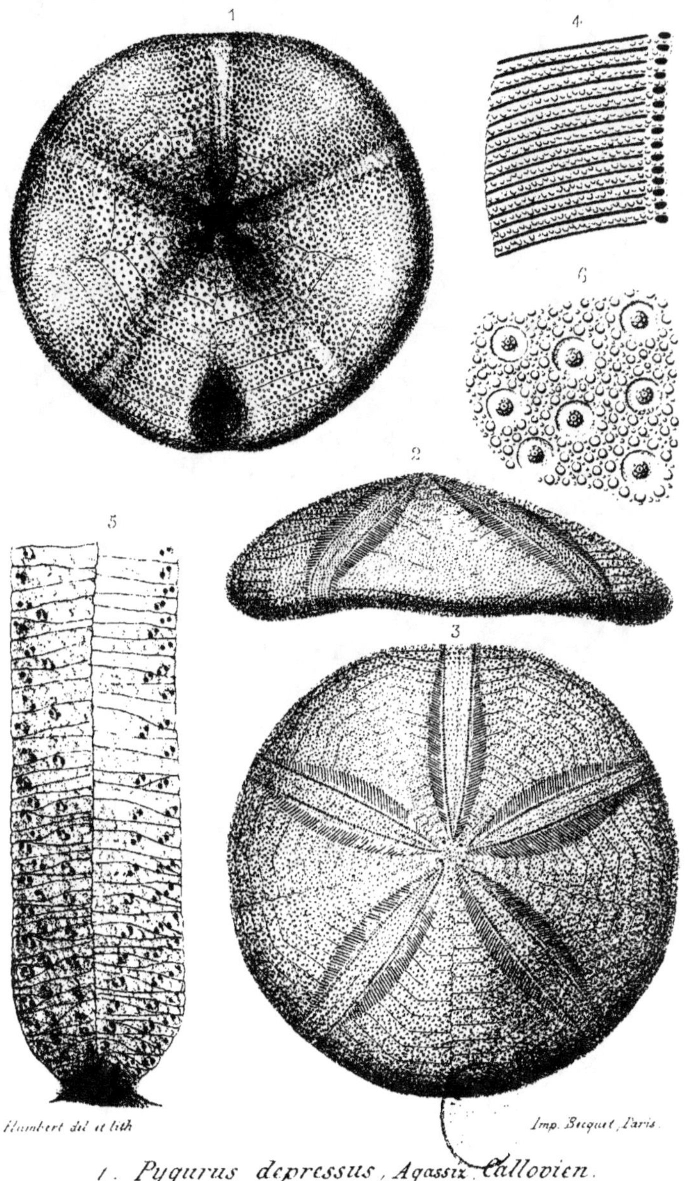

1. *Pygurus depressus*, Agassiz. Callovien.
2 – 6. P. —— *Marmonti*, Beaudouin. ————

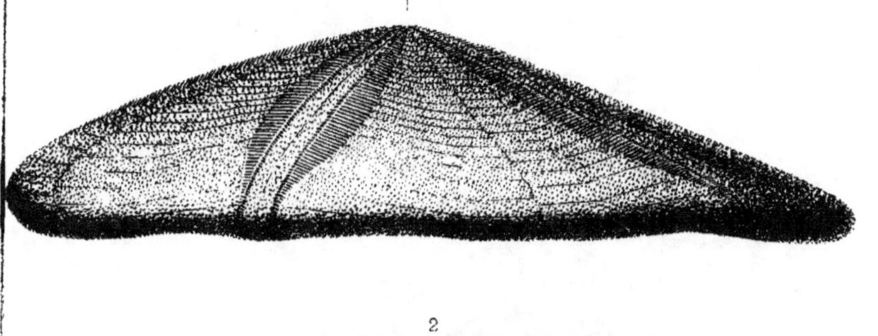

Pygurus Marmonti, Beaudouin, Callovien.

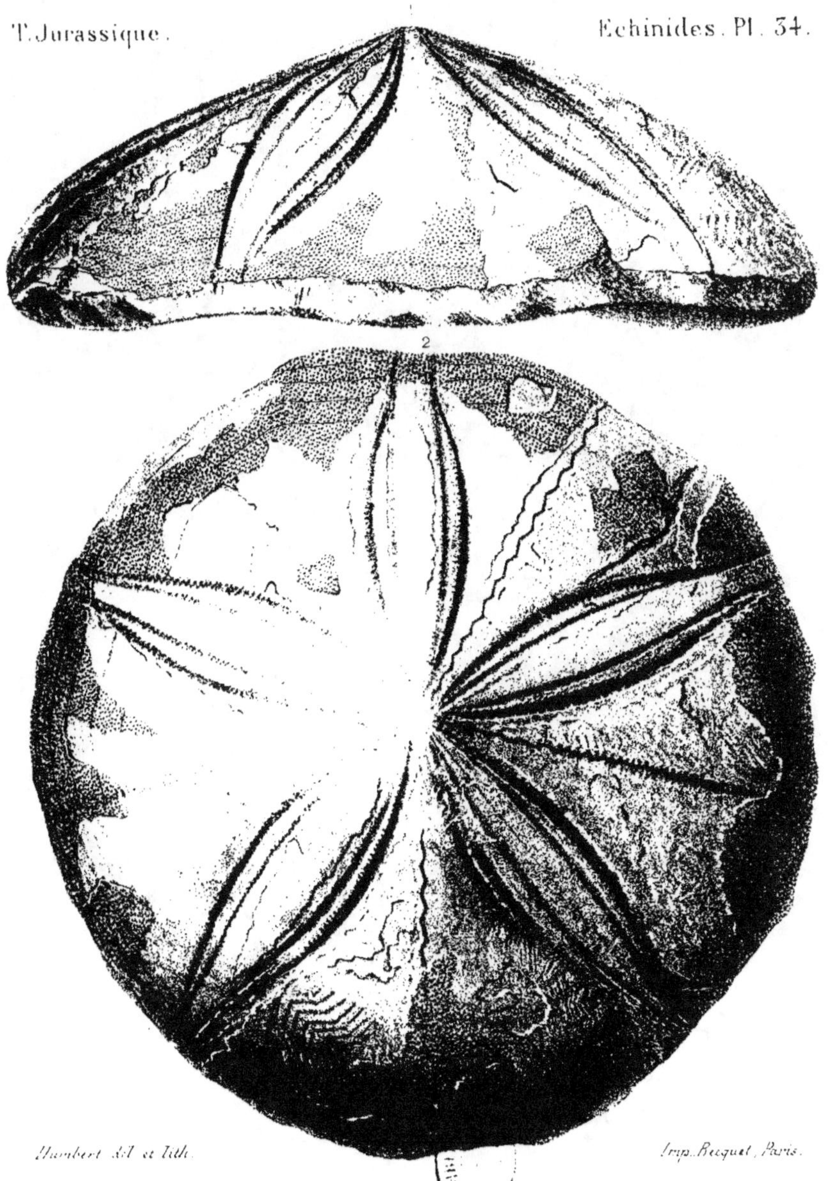

Humbert del et lith.

Imp. Becquet, Paris.

Pygurus Icaunensis, Cotteau. Corallien.

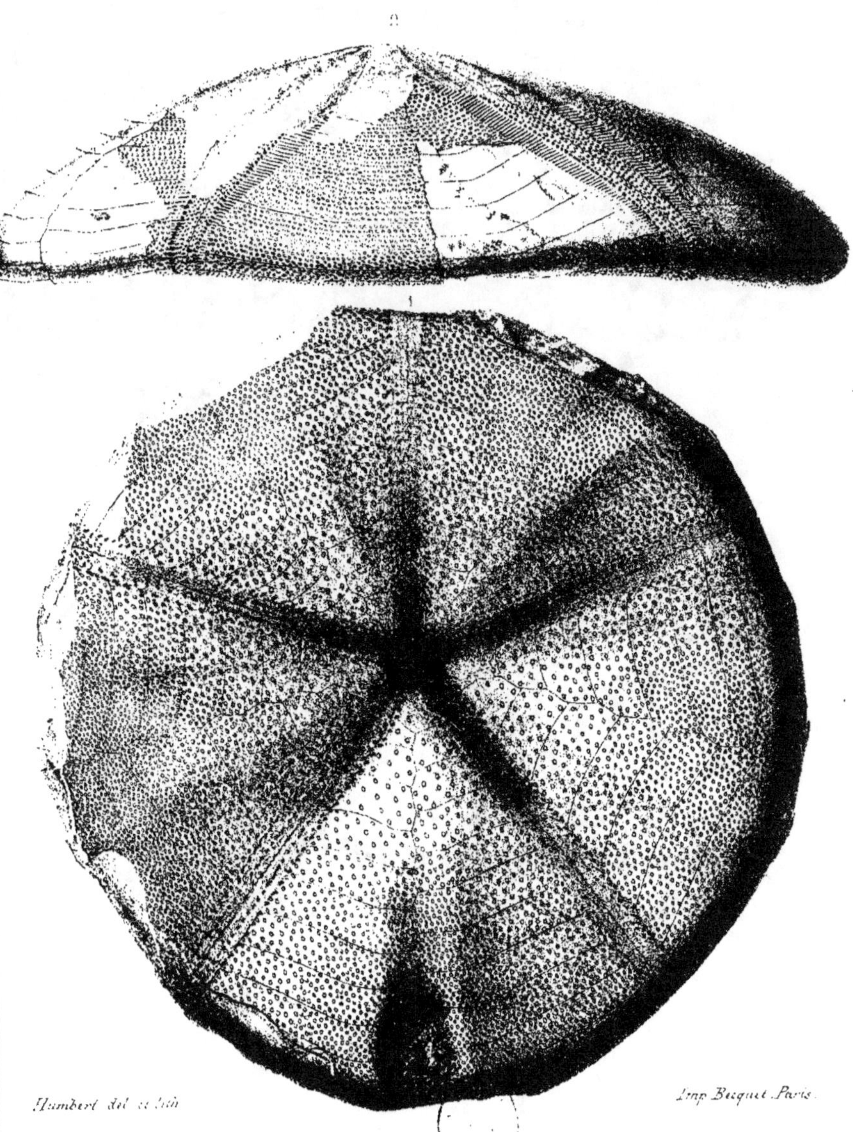

1. *Pygurus Icaunensis*, Cotteau. Corallien.
2. P. ——— *Hausmanni*, Agassiz. ———

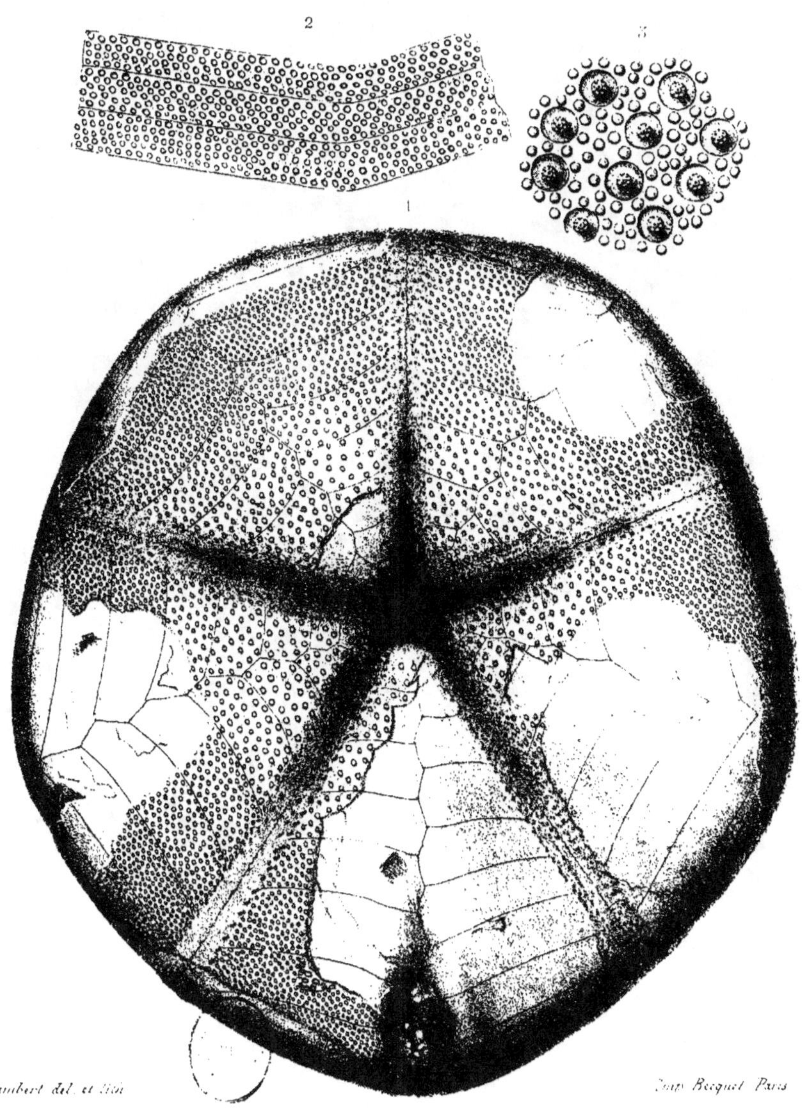

Pygurus Hausmanni, Agassiz　Corallien.

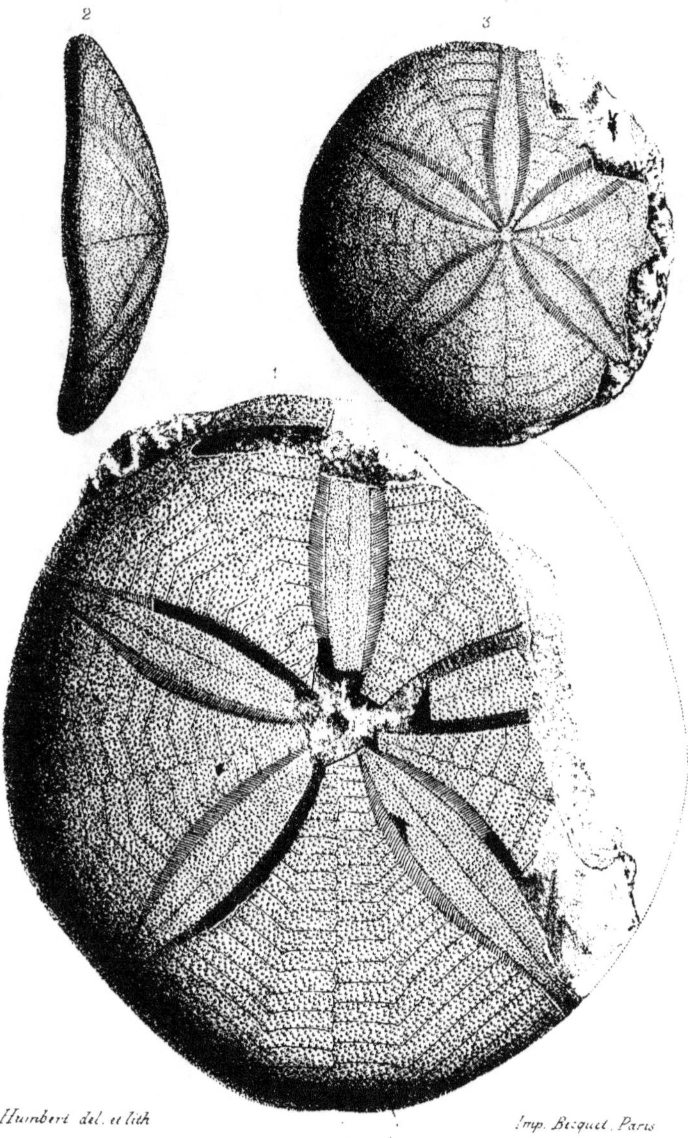

Humbert del. et lith　　　　　Imp. Becquet, Paris

Pygurus Hausmanni, Agassiz. Corallien.

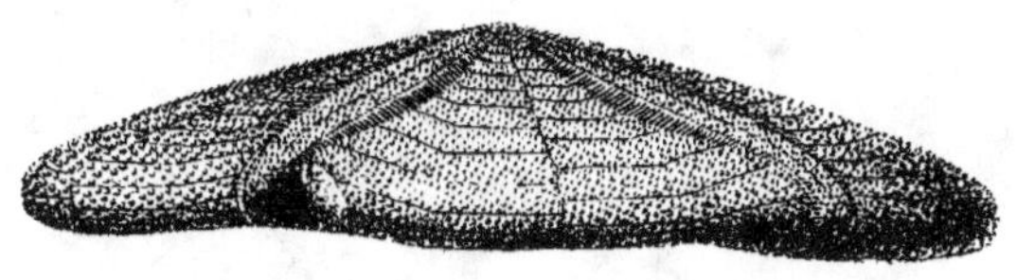

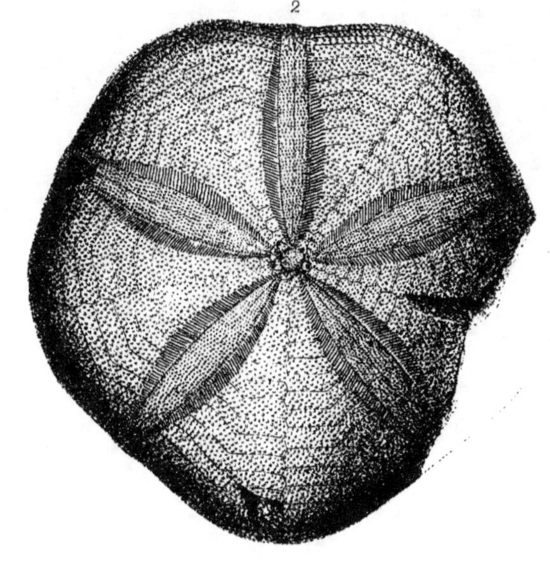

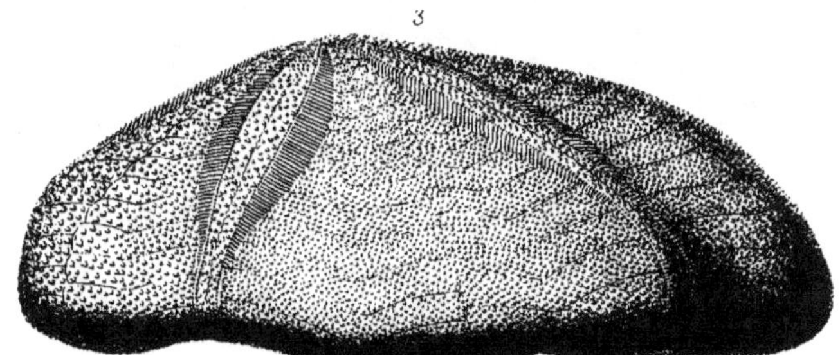

1 2. *Pygurus costatus*, Wright. Corallien.
3. *P. _______ Blumenbachi*, Agassiz. _______

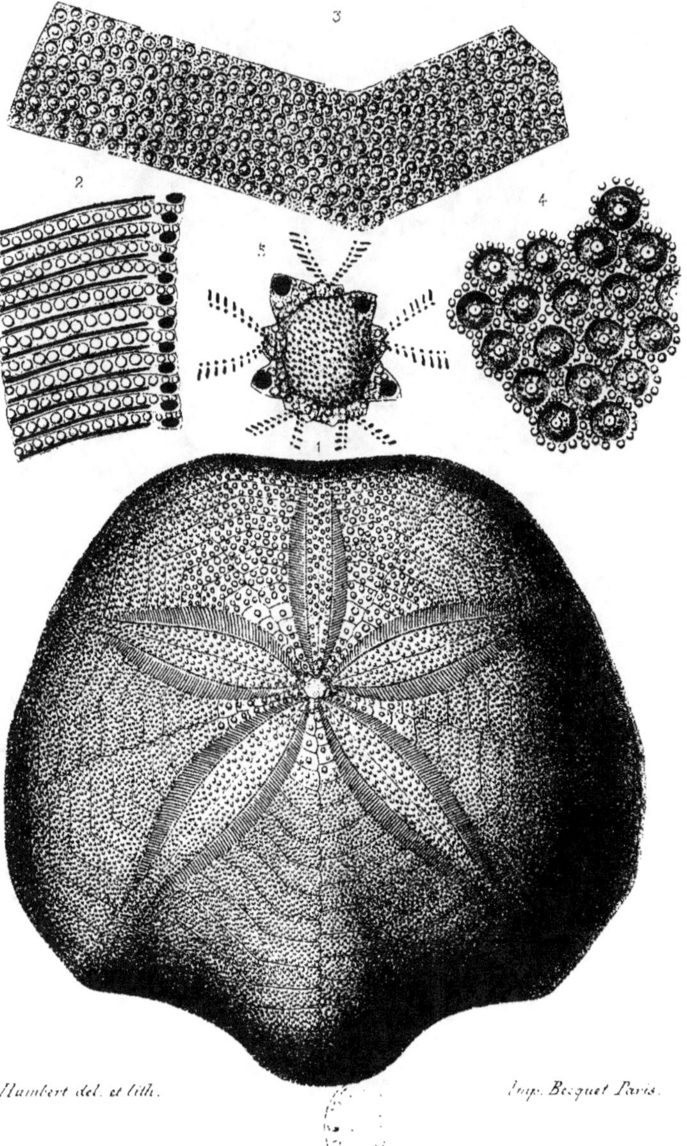

Pygurus Blumenbachi, Agassiz. Corallien.

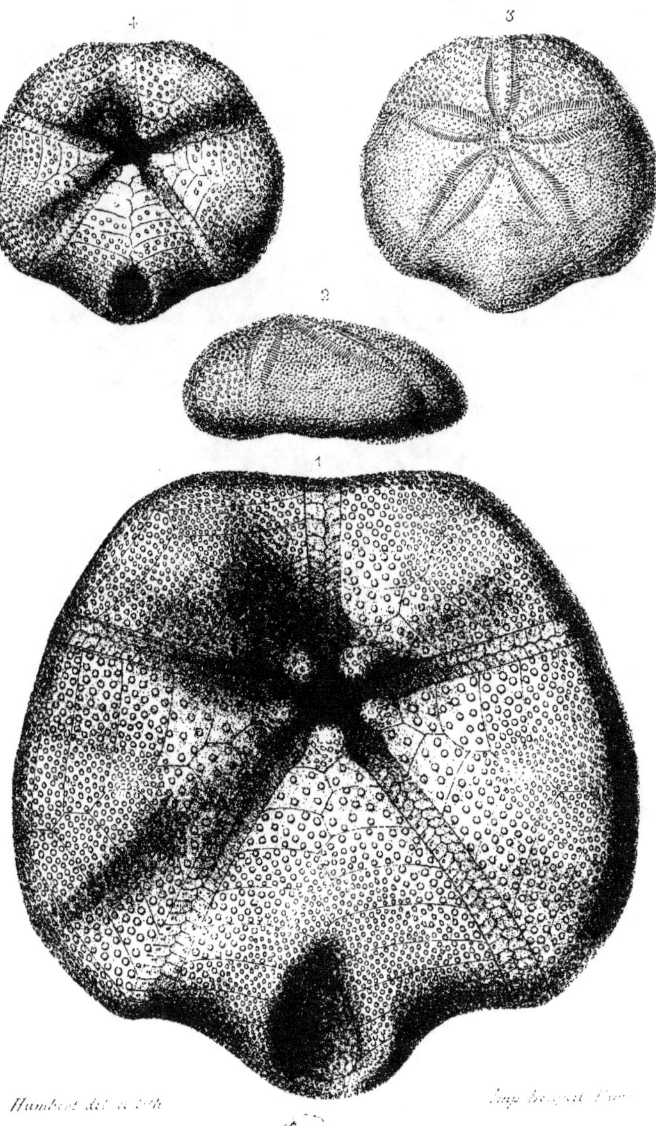

Pygurus Blumenbachi Agassiz. Corallien.

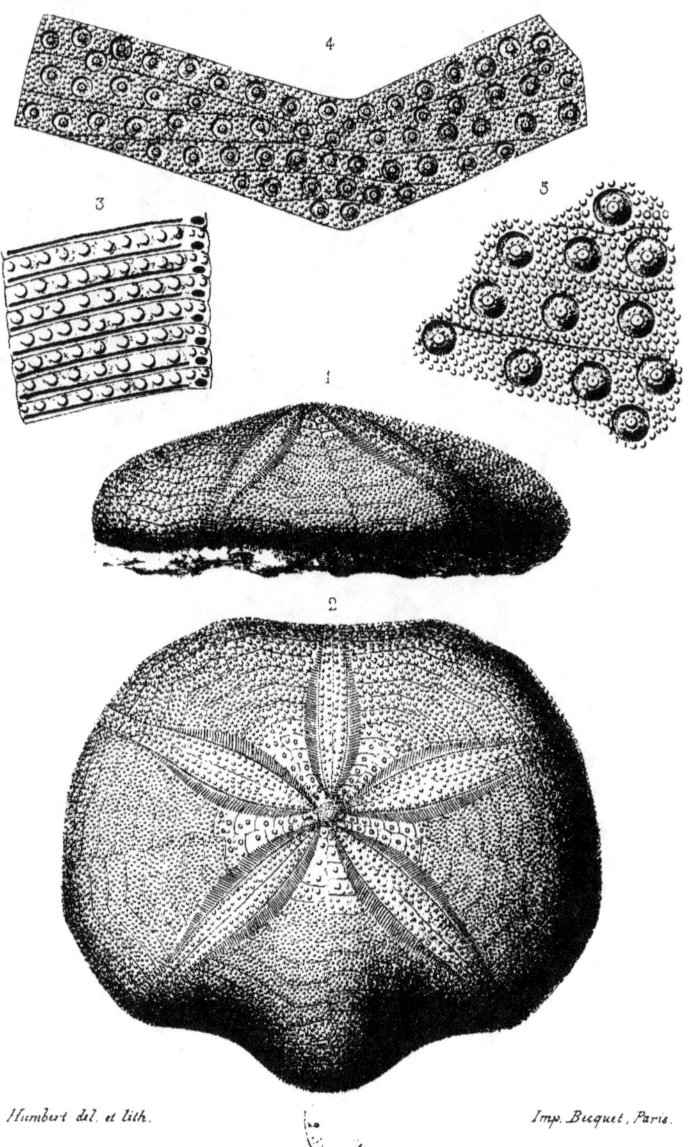

Humbert del. et lith.   Imp. Becquet, Paris.

Pygurus Royerianus, Cotteau. Kimmeridgien.

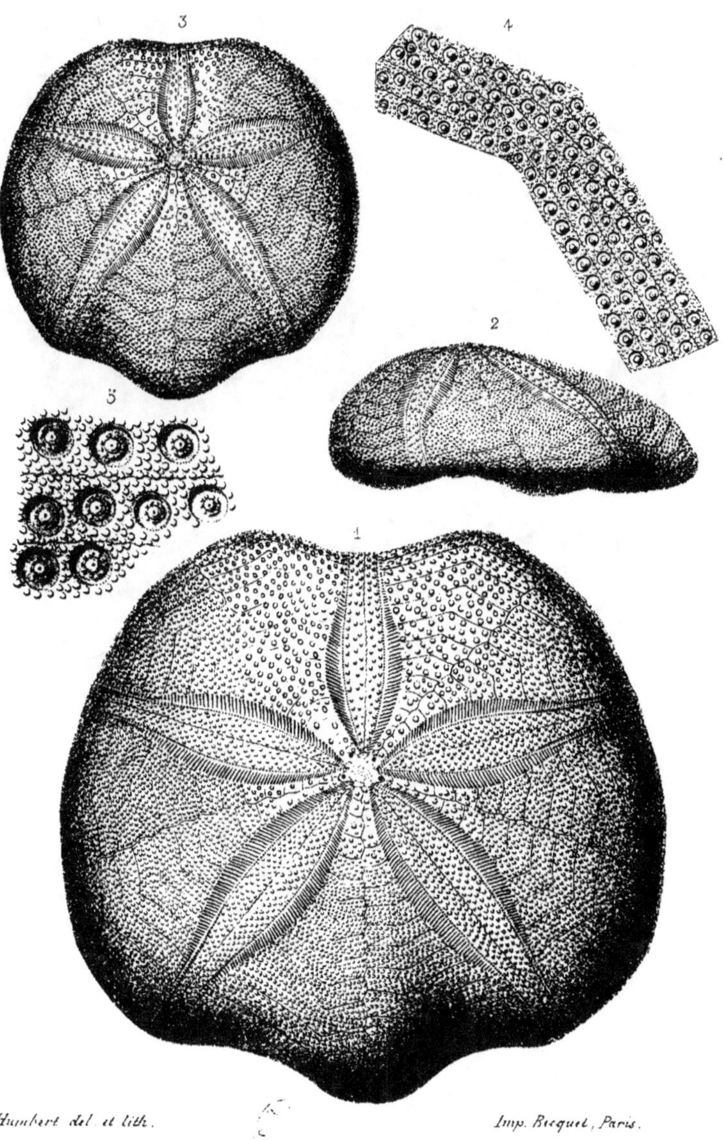

Humbert del. et lith.   Imp. Becquet, Paris.

Pygurus Royerianus, Cotteau. Portlandien.

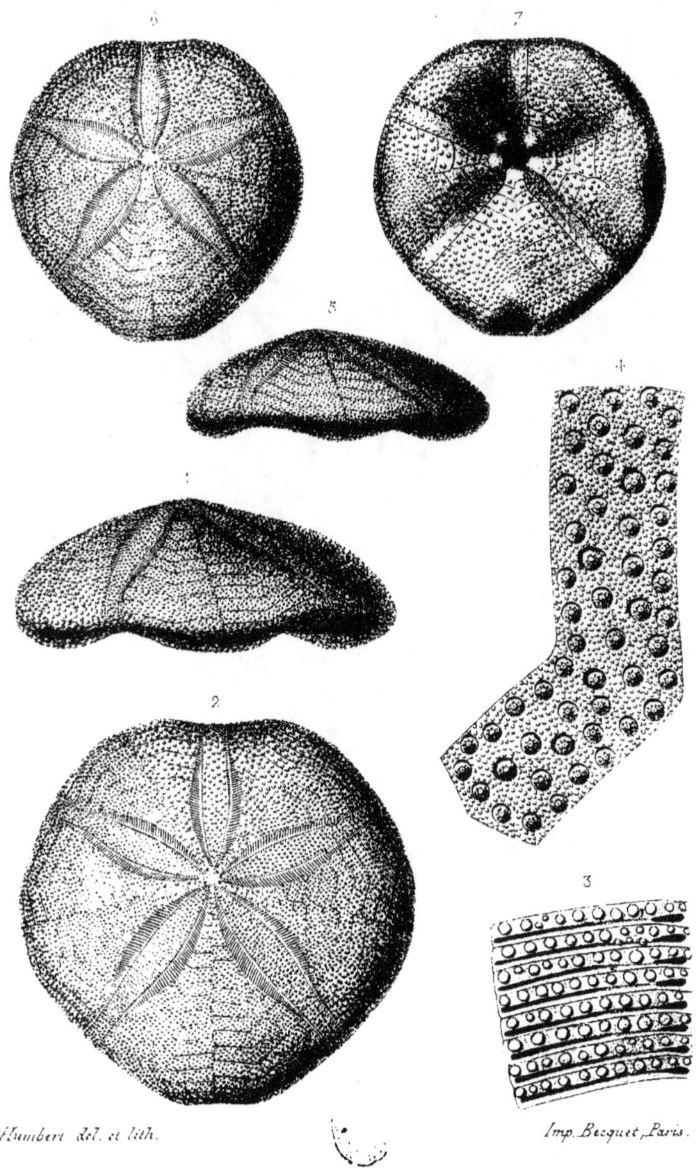

Humbert del. et lith. Imp. Becquet, Paris.

Pygurus jurensis, Marcou. Kimmeridgien .

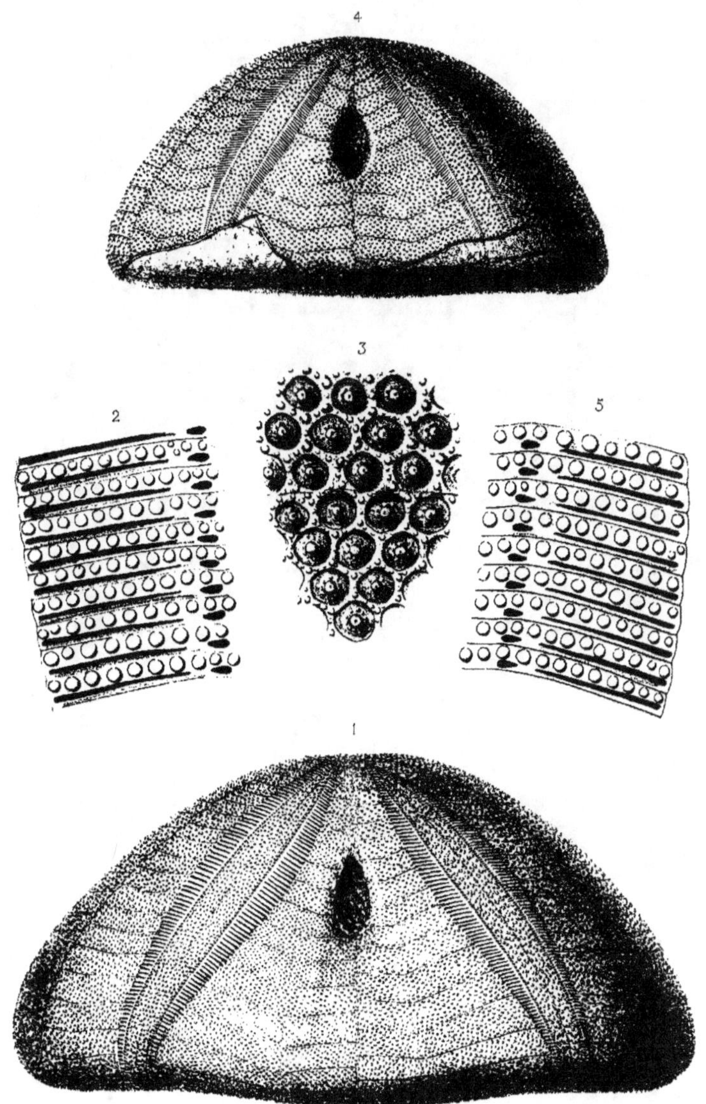

Humbert del. et lith.   Imp. Becquet, Paris.

Clypeus Agassizi, Wright.

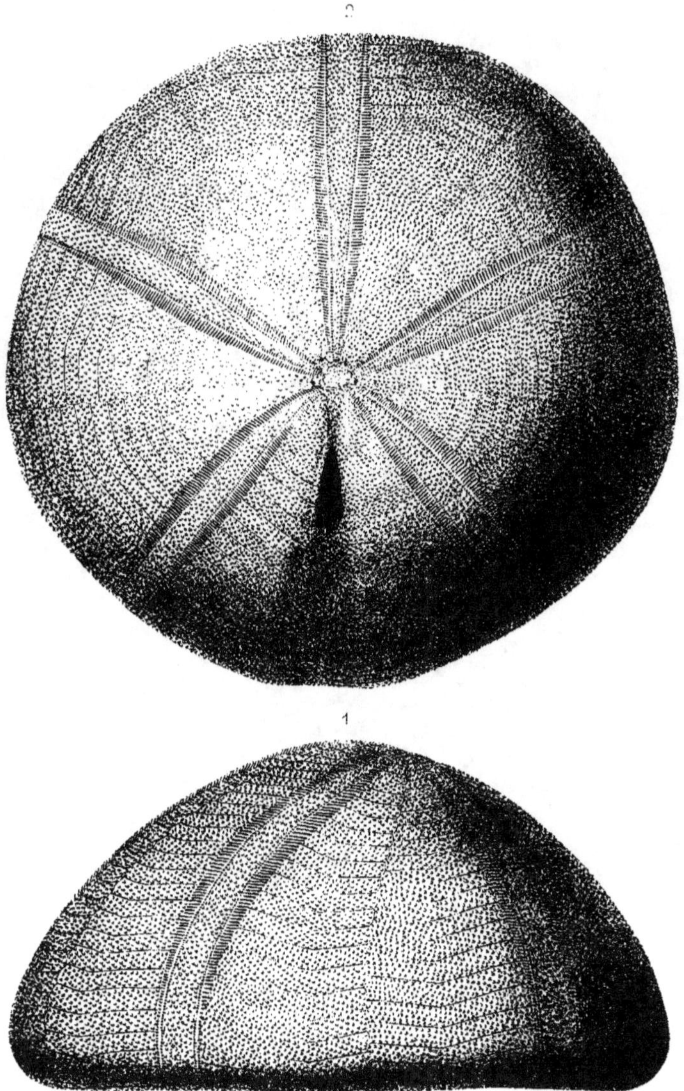

Clypeus Trigeri, Cotteau. *Bajocien*.

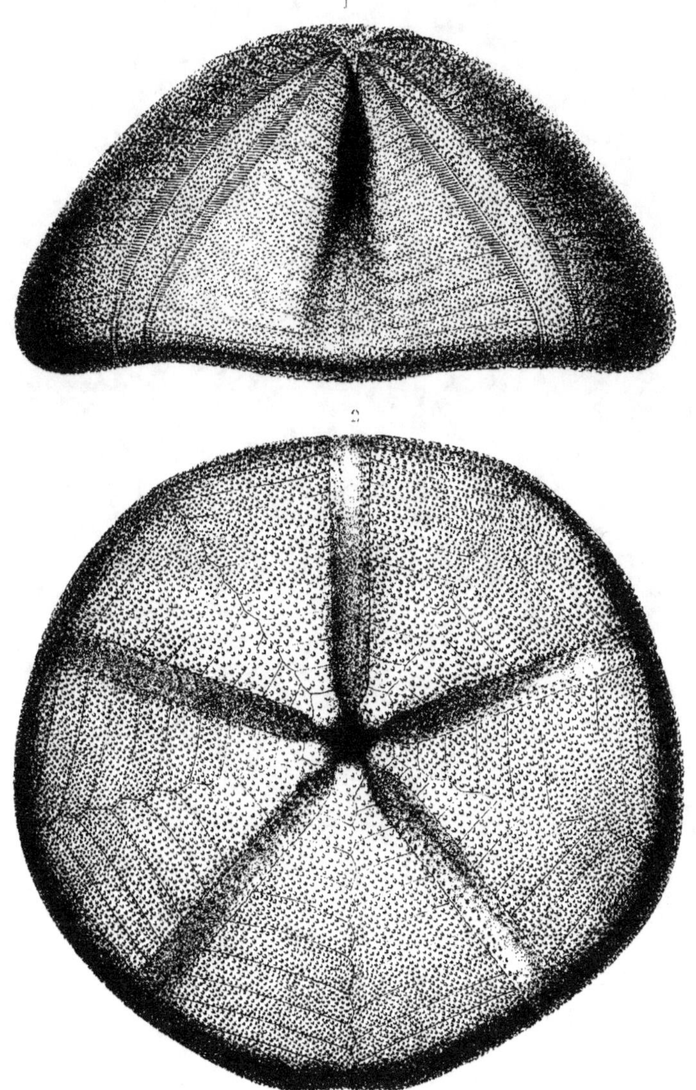

Clypeus Trigeri, Cotteau. Bajocien.

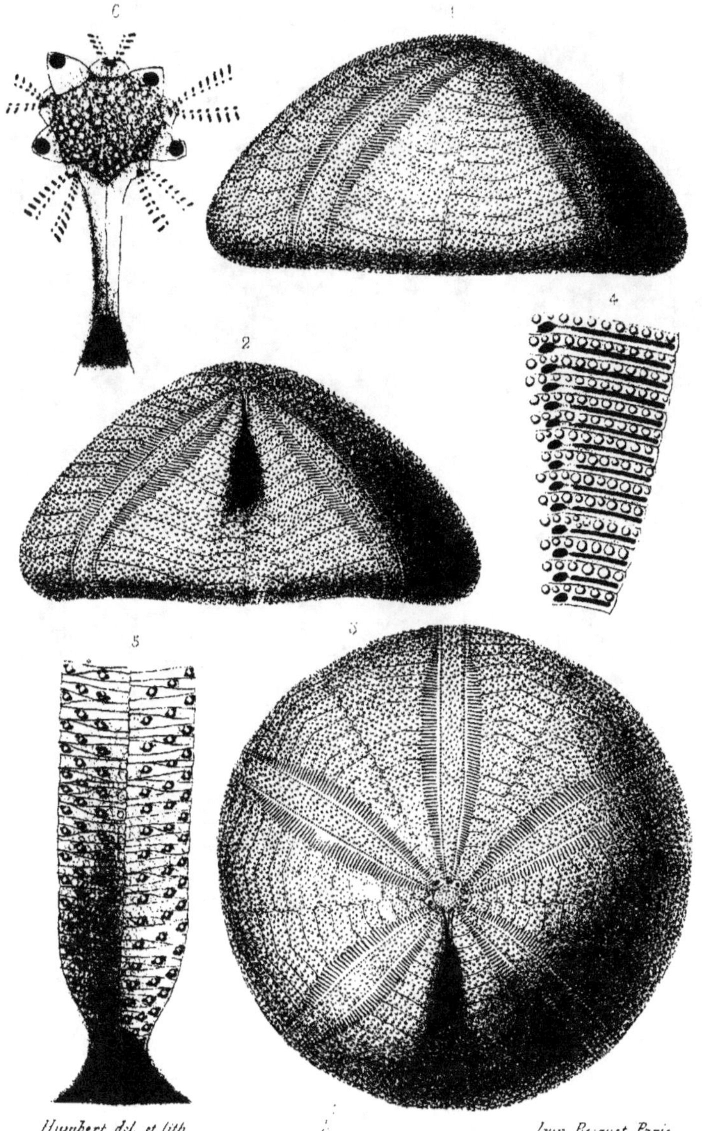

Humbert del. et lith.

Imp. Becquet, Paris.

Clypeus Trigeri, Cotteau. Bathonien.

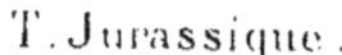

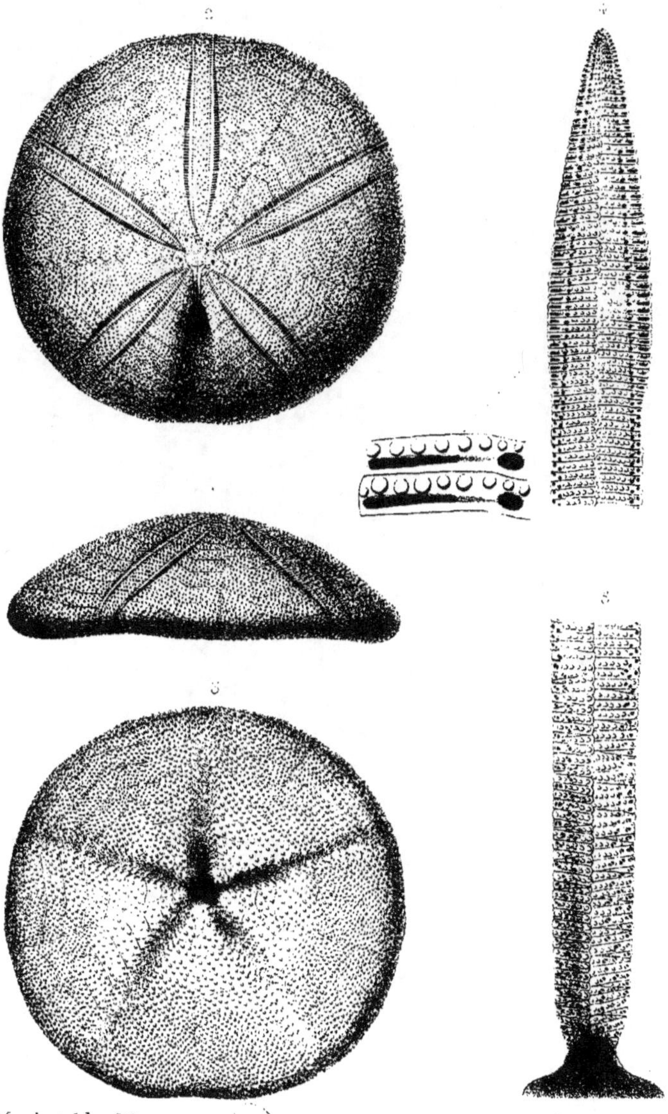

J. Humbert del. et lith.

Imp. Becquet Paris.

Clypeus angustiporus, Agassiz. Bajocien ?

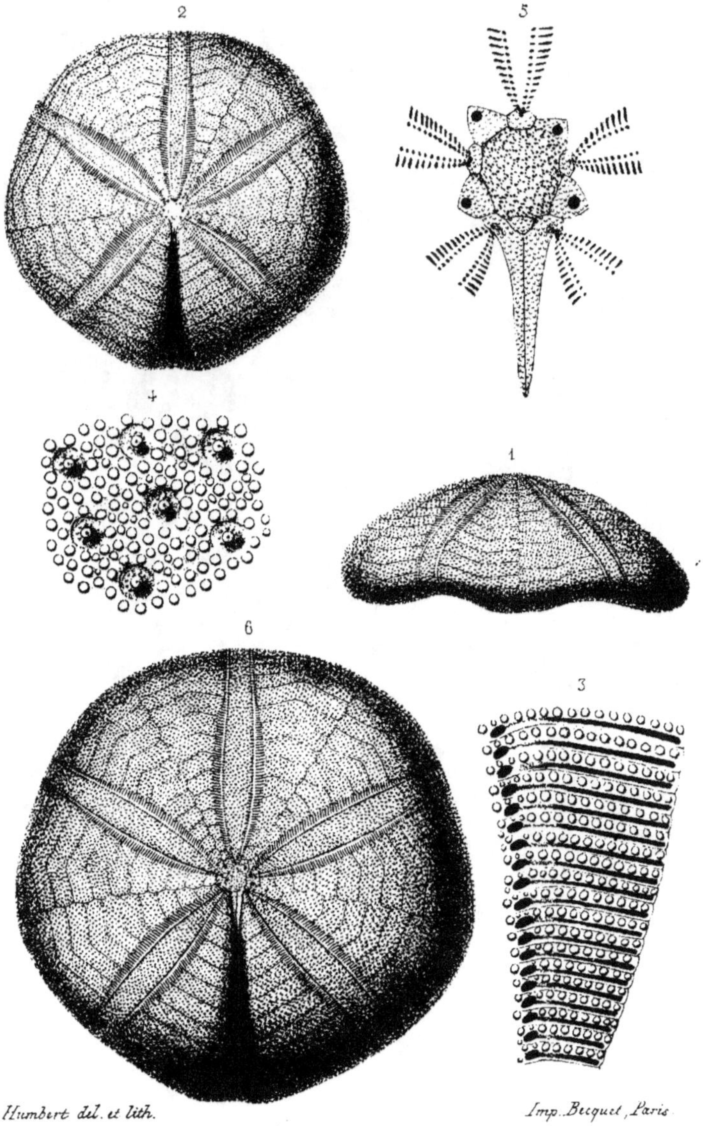

2

5

4

1

6

3

Humbert del. et lith. Imp. Becquet, Paris.

Clypeus Osterwaldi, Desor. Bajocien.

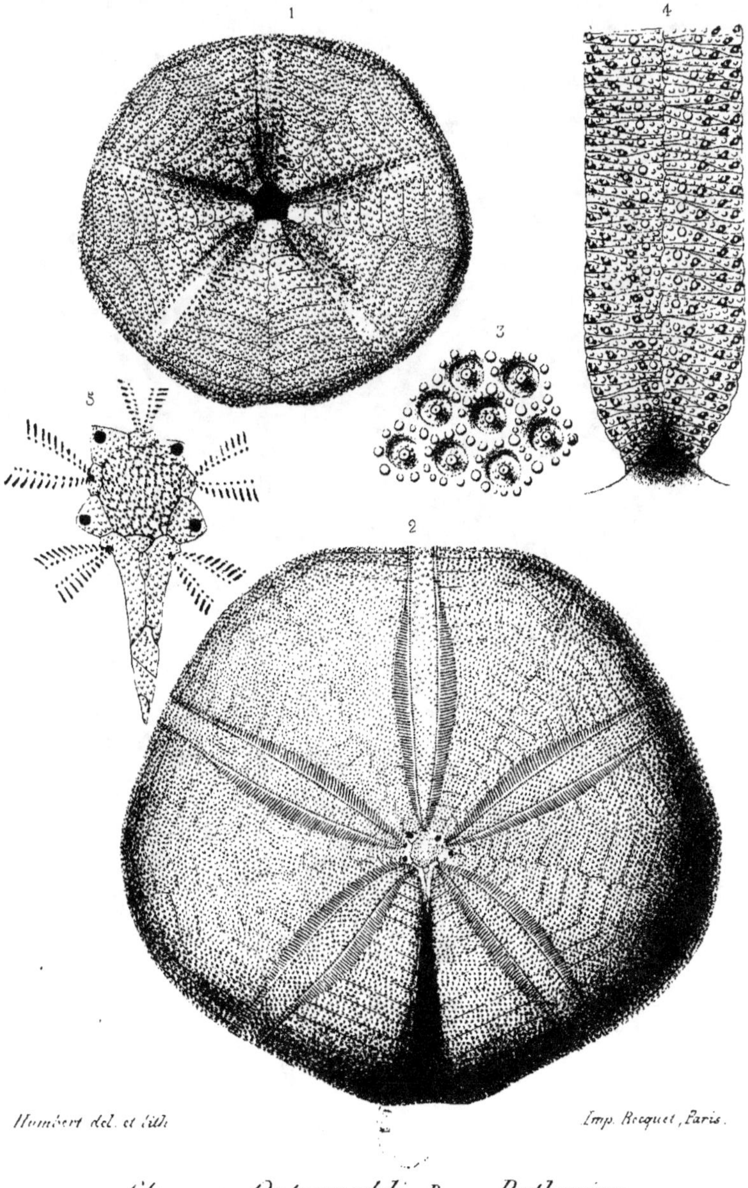

Humbert del. et lith.   Imp. Becquet, Paris.

Clypeus Osterwaldi, Desor. Bathonien.

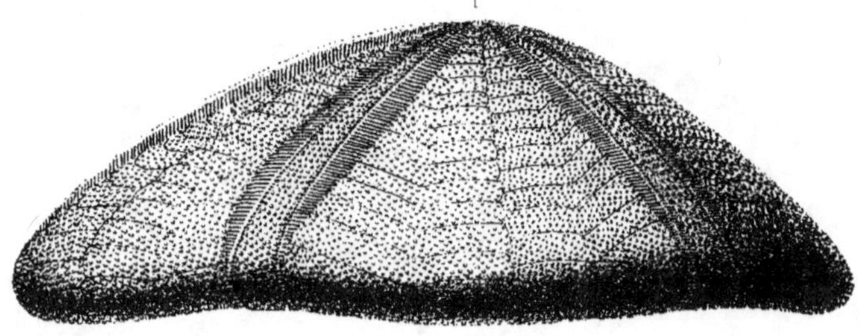

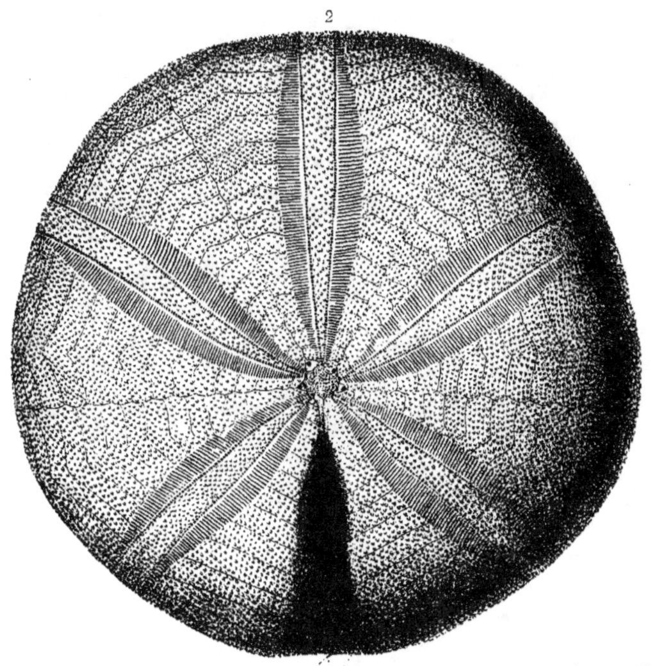

Humbert del. et lith. Imp. Becquet, Paris.

Clypeus Ploti, Klein. Bajocien et Bathonien.

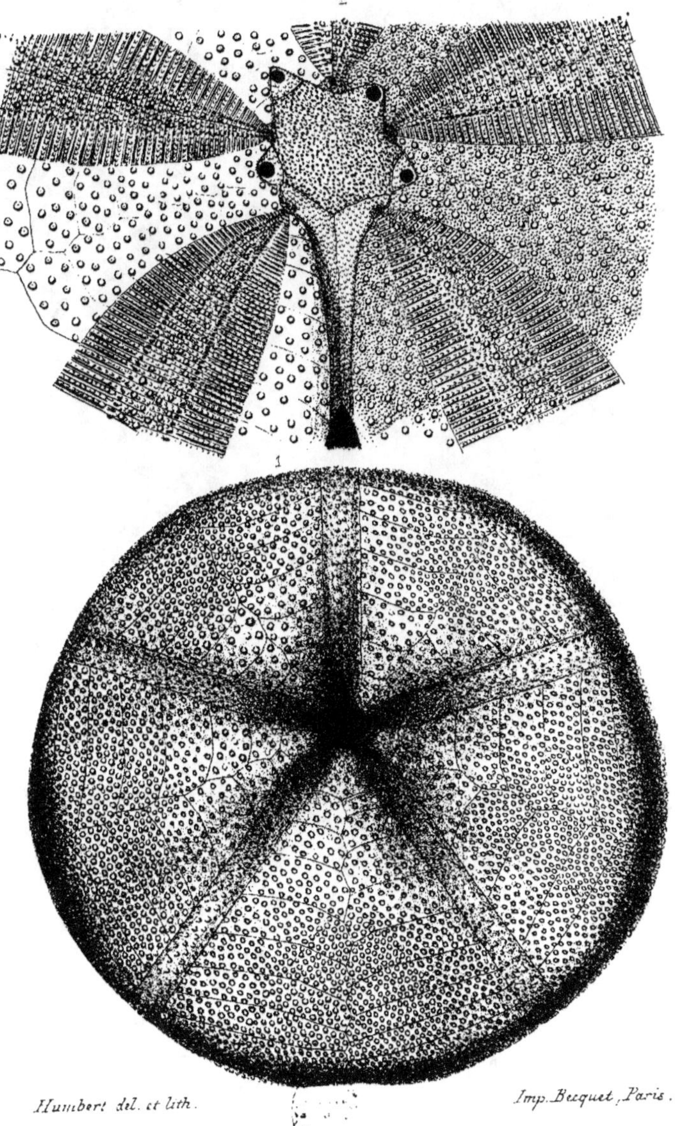

Humbert del. et lith.   Imp. Becquet, Paris.

Clypeus Ploti, Klein. Bajocien et Bathonien.

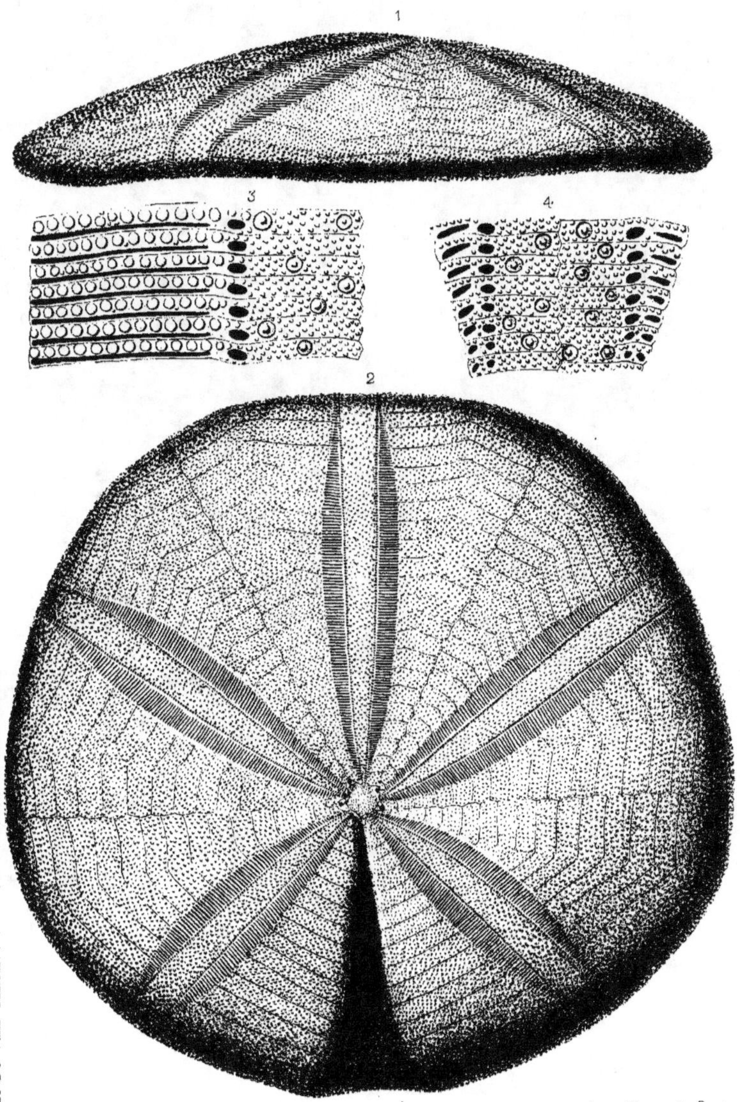

Clypeus Boblayei, Michelin. Bathonien.

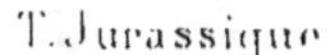

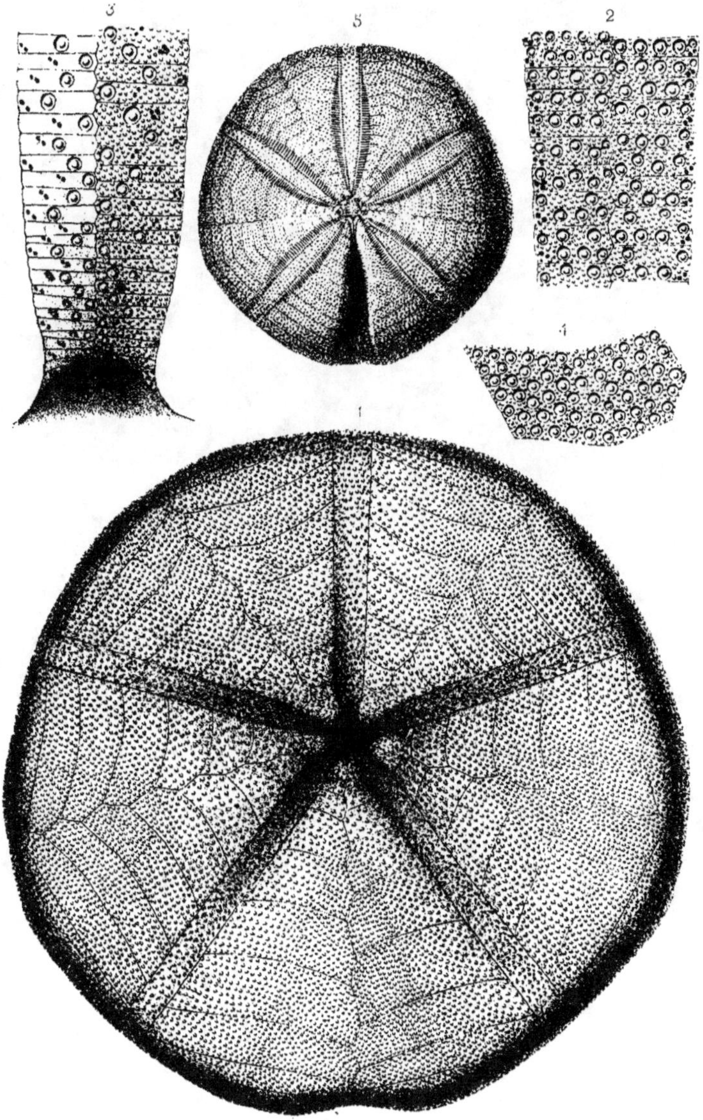

Humbert del. et lith.   Imp. Becquet, Paris.

1 _ 4. *Clypeus Boblayei*, Michelin. Bathonien.
5. C. ———— *Mulleri*, Wright. ————

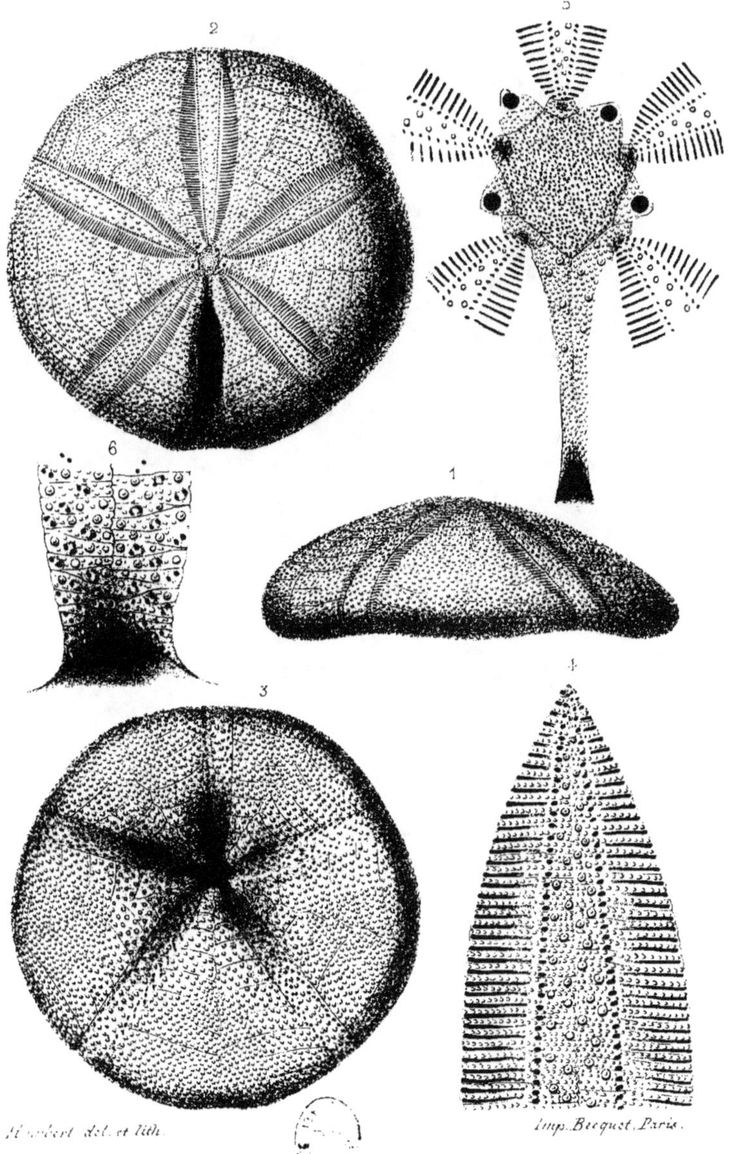

Clypeus Mulleri, Wright. Bathonien.

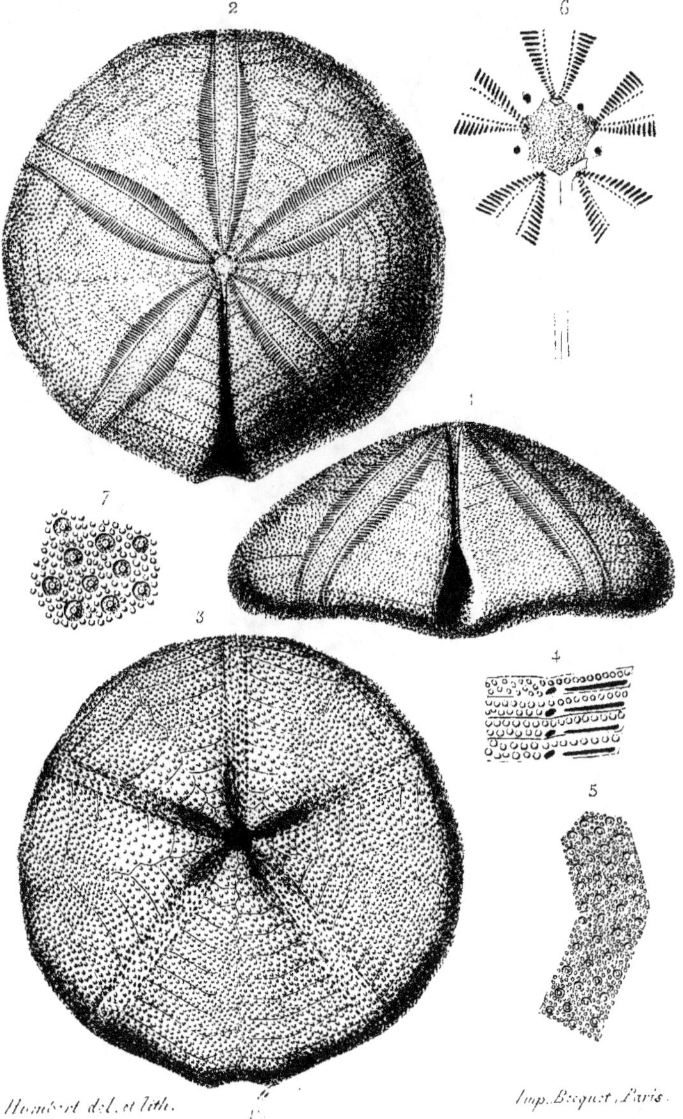

Humbert del. et lith.   Imp. Becquet, Paris.

Clypeus Davoustianus, Cotteau. Bathonien.

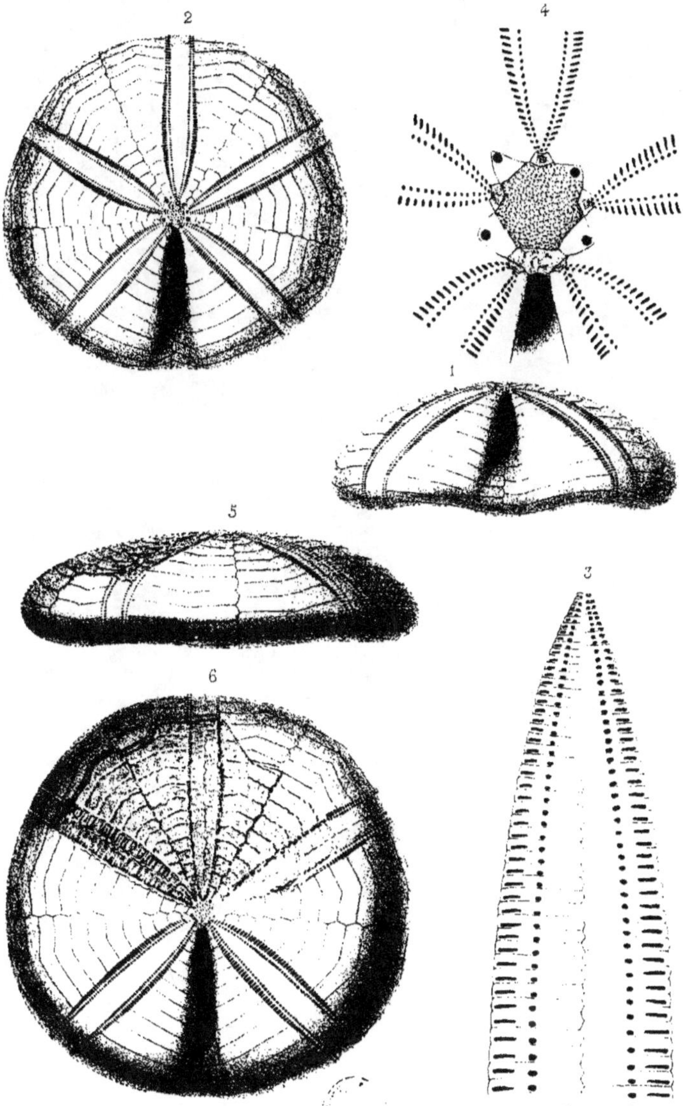

Clypeus Michelini, Deser. Bathonien.

Humbert del. et lith.	Imp. Becquet Paris.

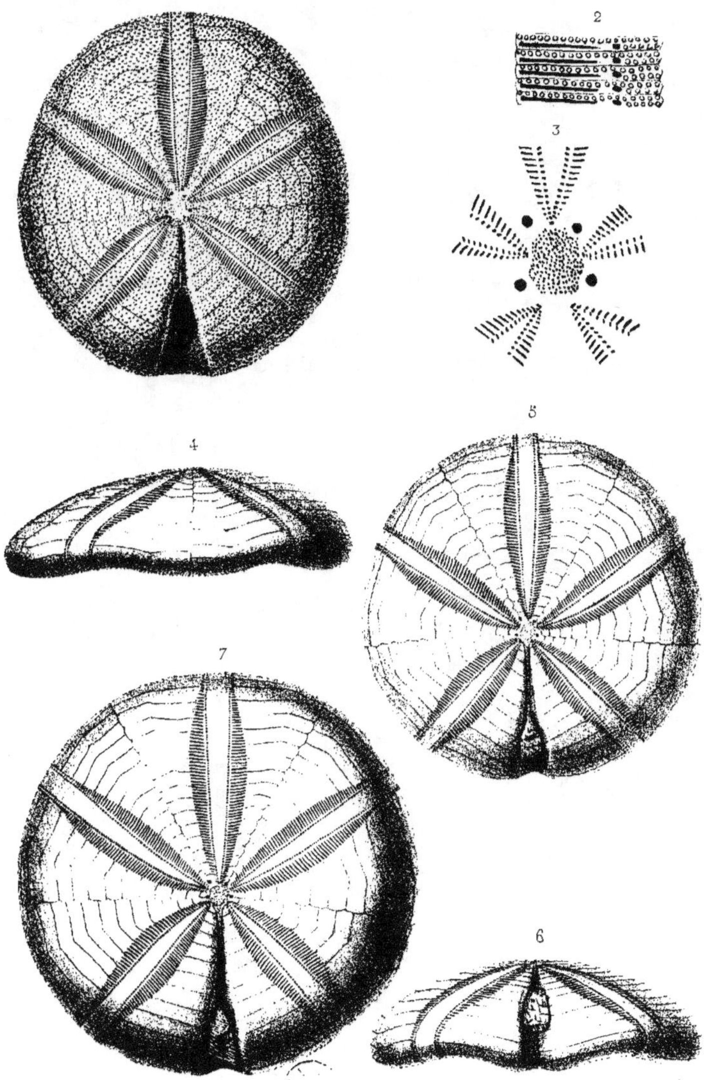

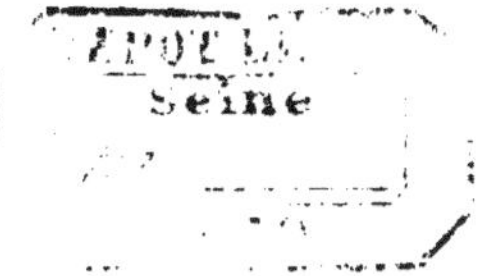

Humbert del. et lith.   Imp. Becquet, Paris.

Clypeus Rathieri. Cotteau. Bathonien.

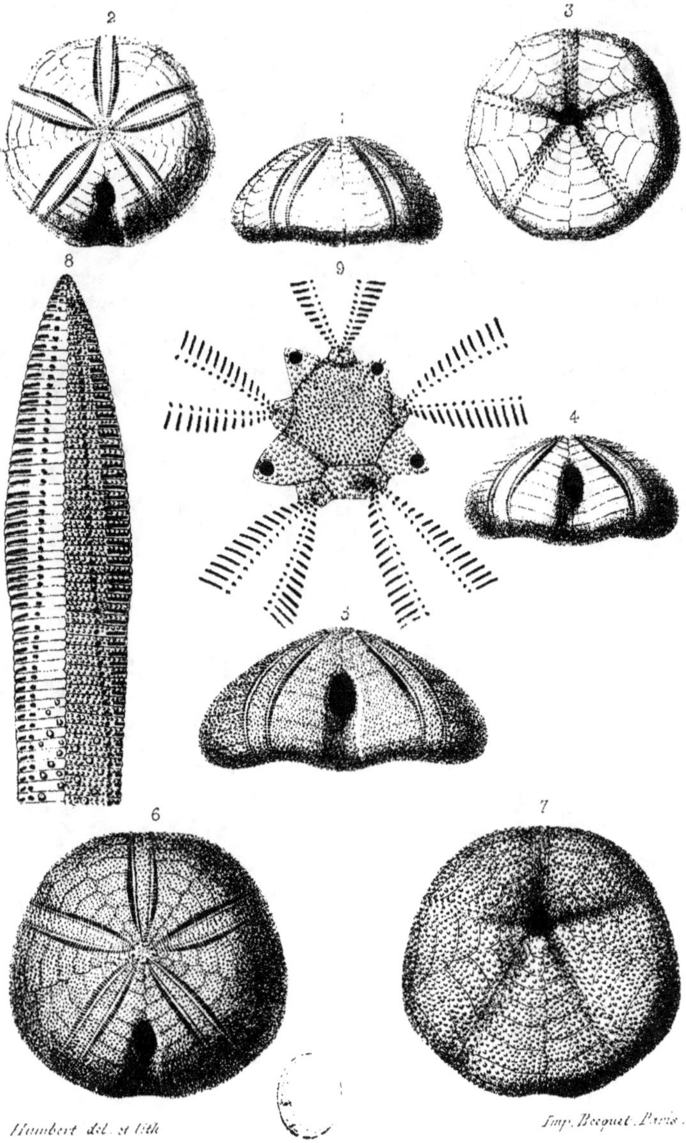

Clypeus Hugii, Agassiz. Bajocien et Bathonien.

Humbert del. et lith.   Imp. Becquet, Paris.

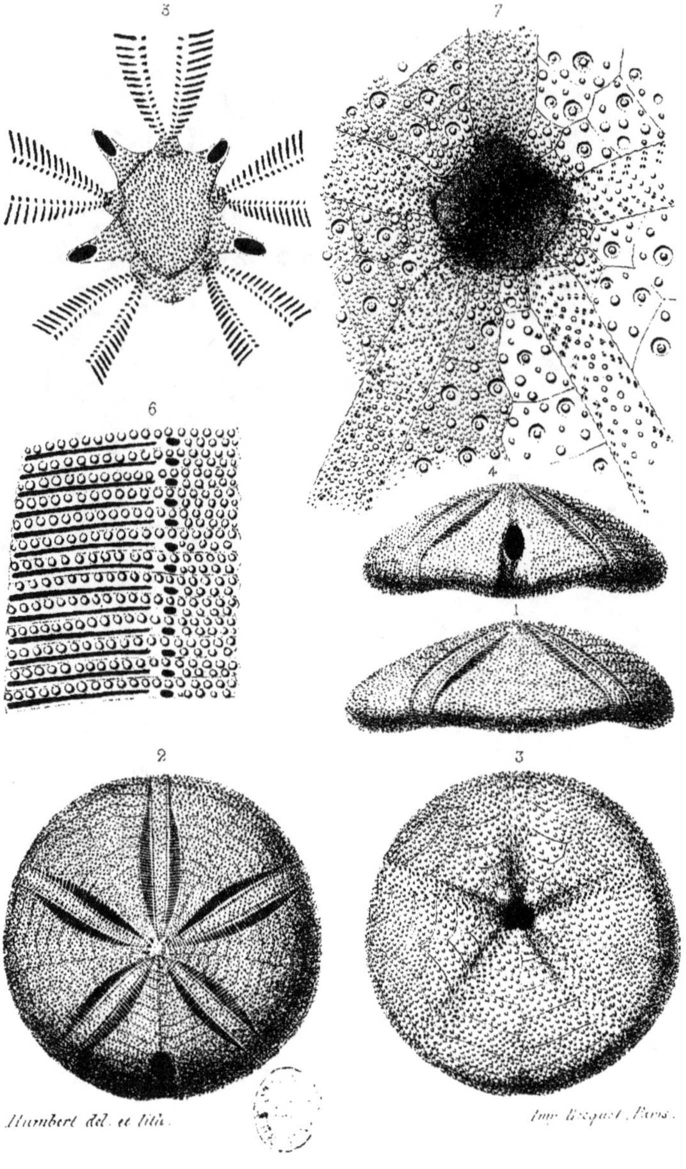

Clypeus subulatus, Wright. Corallien.

Humbert del. et lith.   Imp. Becquet, Paris.

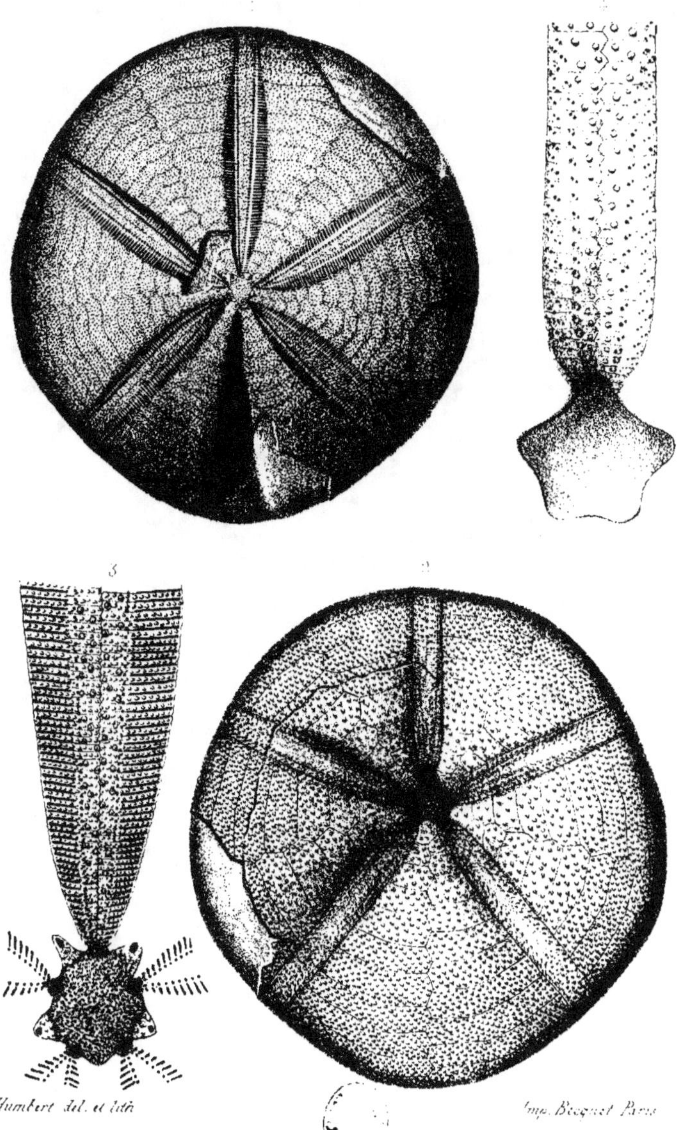

Humbert del. et lith.   Imp. Becquet Paris.

Clypeus Babeani. Plateau. Callovien.

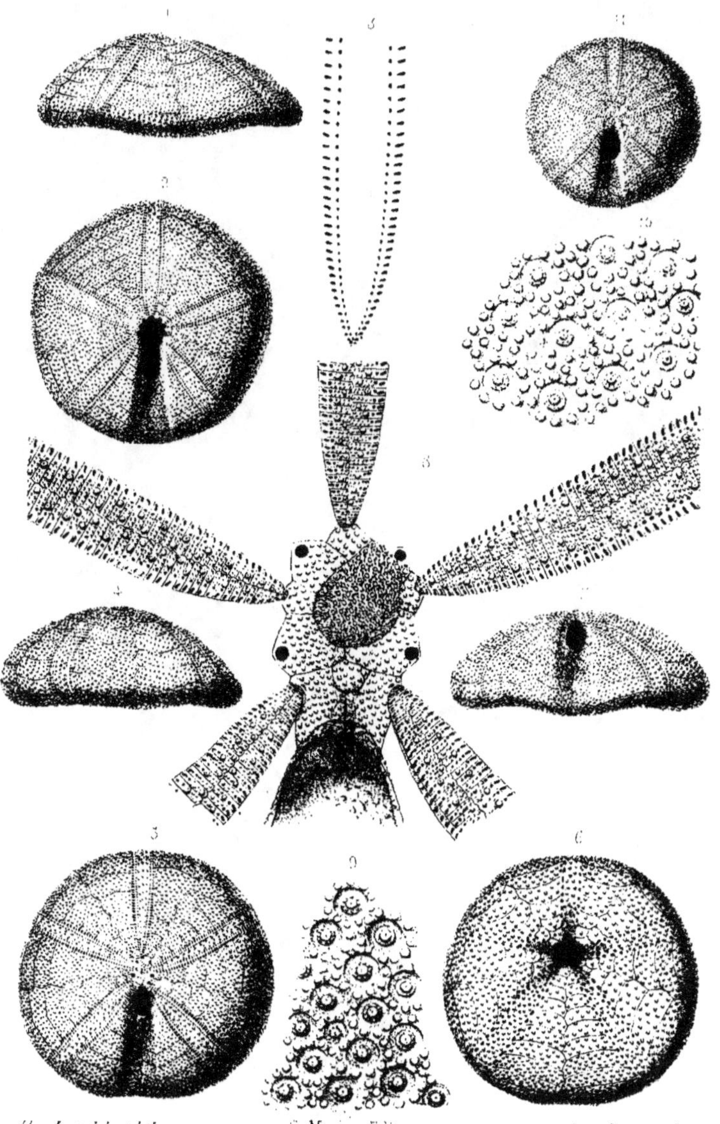

Humbert del. et lith.   G. Masson Éditeur.   Imp. Becquet Paris.

1 - 3. *Clypeus Deslongchampsi*, Cotteau. Bajocien.
4 - 11. *C. _____ Martini*, Cotteau. Bathonien.

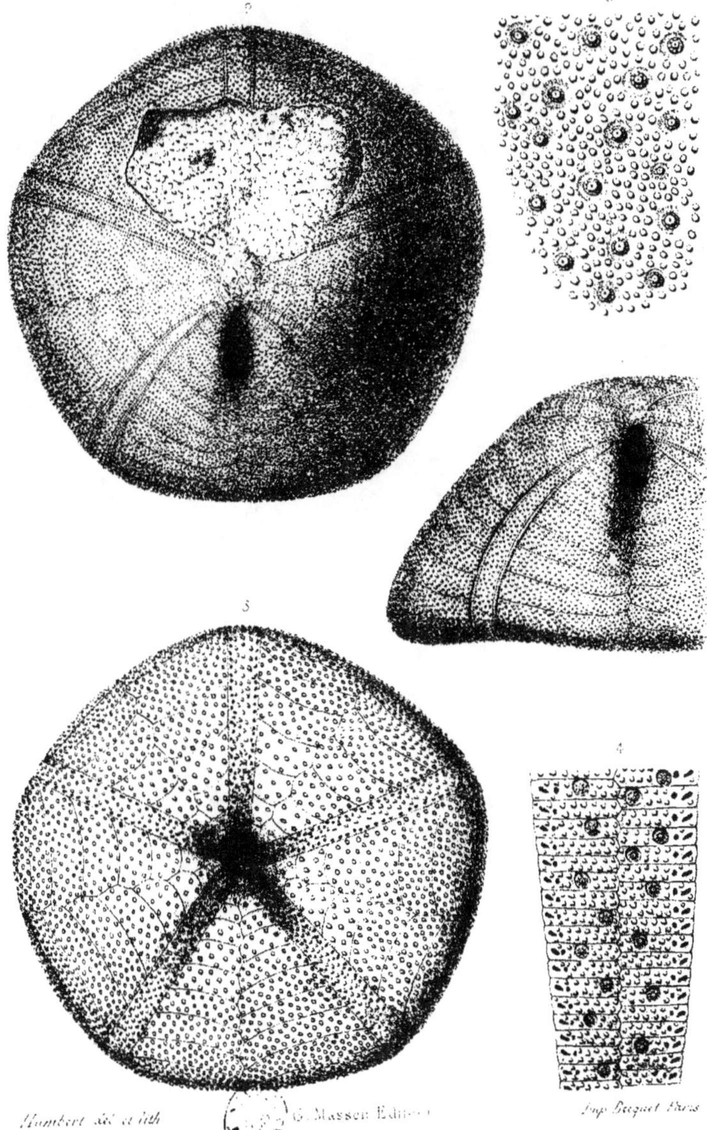

Humbert del. et lith.   G. Masson, Éditeur.   Imp. Becquet, Paris.

Clypeus Constantini, Cotteau. Bajocien.

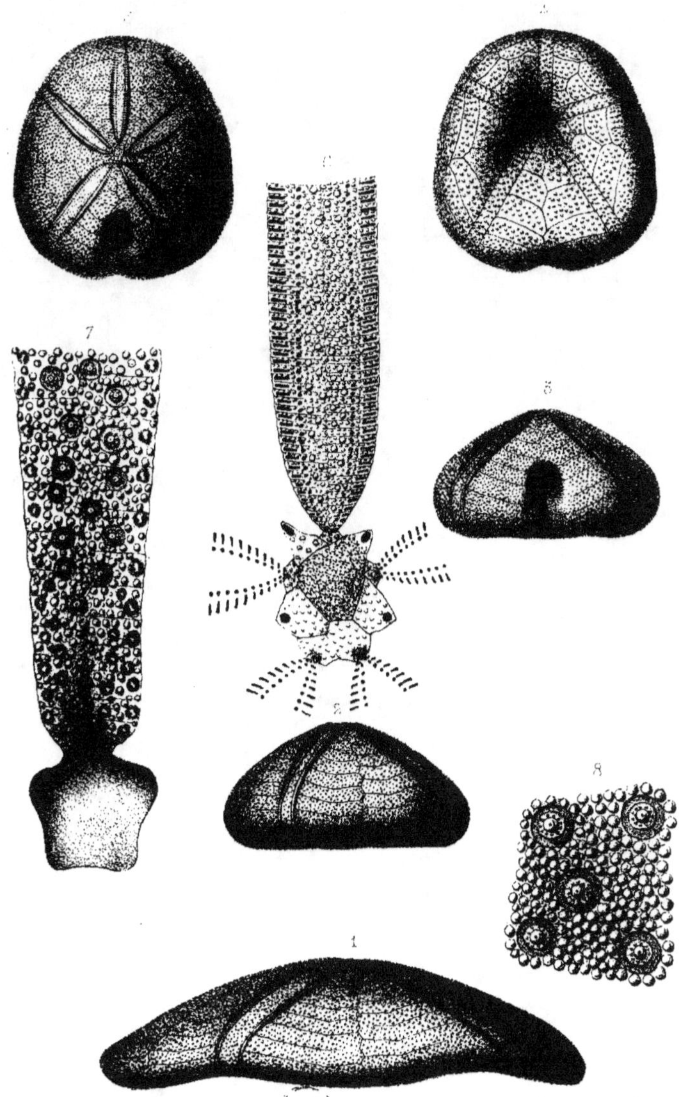

1. *Clypeus Babeaui*, Cotteau. Callovien.

2 . 3. *Echinobrissus Lorioli*, Cotteau. Bajocien.

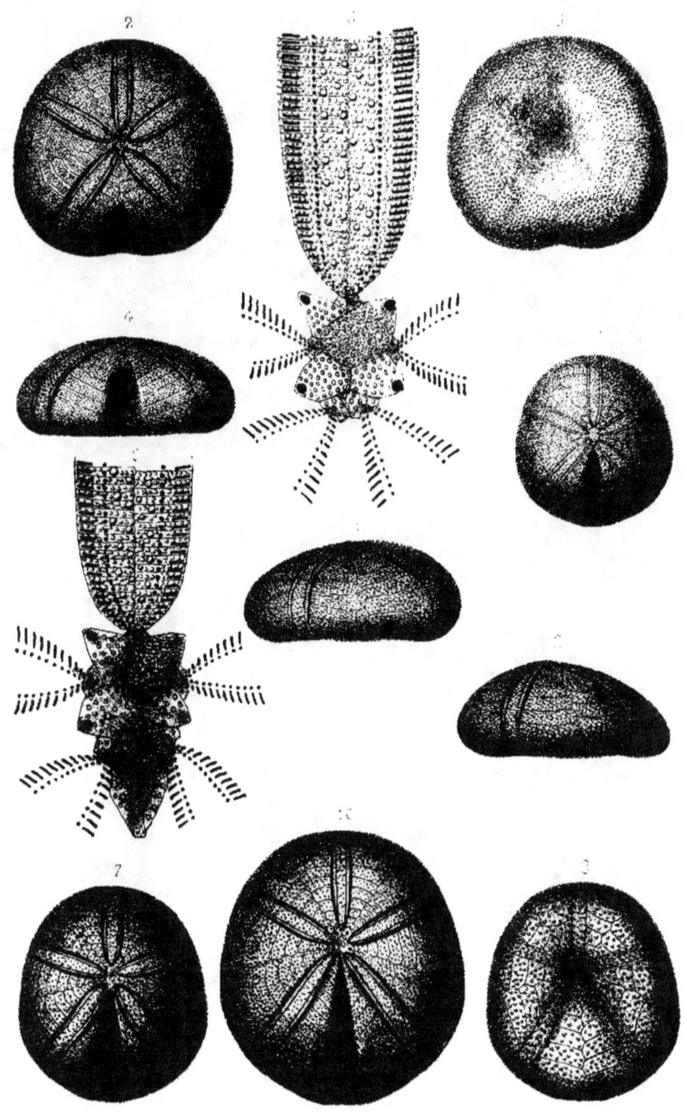

Humbert del. et lith.   Imp. Becquet. Paris.

1 - 5. Echinobrissus quadratus, Cotteau. Bathonien.
6 - 11. E. _______ Terquemi, d'Orbigny. Bajocien et Bathonien.

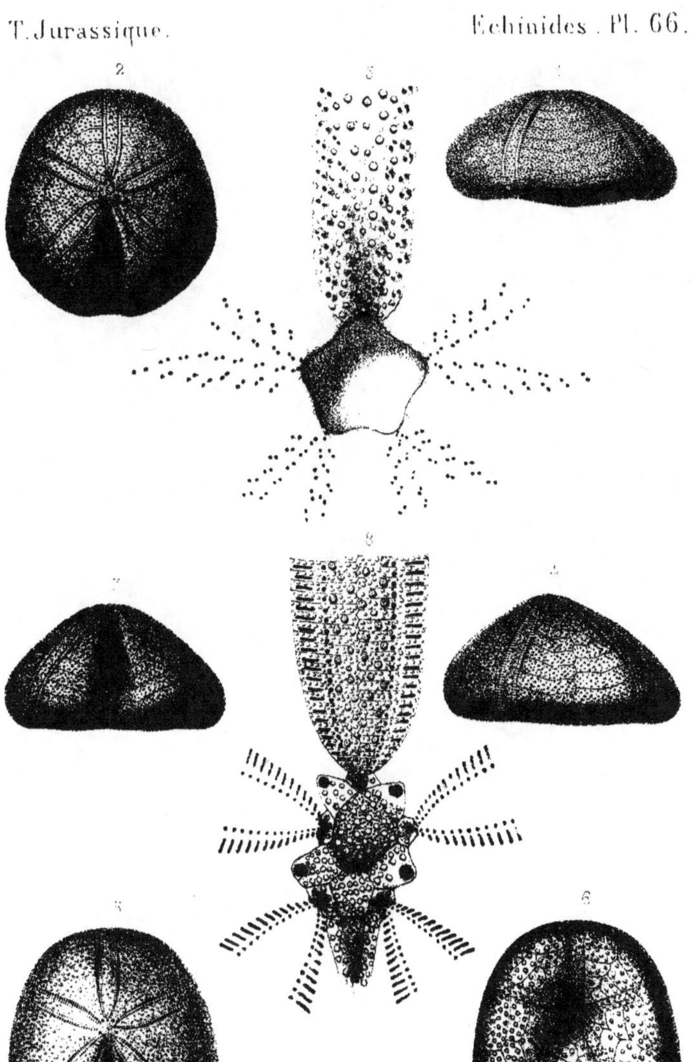

Humbert del. et lith.　　　　Imp. Becquet. Paris.

1_3. *Echinobrissus Terquemi*, d'Orbigny. Bajocien et Bathonien.
4_8. *E.— — clunicularis*, d'Orbigny. Bathonien.

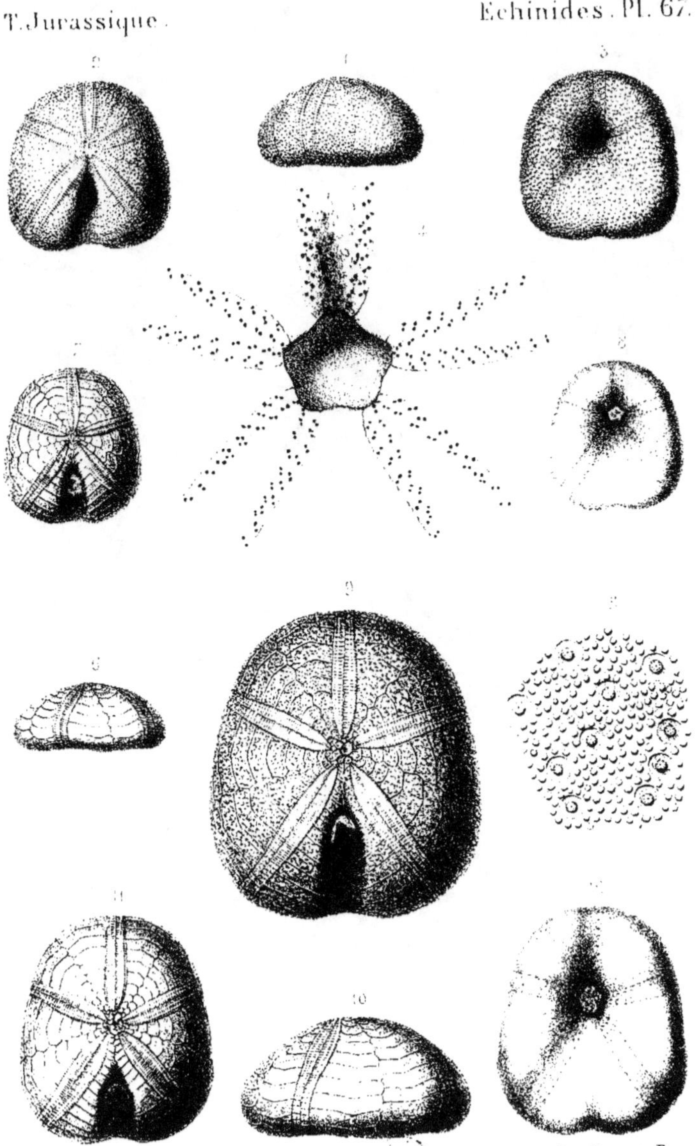

Humbert del et lith.   Imp. Becquet Paris.

Echinobrissus clunicularis, d'Orbigny. Bathonien.

1–5. *Echinobrissus crepidula*, d'Orbigny. Bathonien.
6–11. *E. ________ amplus*, Desor. Bathonien.

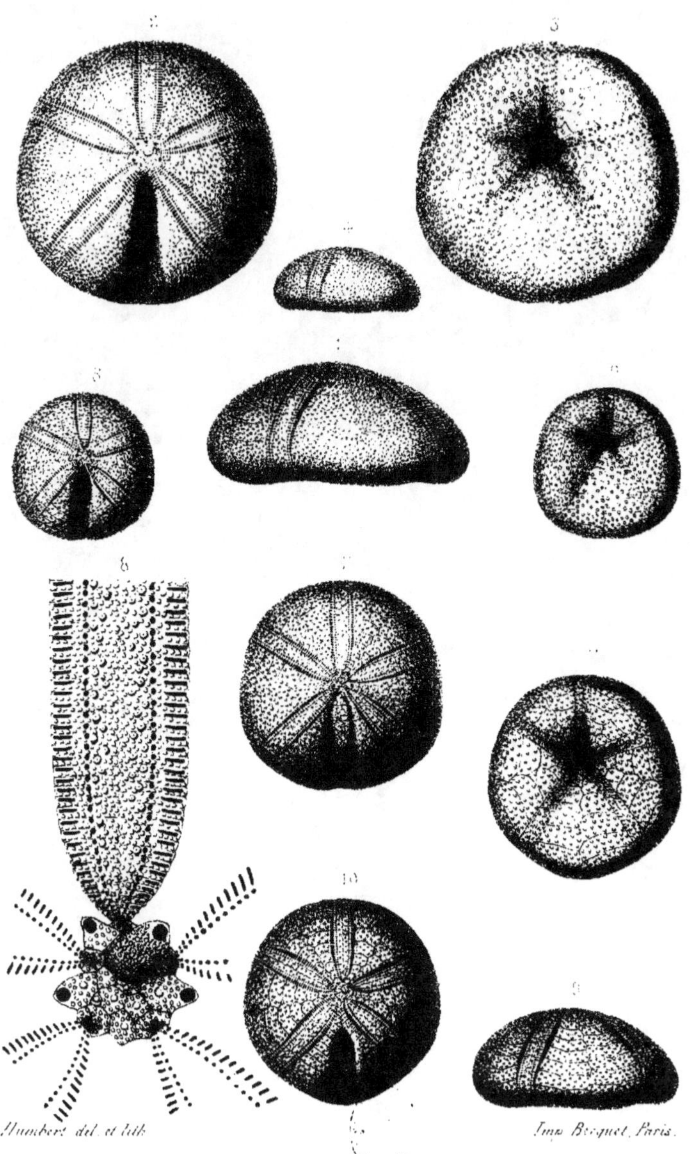

Humbert del. et lith. Imp. Becquet, Paris.

1 8. *Echinobrissus amplus*, Desor. Bathonien.
9 11. E. *Burgundiæ*, Cotteau. Bathonien.

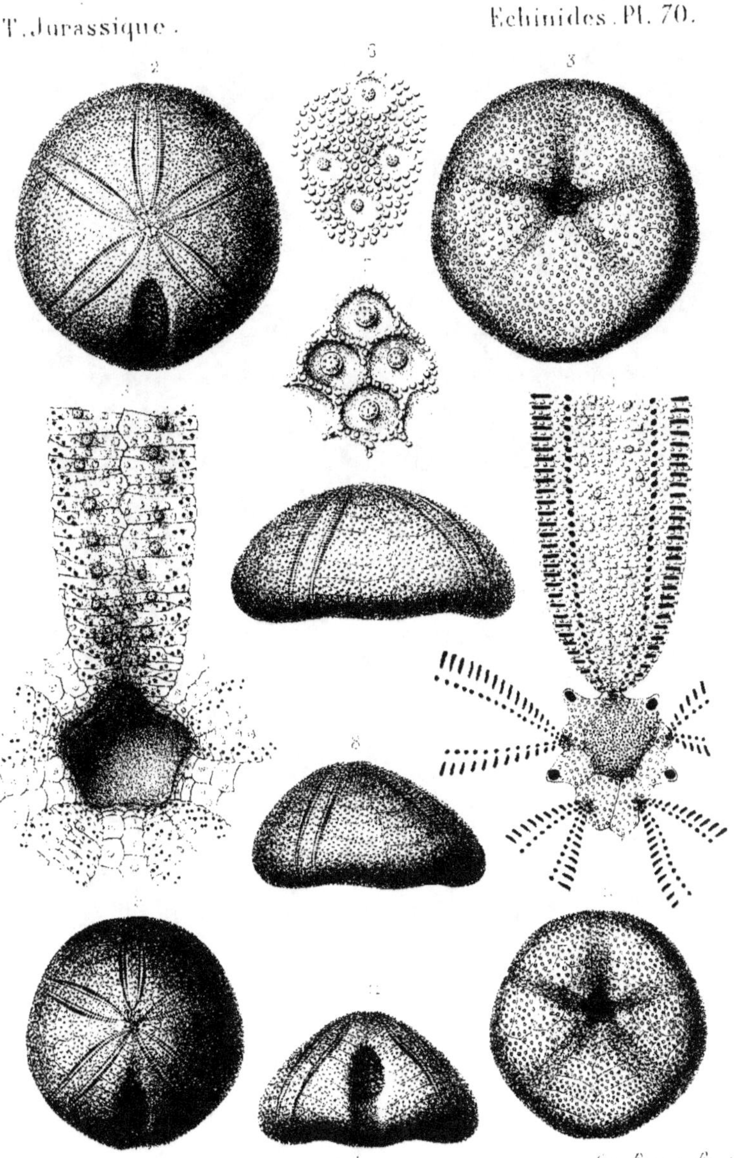

Echinobrissus Burgundiæ, Cotteau. Bathonien.

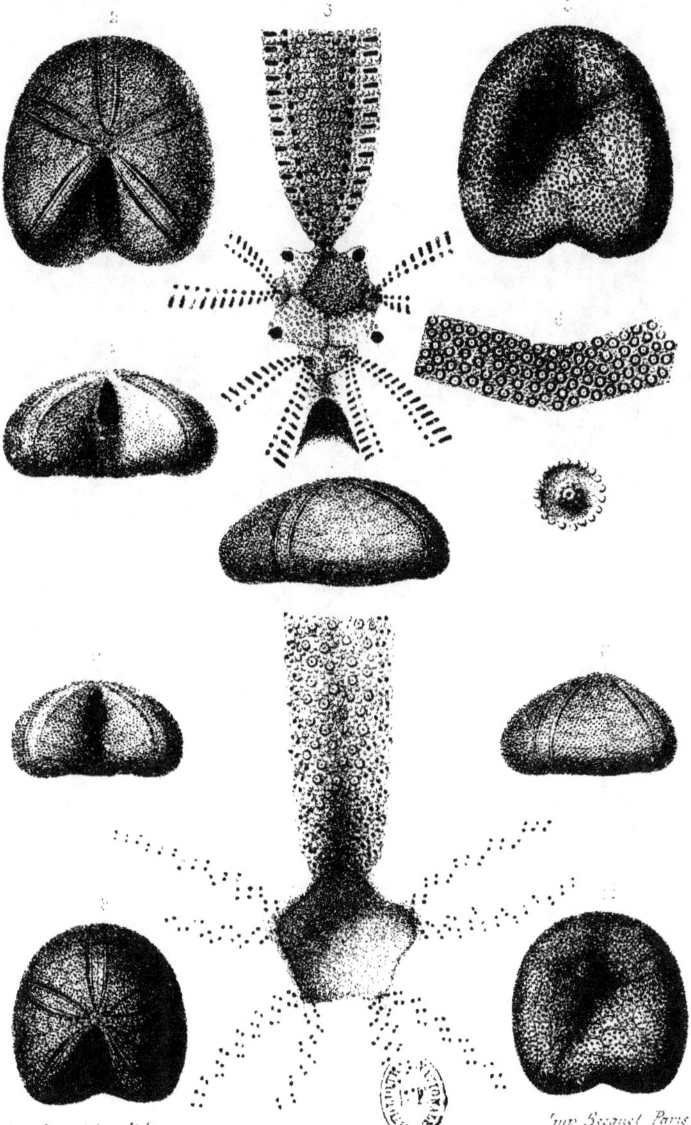

Humbert del. et lith.   Imp. Becquet. Paris.

Echinobrissus triangularis. Cotteau. Bathonien.

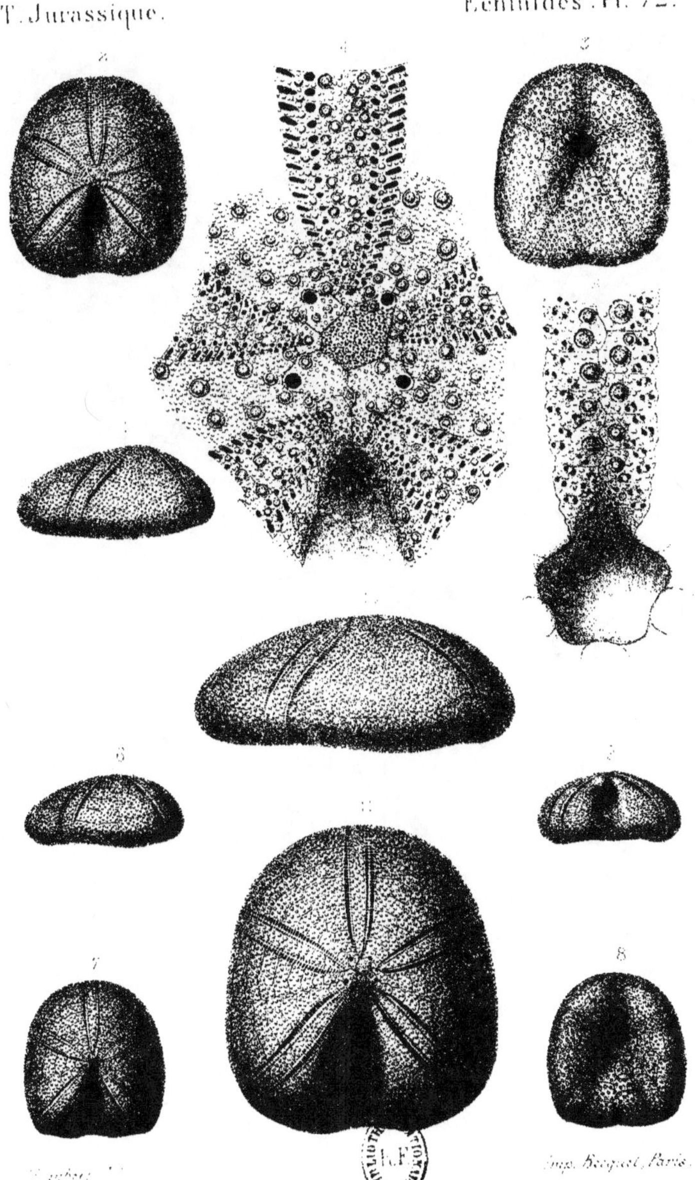

Echinobrissus elongatus. d'Orbigny. Bathonien.

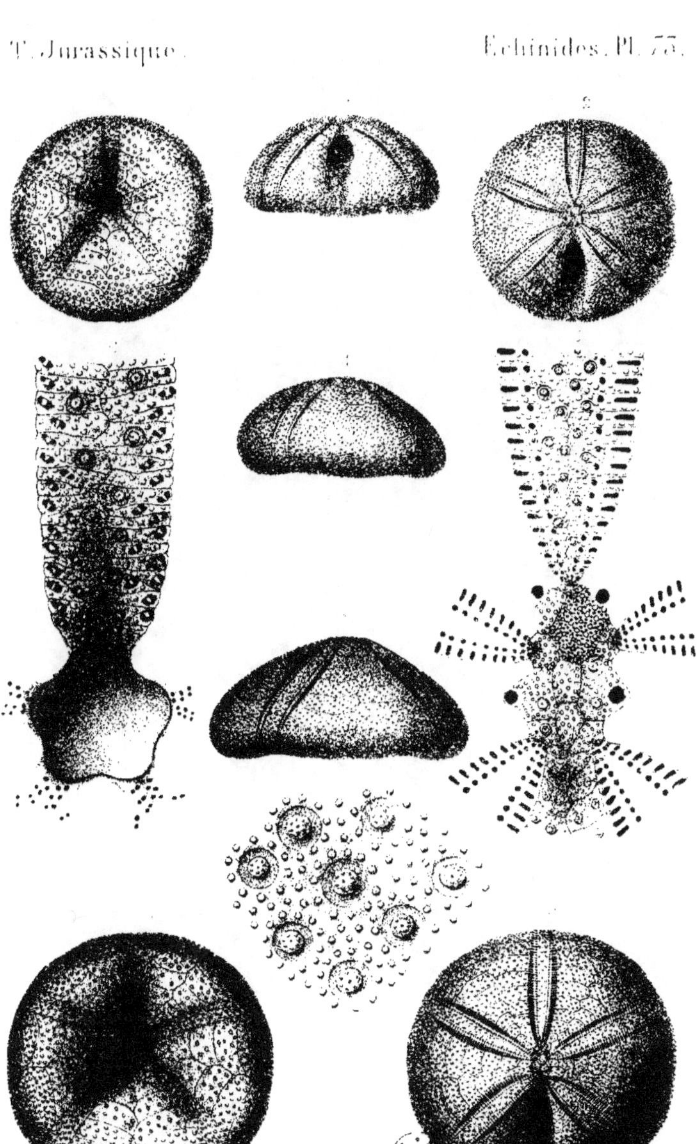

Echinobrissus orbicularis. d'Orbigny. Bathonien.

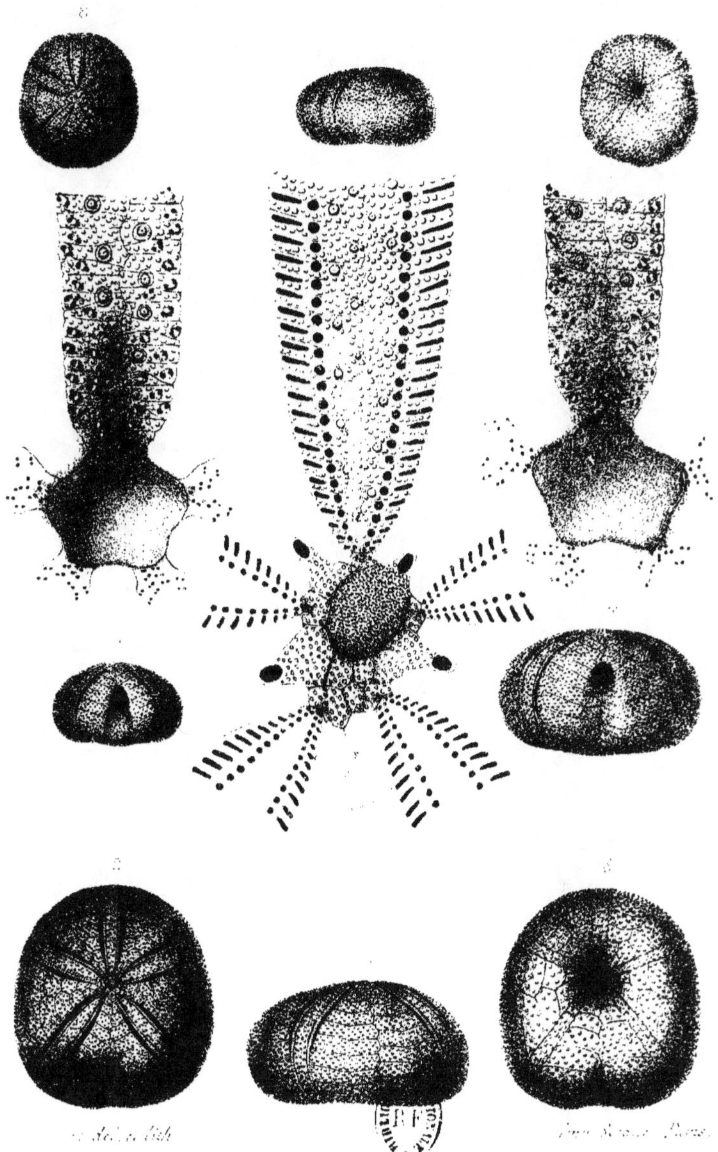

Echinobrissus pulvinatus, Cotteau. Callovien.

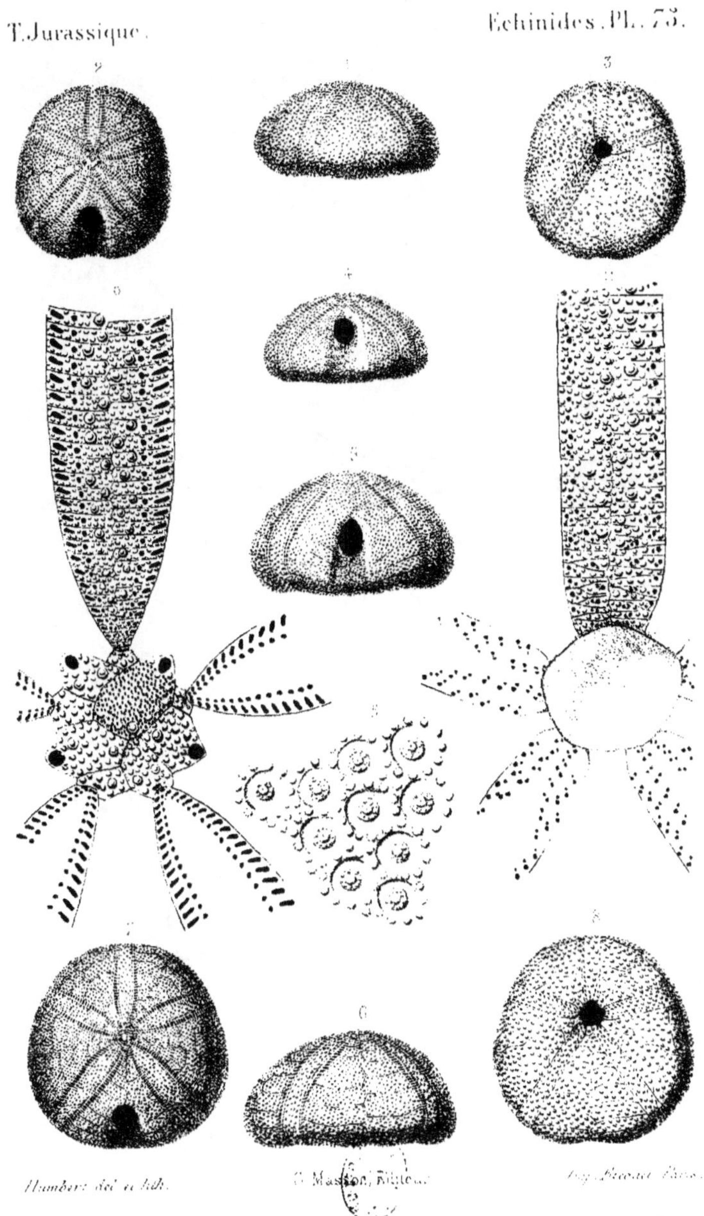

Echinobrissus micraulus, d'Orbigny. Callovien et Oxfordien.

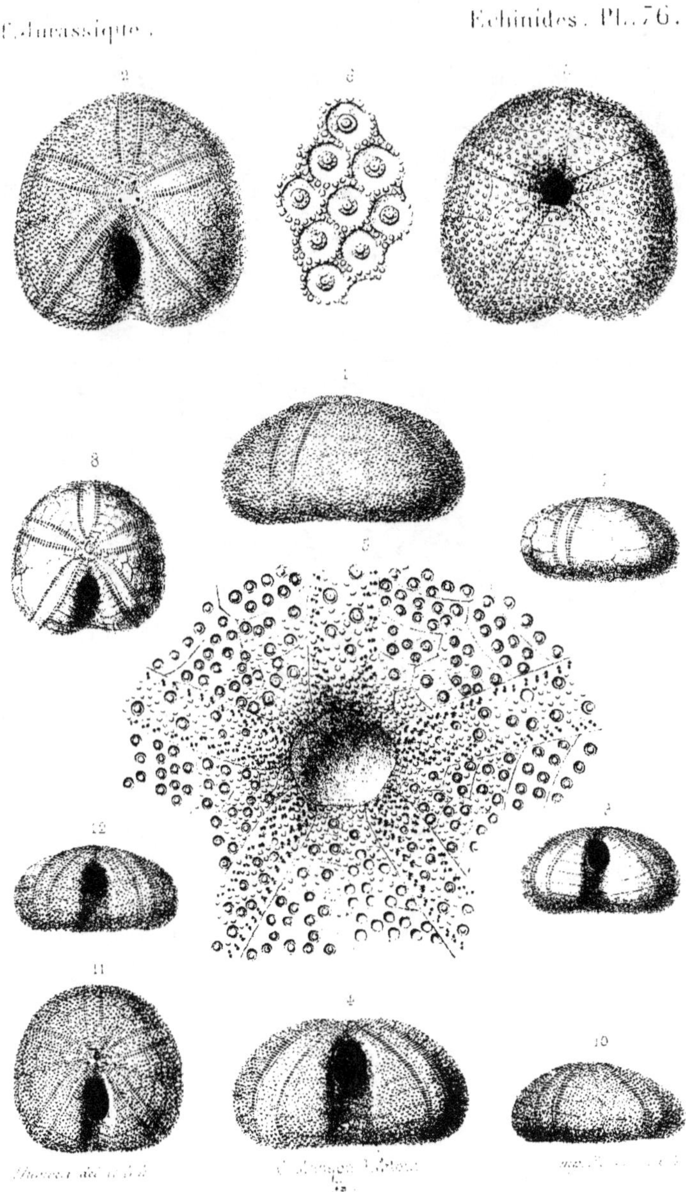

Échinobrissus scutatus, d'Orbigny. Corallien inf.

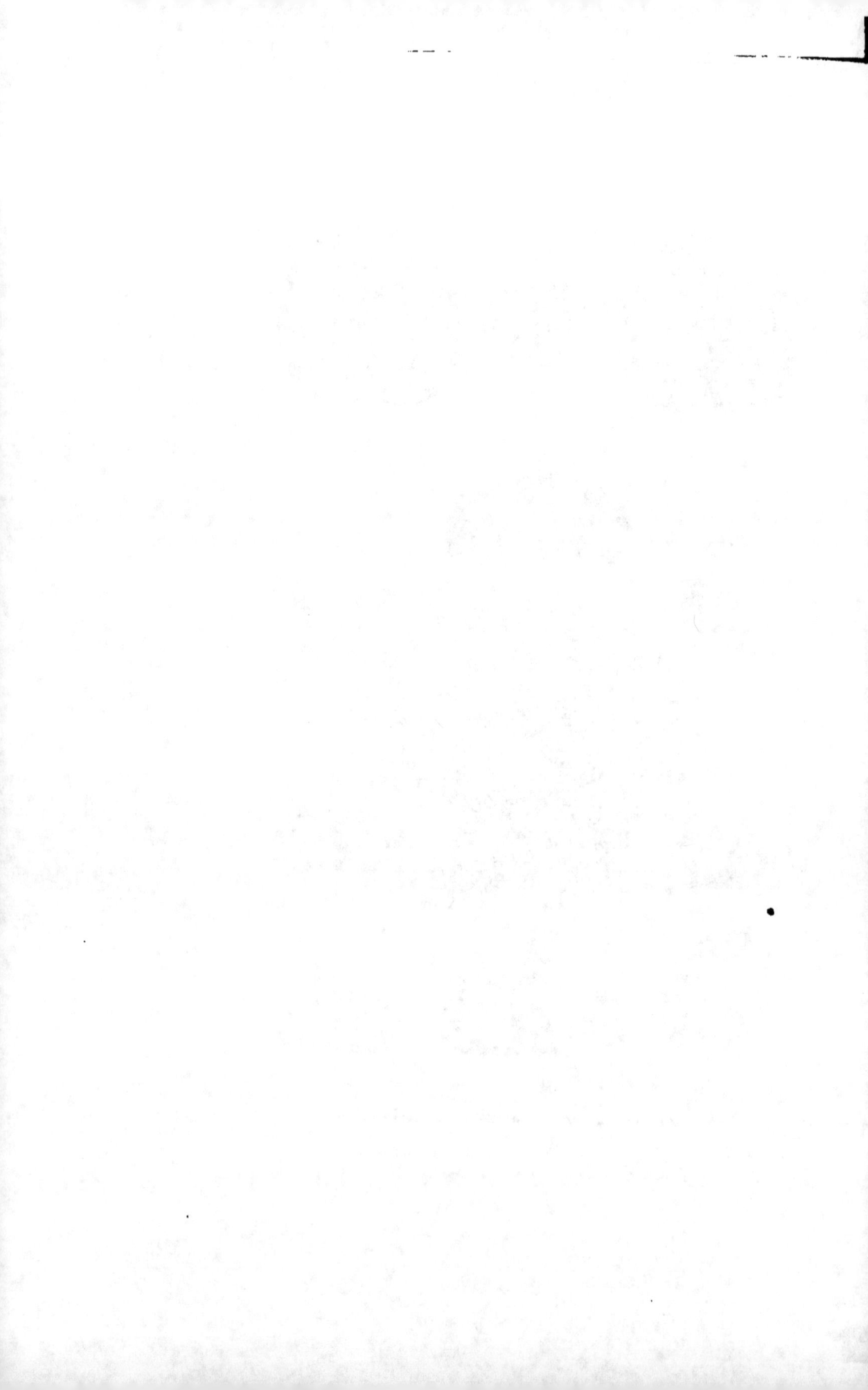

1—5. *Echinobrissus scutatus*, d'Orbigny. Corallien inf.
6—9. E. ———— *Dumortieri*, Cotteau. Oxfordien.
10—14. E. ———— *Letteroni*, Cotteau. Corallien sup.

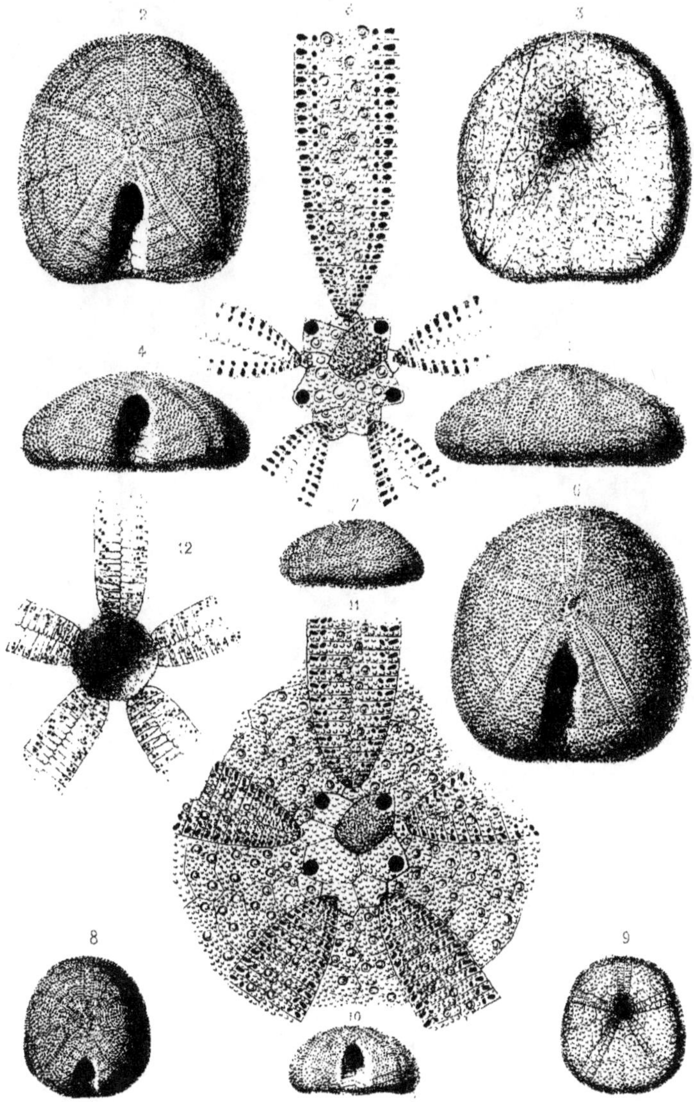

Humbert del. et lith.   G. Masson Editeur.   Imp. Becquet Paris.

1 à 6. *Echinobrissus Letteroni*, Cotteau. Corallien sup.
7 à 12. *E.* — avellana, Deser. Oxfordien.

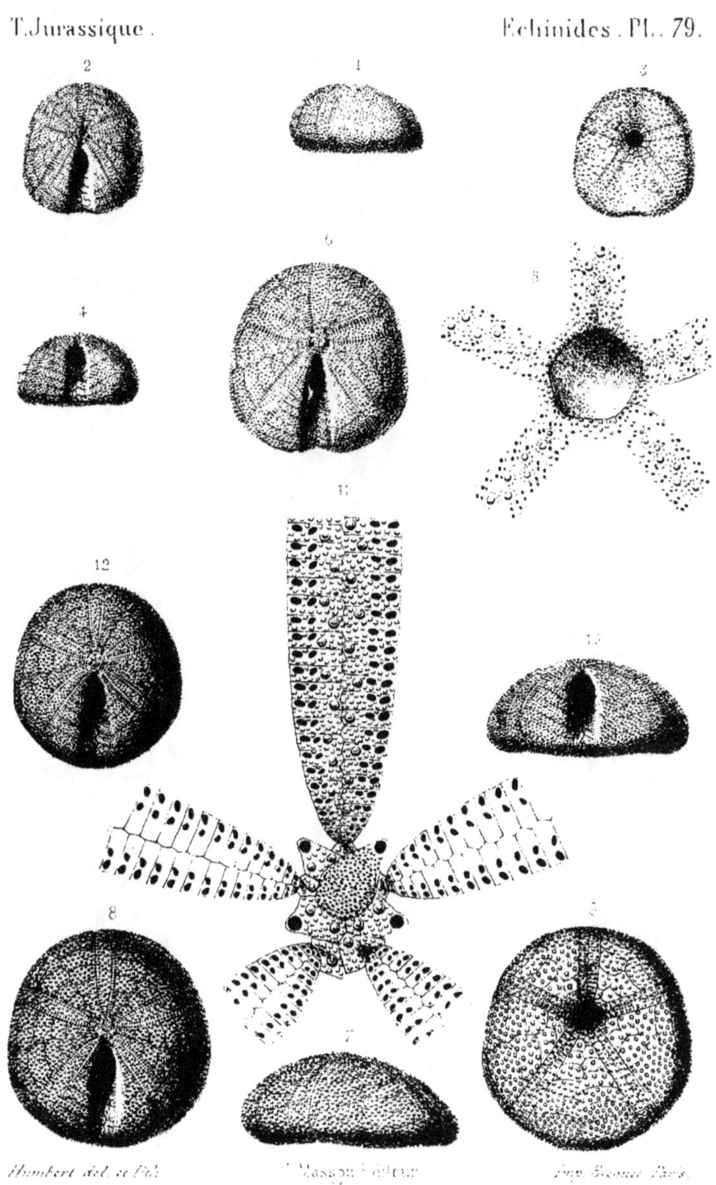

1–6. *Echinobrissus Bourgueti*, Deser. Portlandien.
7–12. E.   *kimmeridgensis*, Cotteau. Kimméridgien.

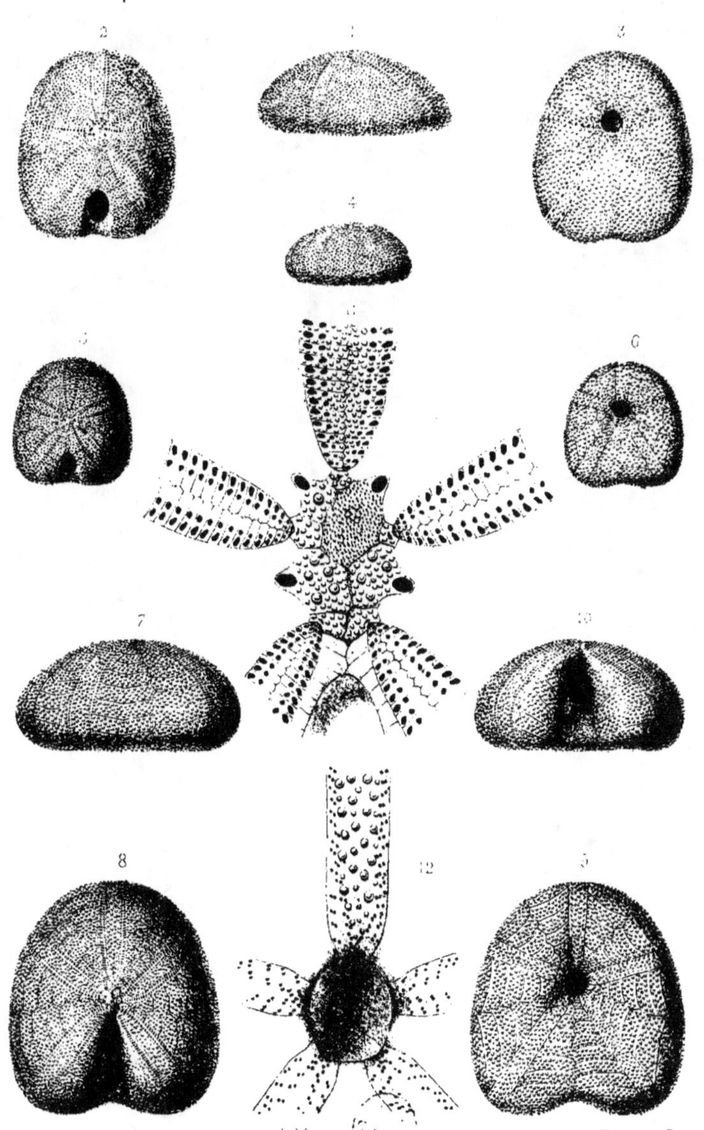

Humbert del. et lith.   J. Masson, Editeur   Imp. Becquet, Paris.

1 _ 6. *Echinobrissus Icaunensis,* Cotteau. Corallien sup.
7 _ 12. E. _______ *major,* d'Orbigny. _______

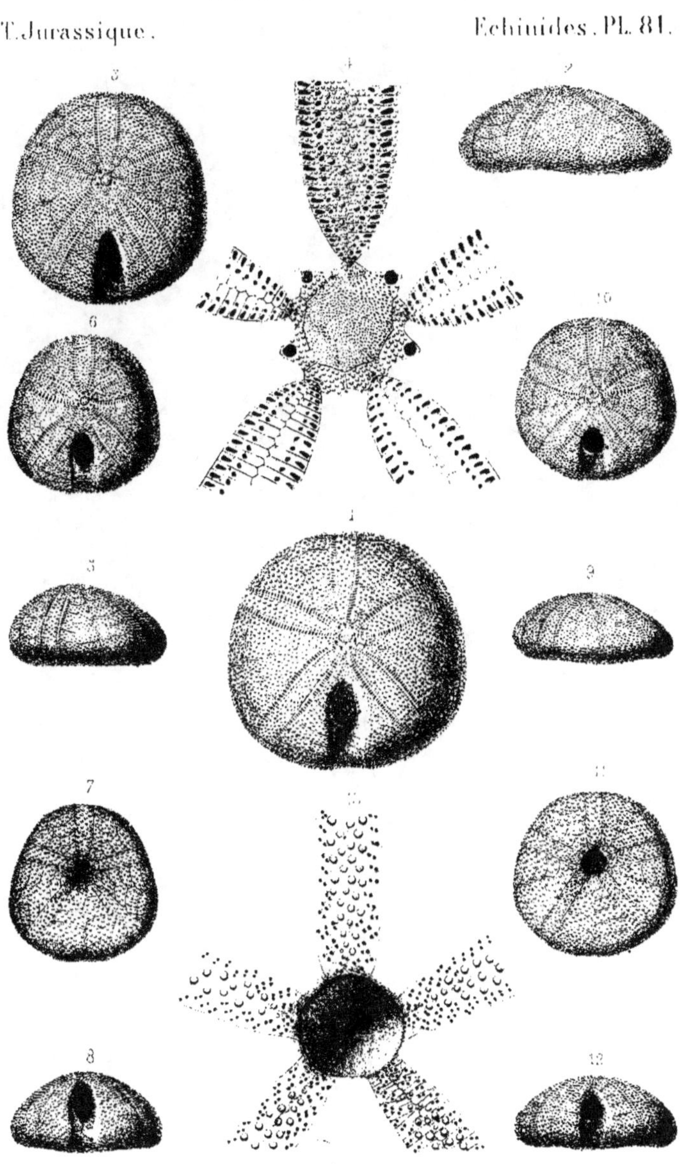

Humbert del. et lith.

G. Masson Éditeur.

Imp. Becquet Paris.

Echinobrissus Brodiei, Wright. Portlandien.

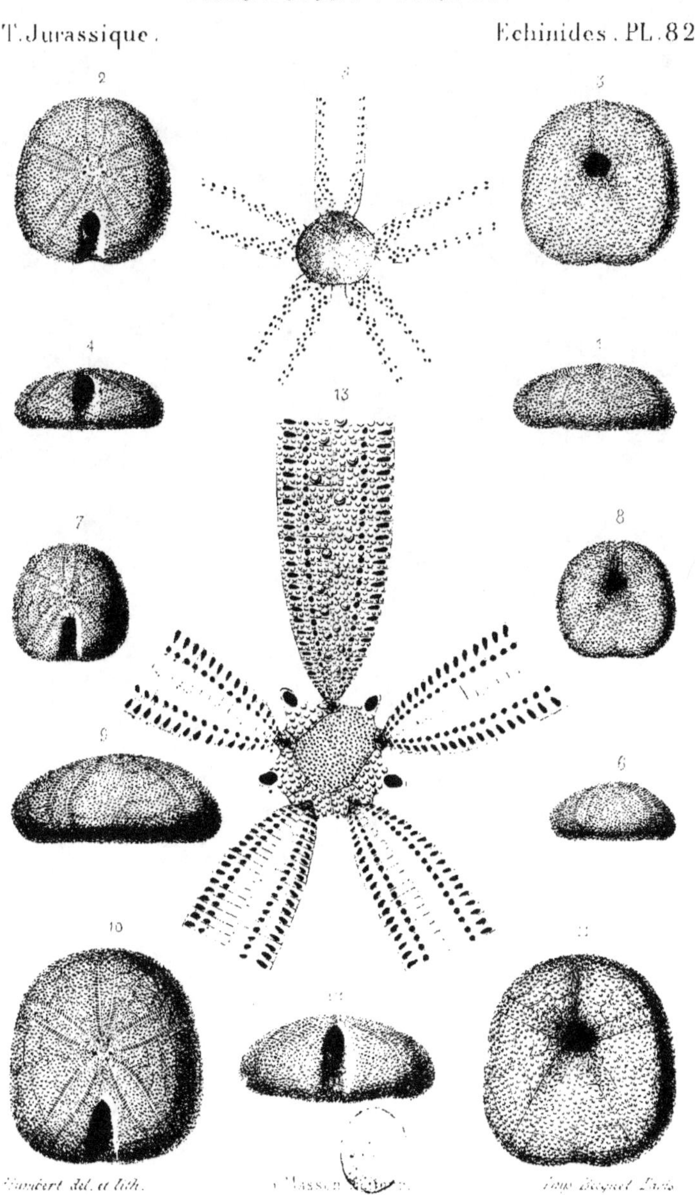

Echinobrissus Perroni, Etallon. Portlandien.

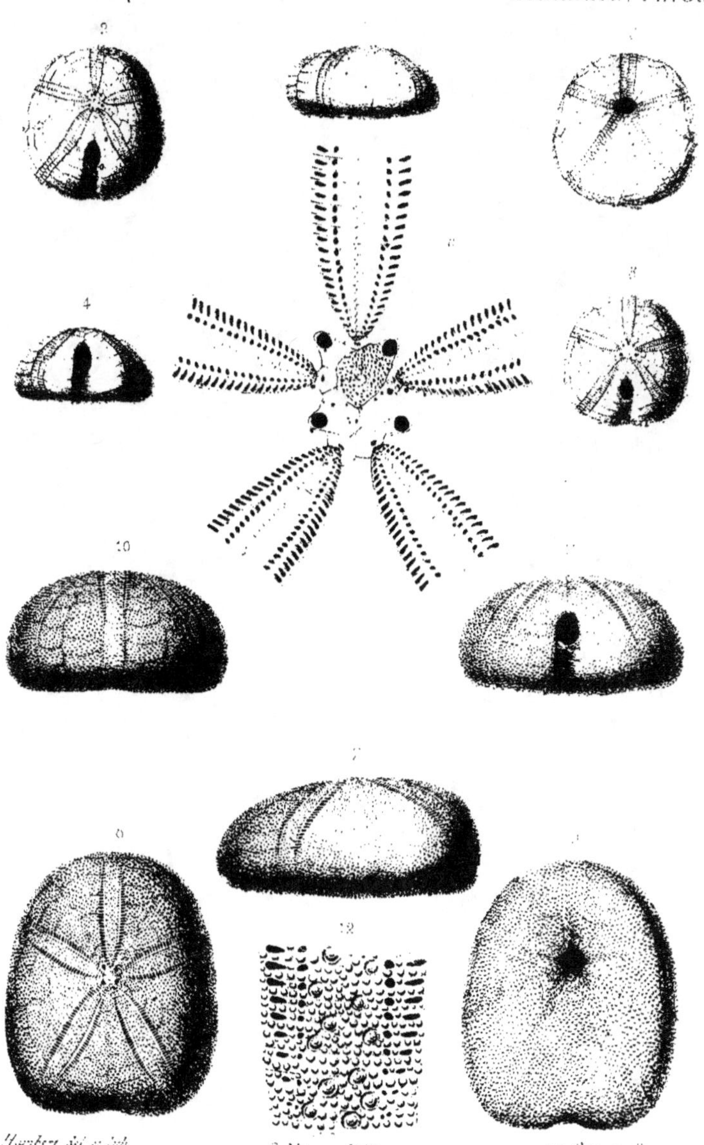

T. Jurassique.

Echinides. Pl. 83.

1 – 6. Echinobrissus Haimei, Wright. Portlandien.
7 – 12. Phyllobrissus Thevenini, Cotteau. Kimmeridgien.

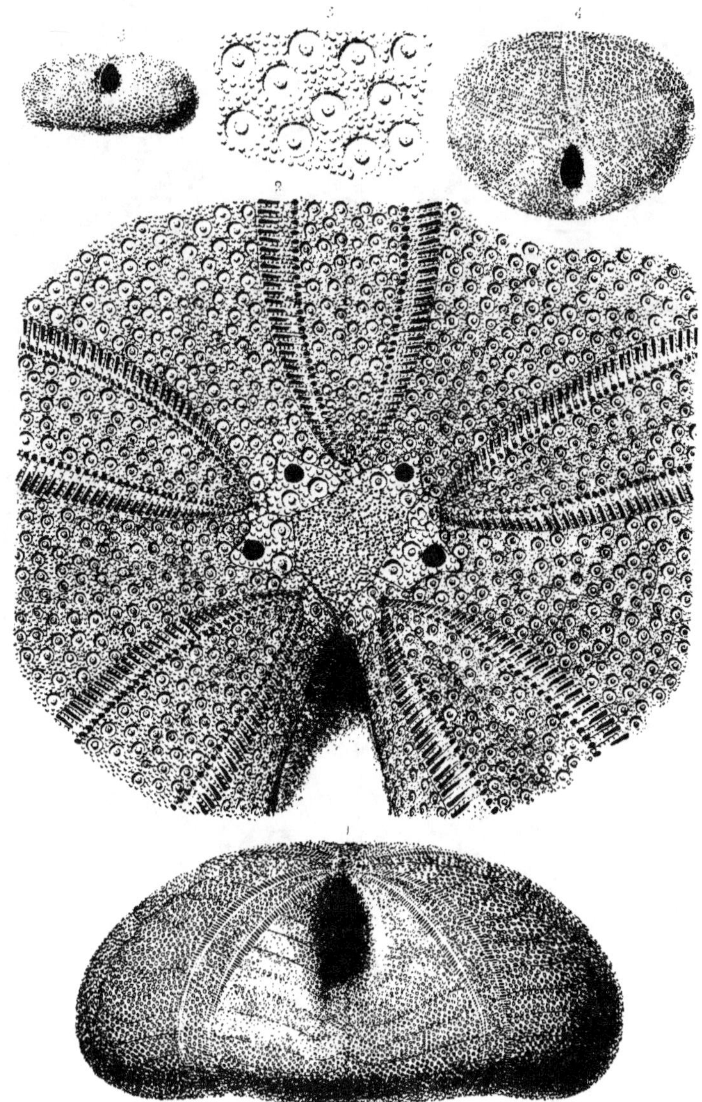

Pseudodesorella Orbignyana, Etallon, Corallien.

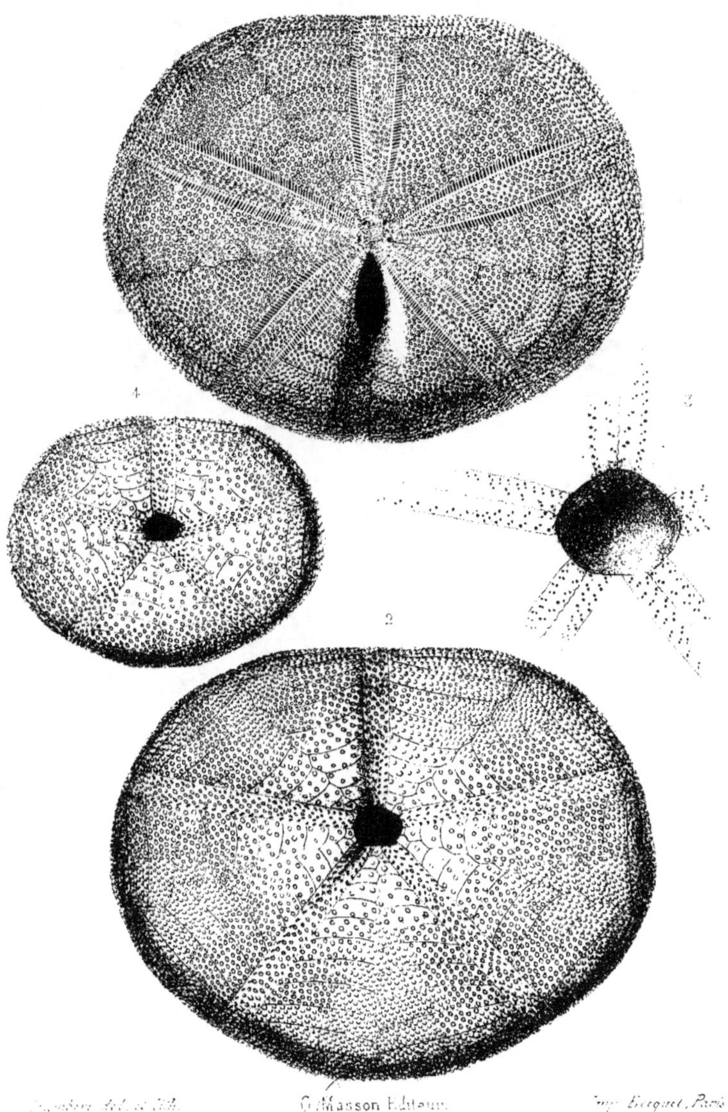

Rigaux del. et lith.   G. Masson Editeur.   Imp. Becquet, Paris.

Pseudodesorella Orbignyana, Etallon Corallien.

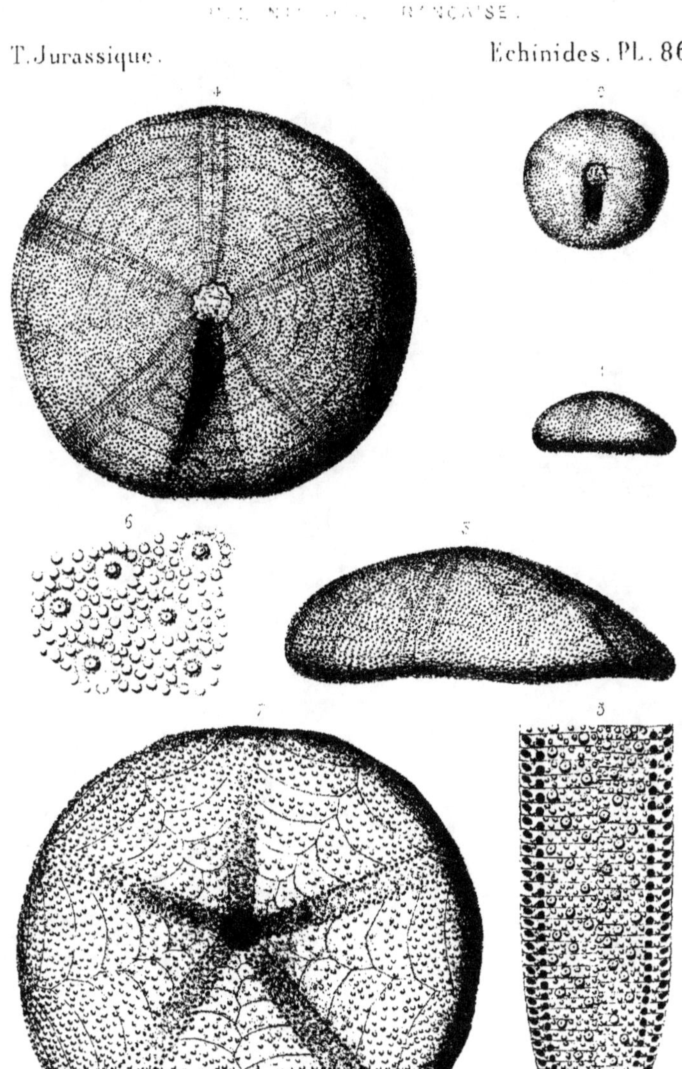

1 - 2. *Galeropygus priscus*, Cotteau. Toarcien.
3 - 7. G. ——————— *agariciformis*, Cotteau. Toarcien.

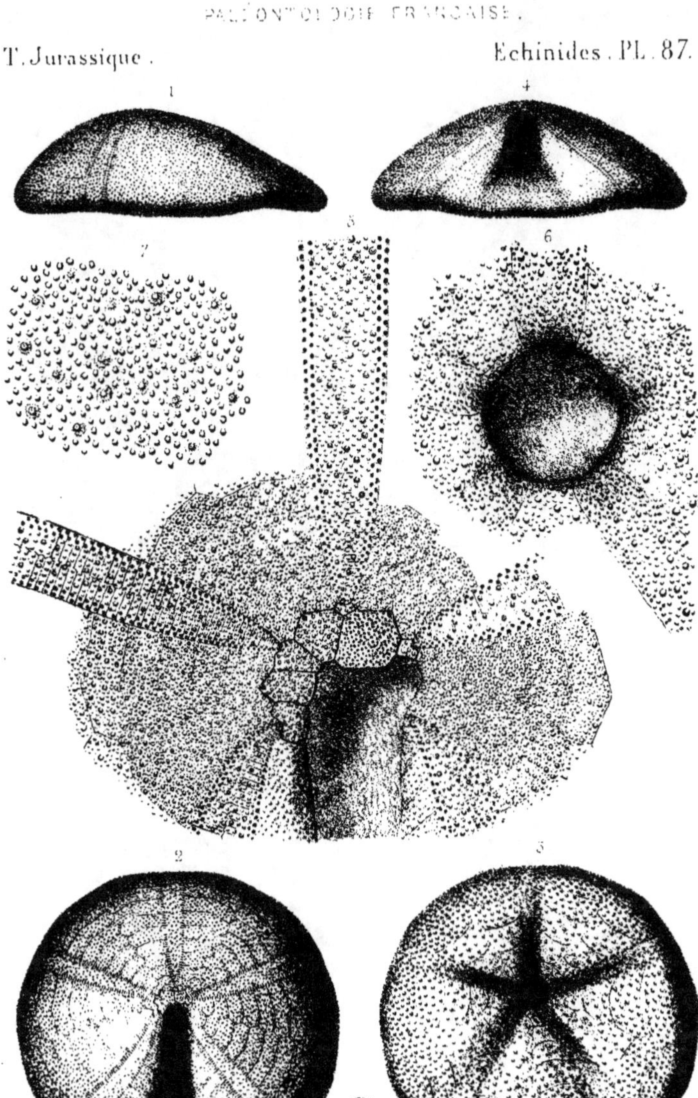

Galeropygus Marcou, Deser. Bajocien.

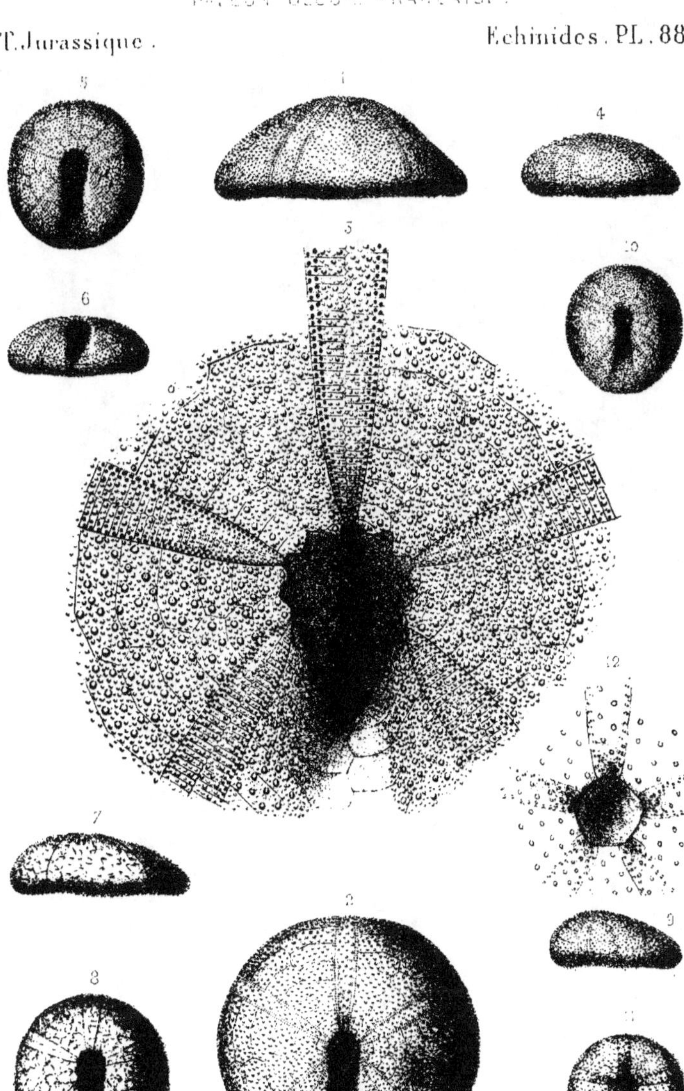

Humbert del. et lith.   G. Masson Editeur.   Imp. Becquet, Paris.

1 à 3. *Galeropygus Marcou*, Desor. Bajocien.
4 à 12. G.   caudatus, Cotteau. Bajocien et Bathonien.

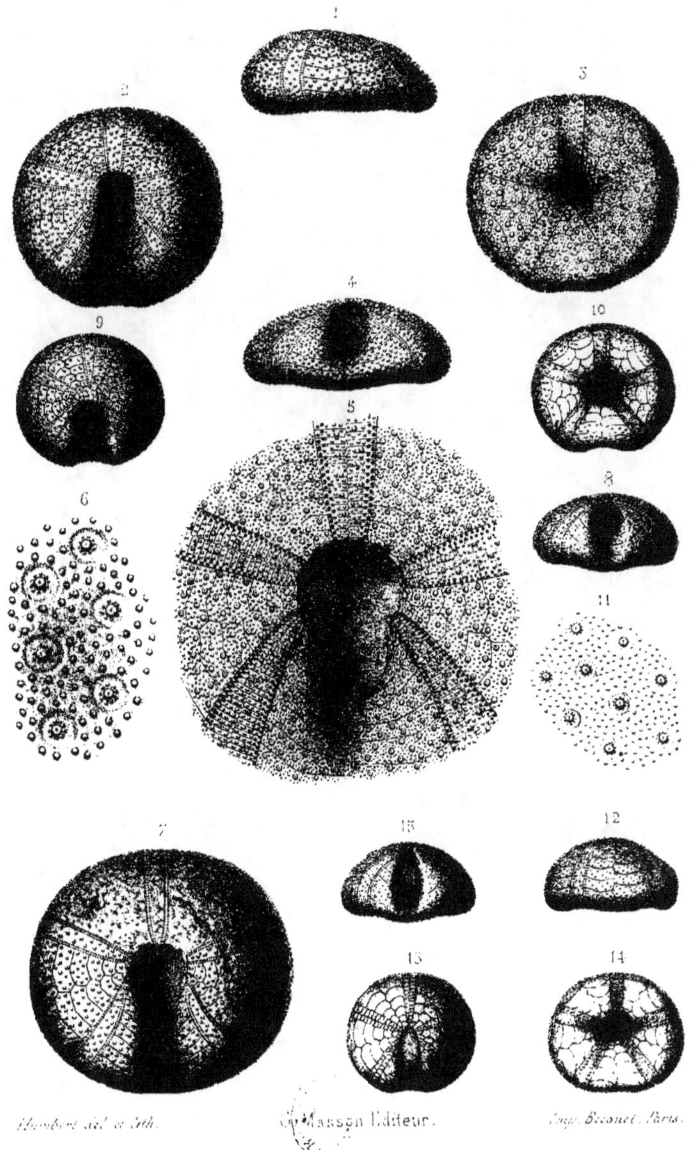

Humbert del. et lith.   G. Masson Editeur.   Imp. Becquet. Paris.

1 – 7. *Galeropygus sulcatus*, Cotteau. Bajocien.
8 – 15. G.   —   *Baugieri*, Cotteau. Bathonien.

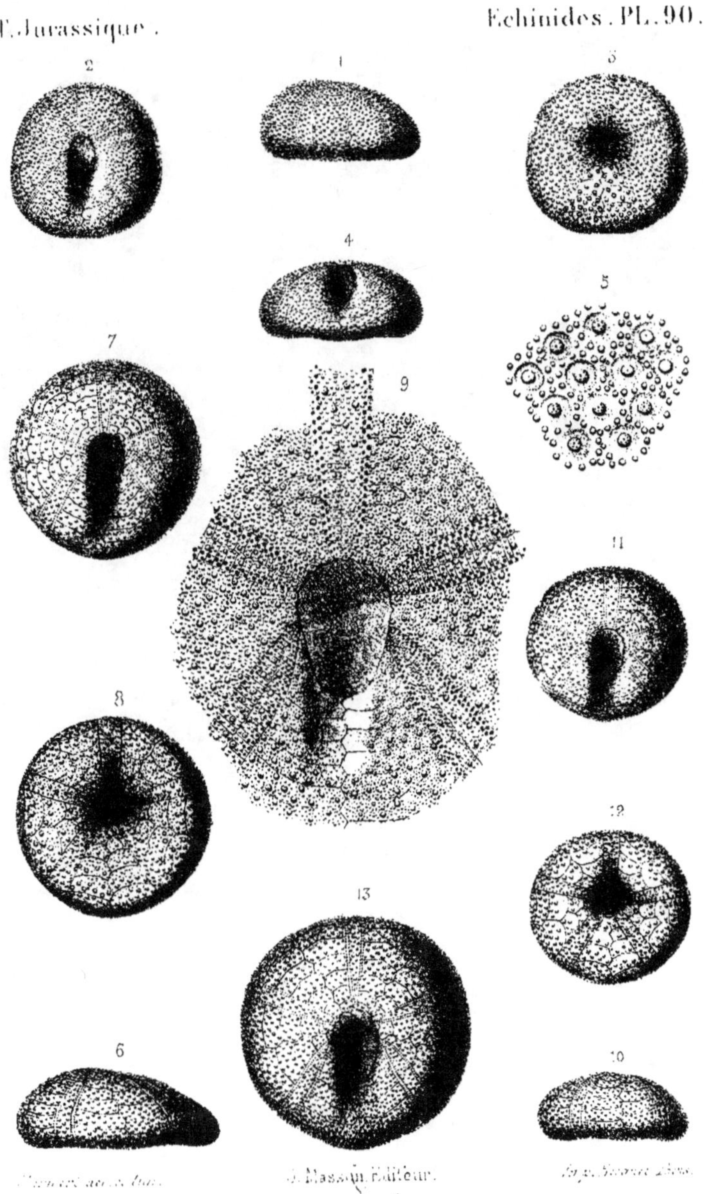

Galeropygus Nodoti, Cotteau. Bathonien.

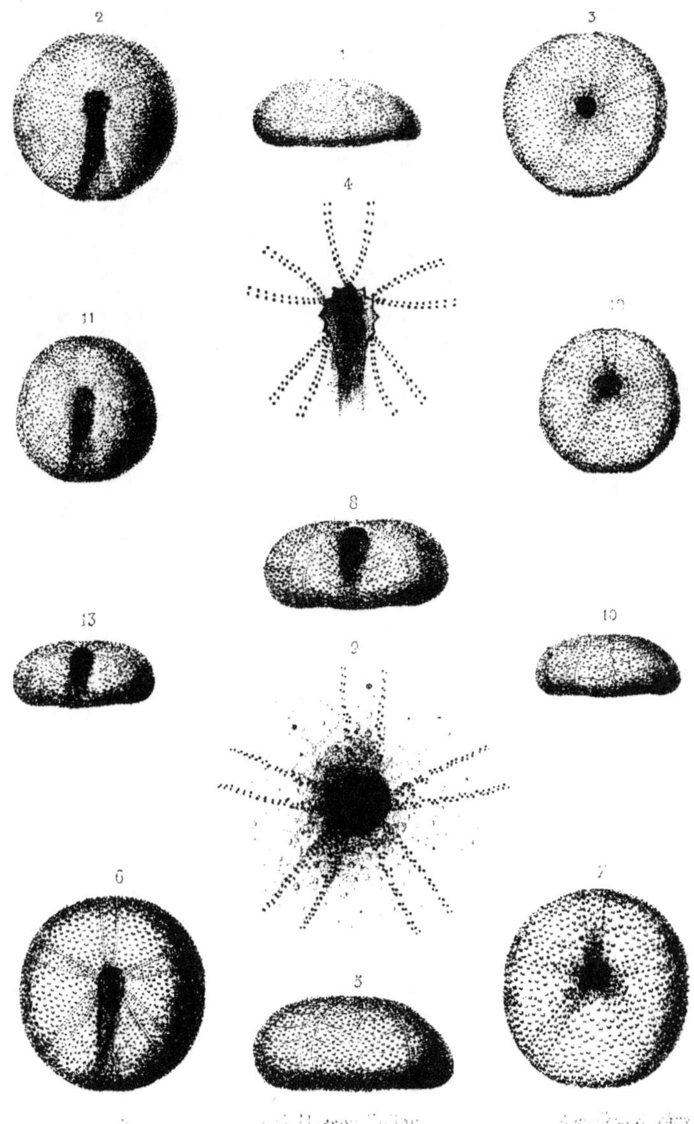

1 4. *Galeropygus disculus*, Cotteau. Bathonien
5 13. 6. _________ *crassus*,

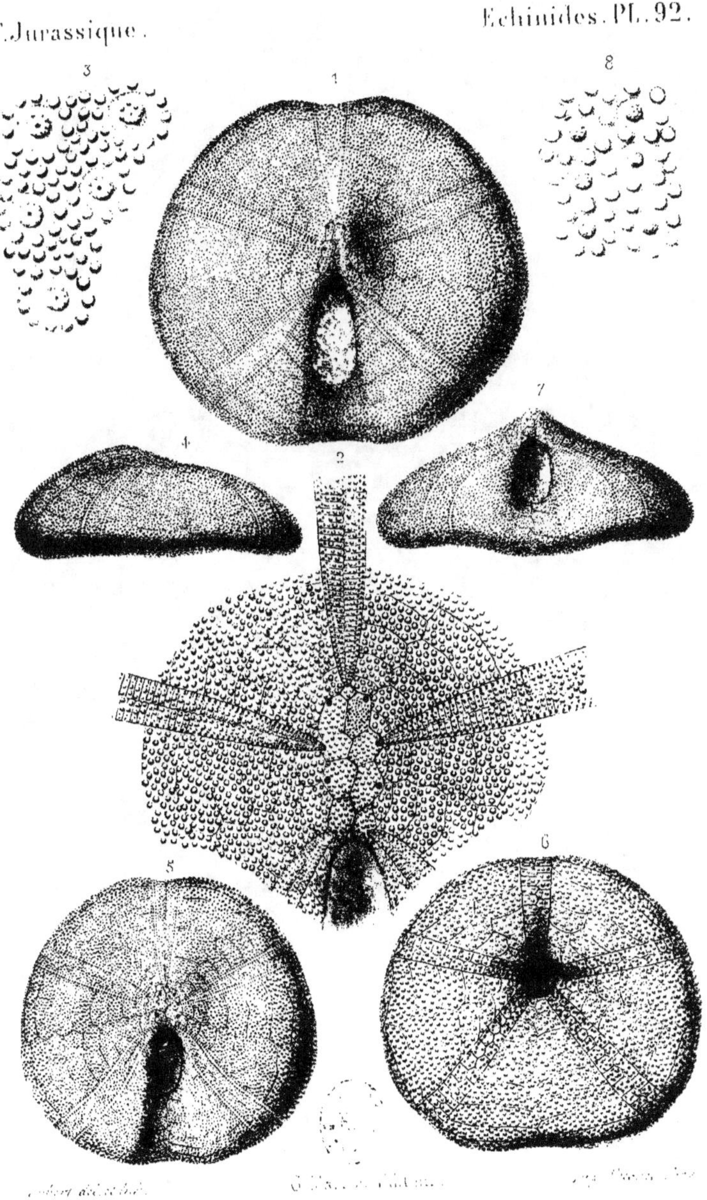

Hyboclypeus gibberulus, Agassiz. Bajocien et Bathonien.

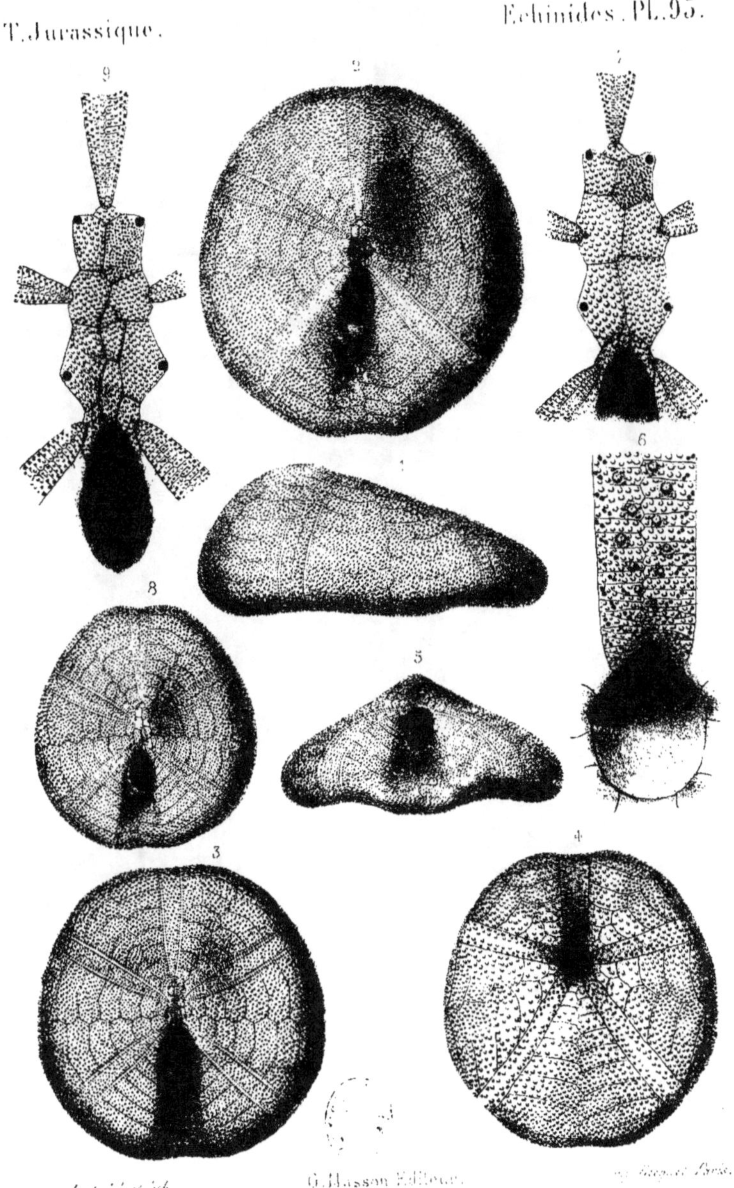

Robert del. et lith.

G. Masson, Éditeur.

Hyboclypeus gibberulus, Agassiz. Bathonien.

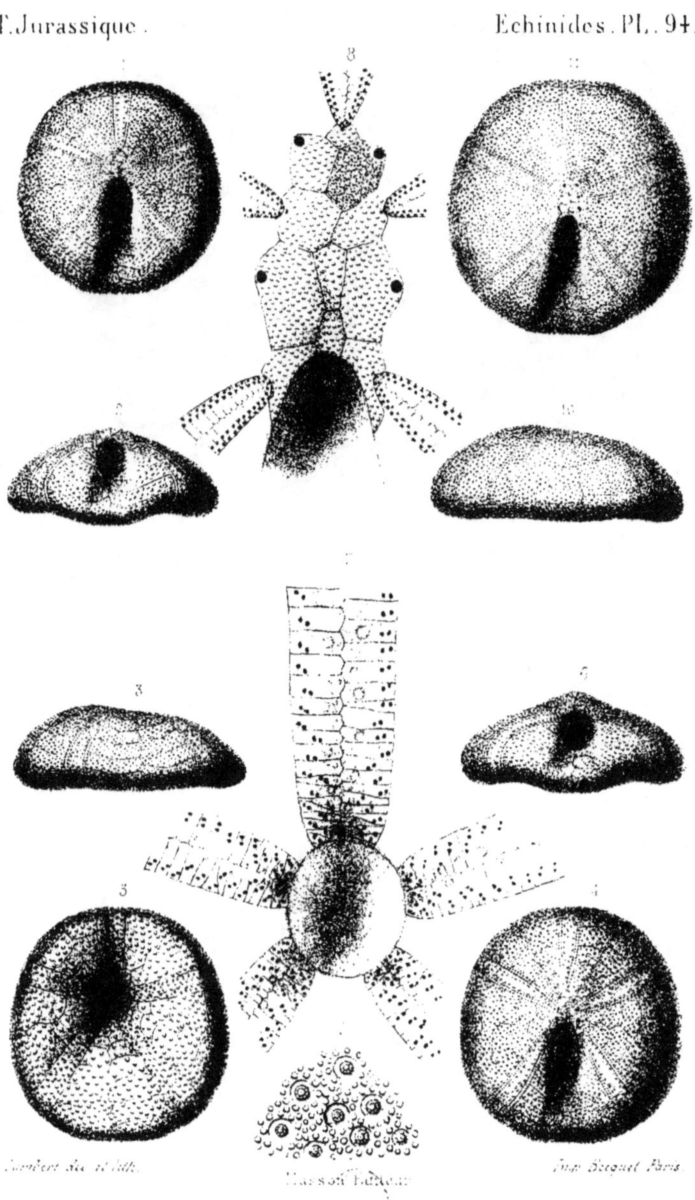

Hyboclypeus ovalis, Wright. Bajocien et Bathonien.

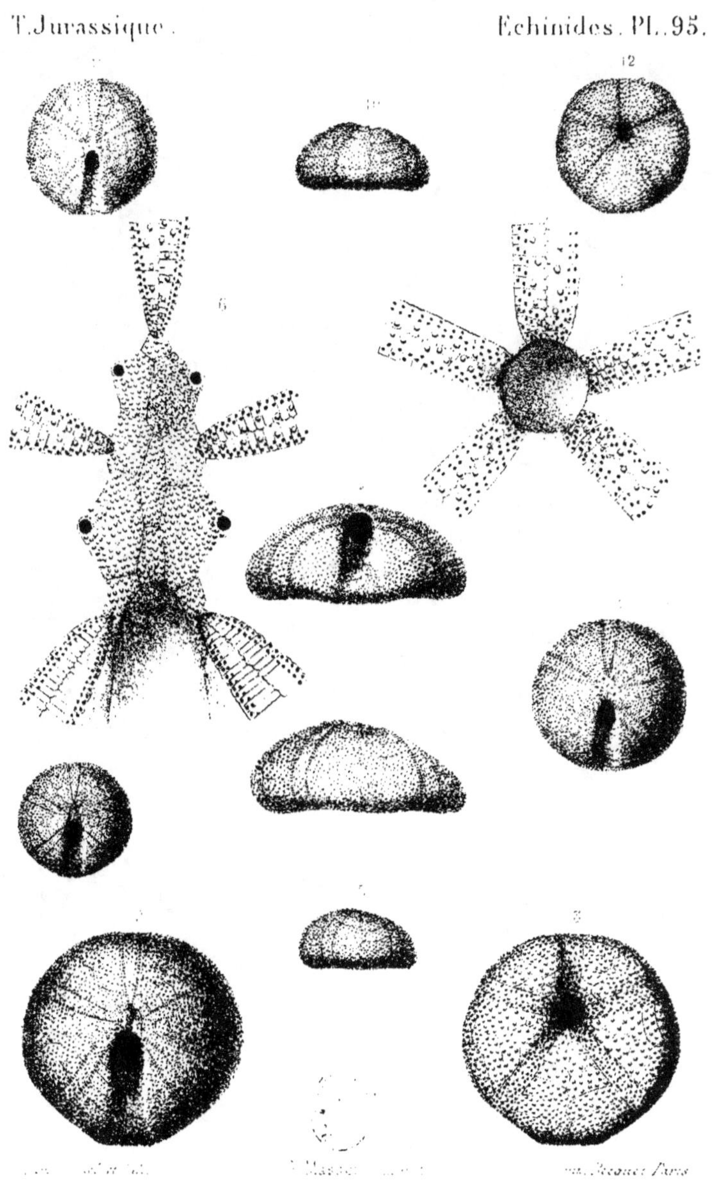

1 — 9. *Hyboclypeus Theobaldi*, de Loriol. Bajocien.
10 — 12. 11.   — *canaliculatus*, Desor. Bathonien.

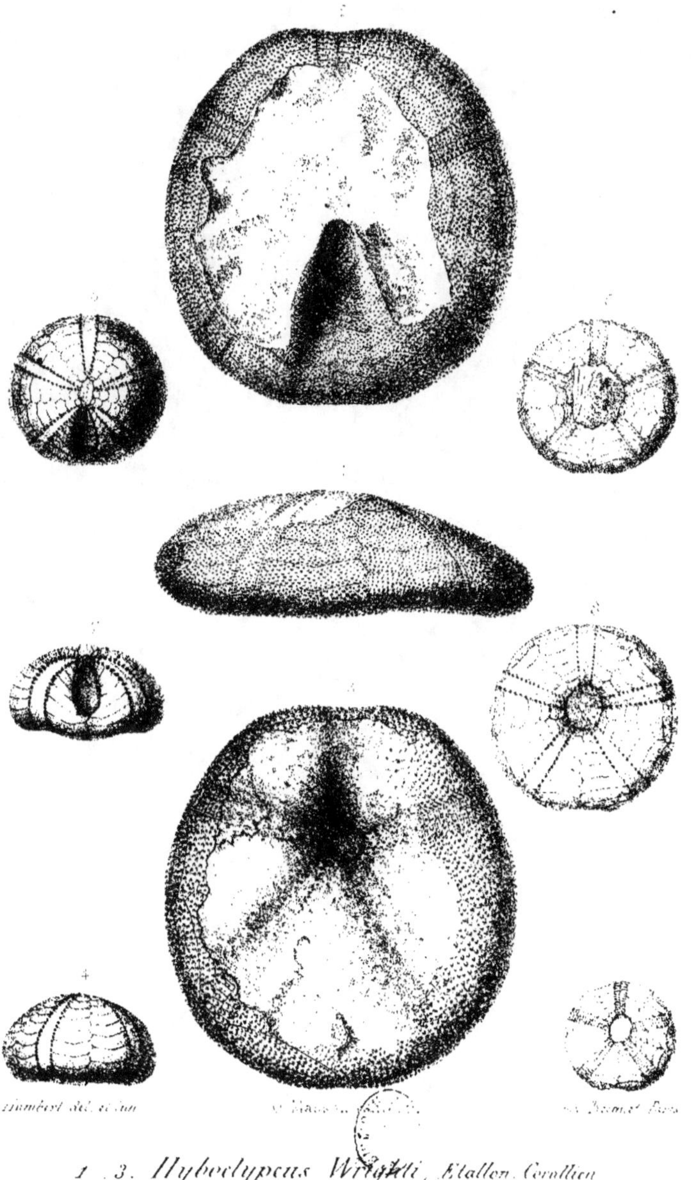

1 _ 3. *Hyboclypeus Wrighti*, Étallon. Corallien
4 _ 9. *H. _ _ _ Drogiacus*, Cotteau

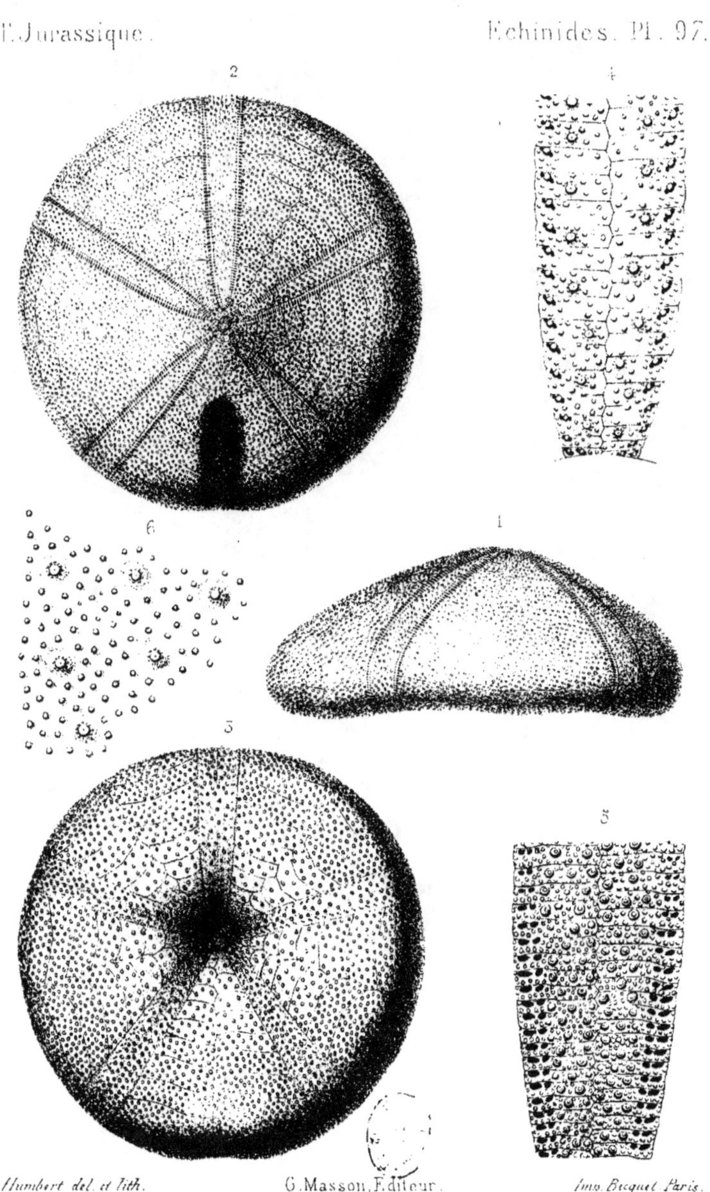

Galeroclypeus Peroni, Cotteau. Bathonien.

Humbert del. et lith.   G. Masson, Éditeur.   Imp. Becquet, Paris.

Desorella elata, Cotteau. Corallien.

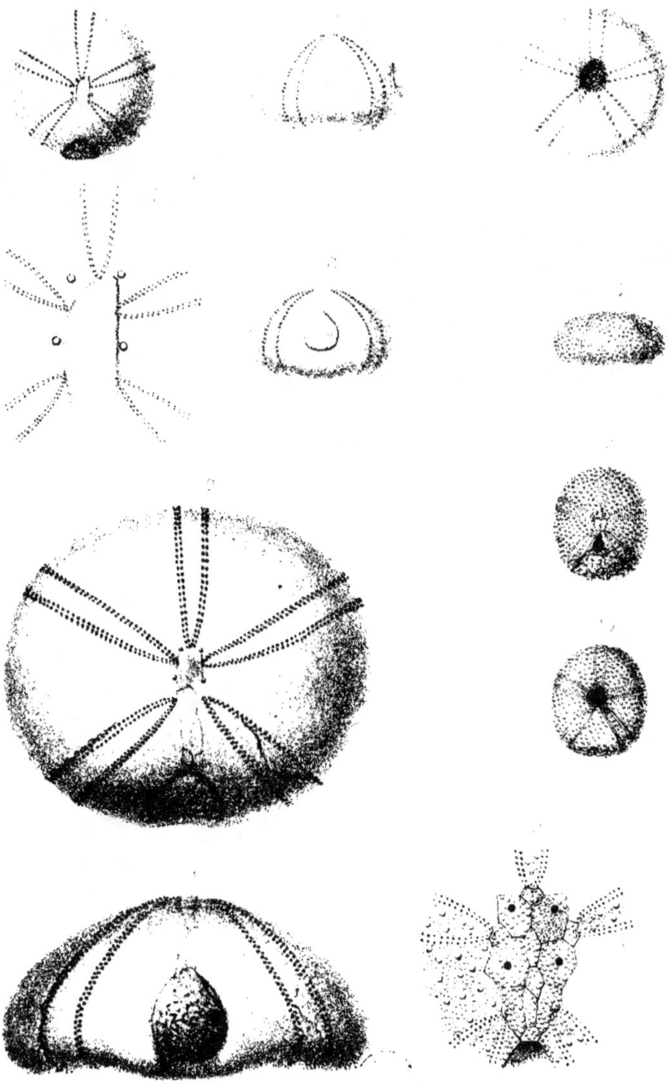

Humbert del. et lith.   G. Mars... Directeur   Imp. Becquet, Paris.

1. 2. *Deserella elata*. Cotteau. Corallien.
3. 7. D. ———— *Orasi*, Cotteau. ————
8. 11. *Pyrina Guerangeri*. Cotteau. Bajocien.

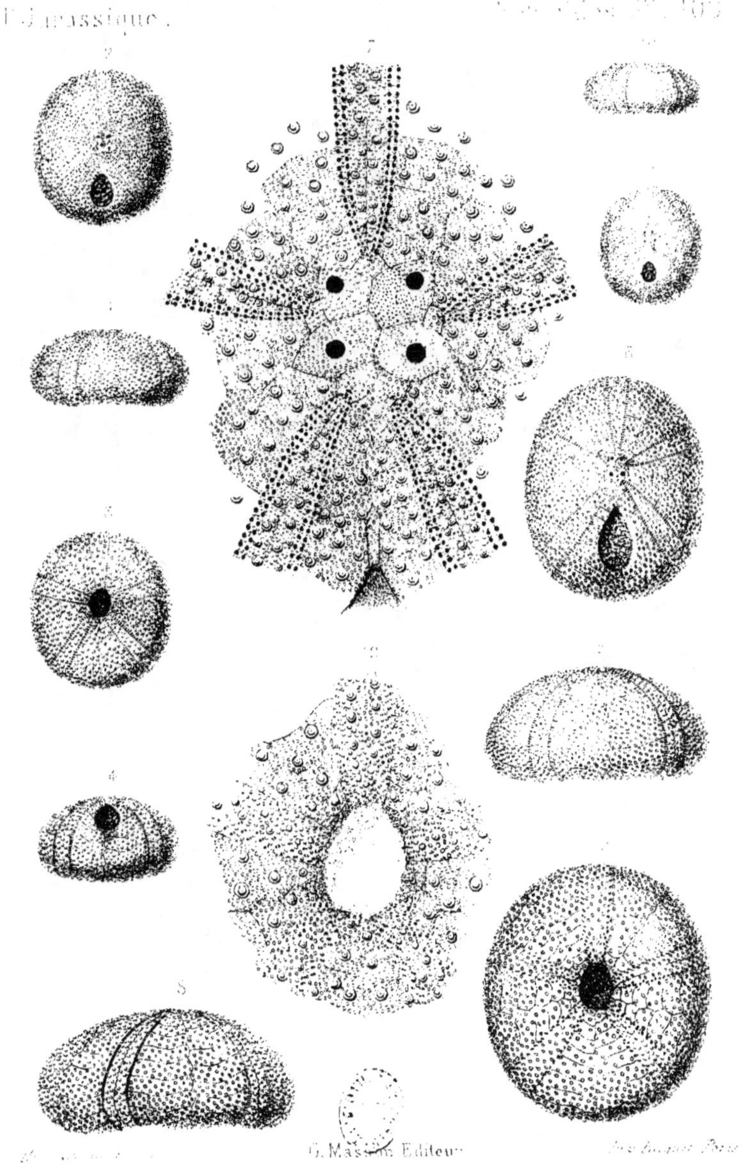

G. Masson, Éditeur

Pyrina Jeaunensis, de Loriol. Corallien

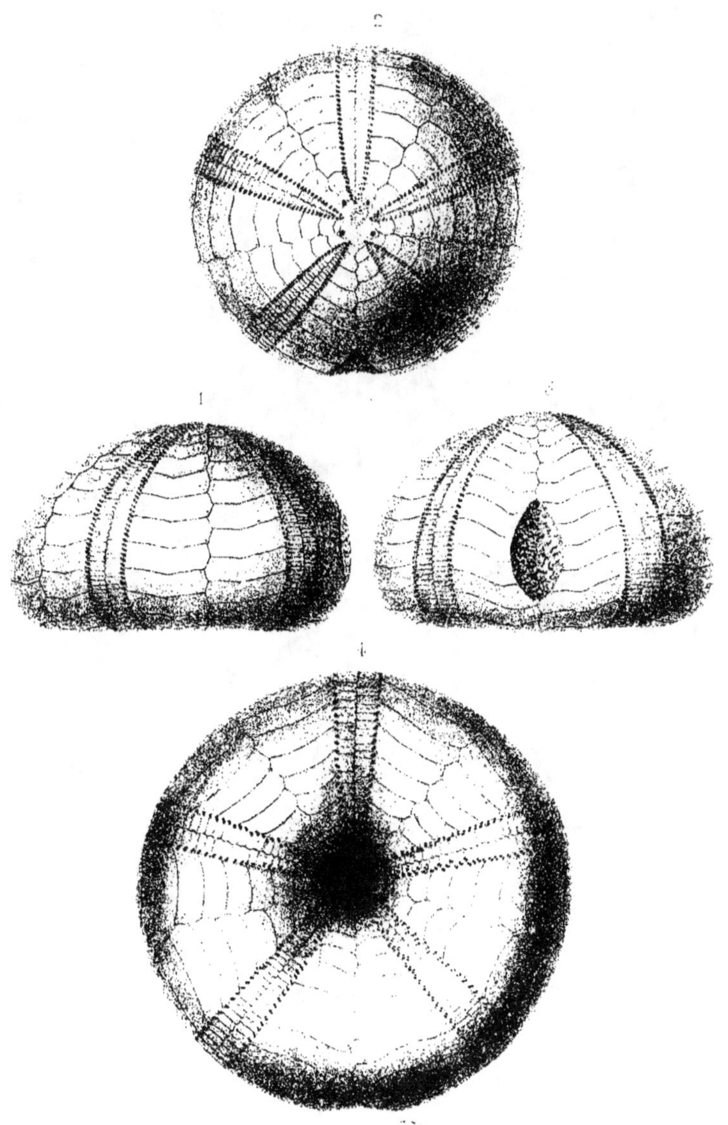

Pachyclypeus semiglobus Desor. Oxfordien.

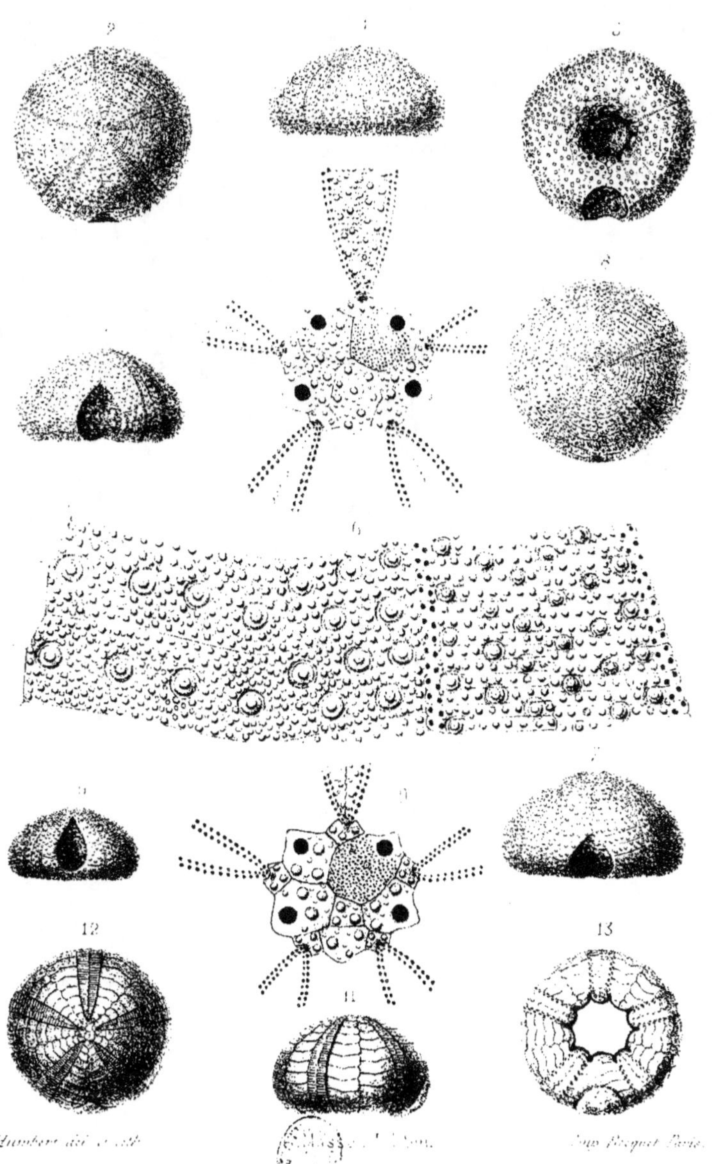

Humbert del. et lith.

Imp. Becquet Paris.

Holectypus hemisphæricus Deser. Bajocien.

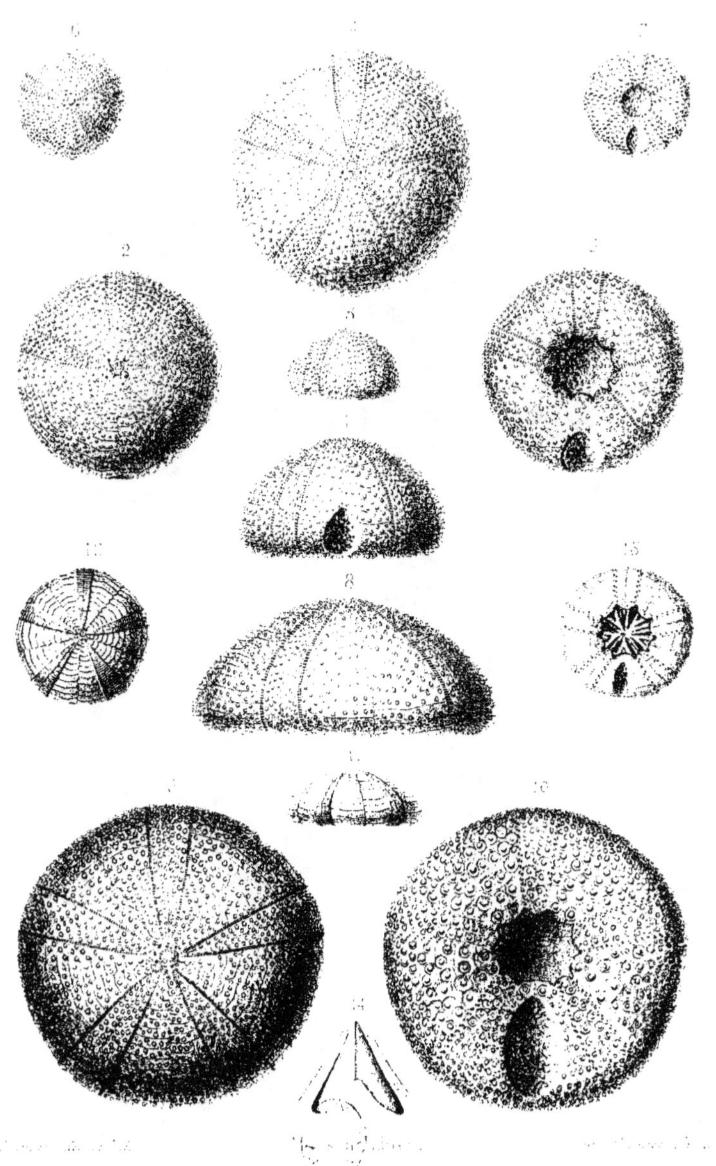

1. 2. *Helectypus hemisphæricus*. Deser. Bathonien
3. 7. H. ________ concavus. Deser. Bajocien
8. 4. H. ________ depressus, Deser. ________

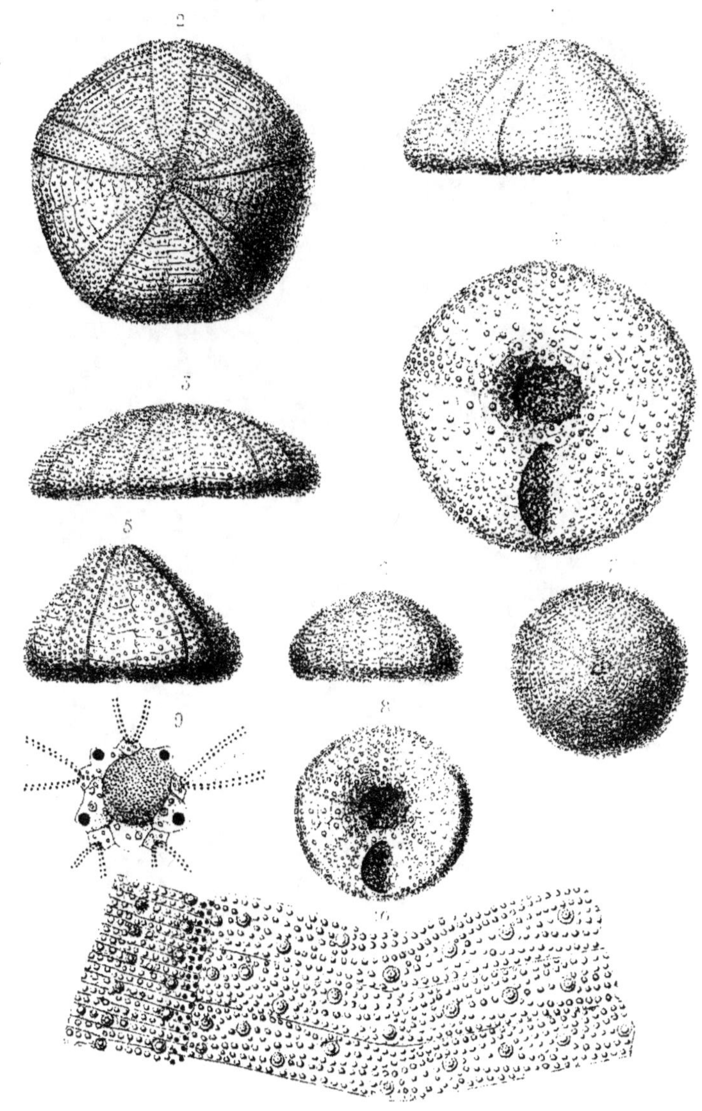

Helectypus depressus, Deser. Bajocien.

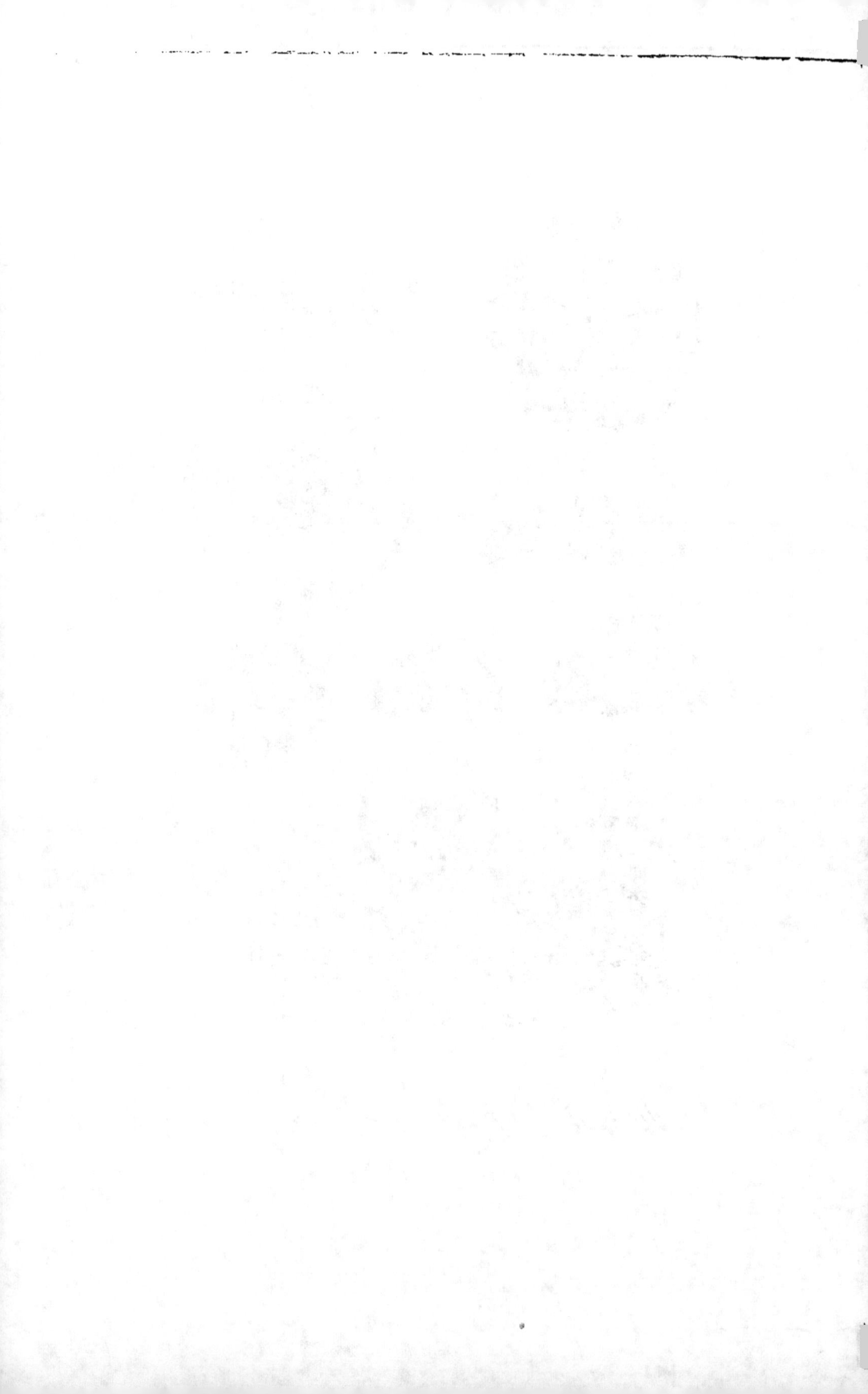

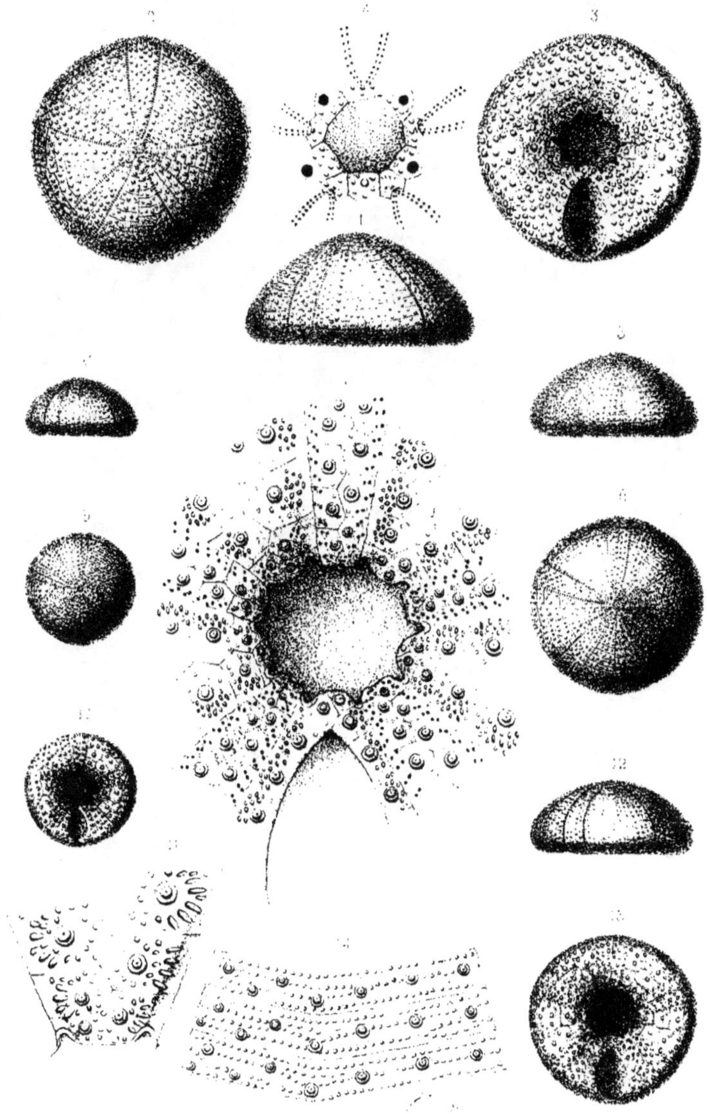

Humbert del. et lith. G. Masson, Libraire Imp. Becquet Paris

Holectypus depressus Desor. Callovien et corallien

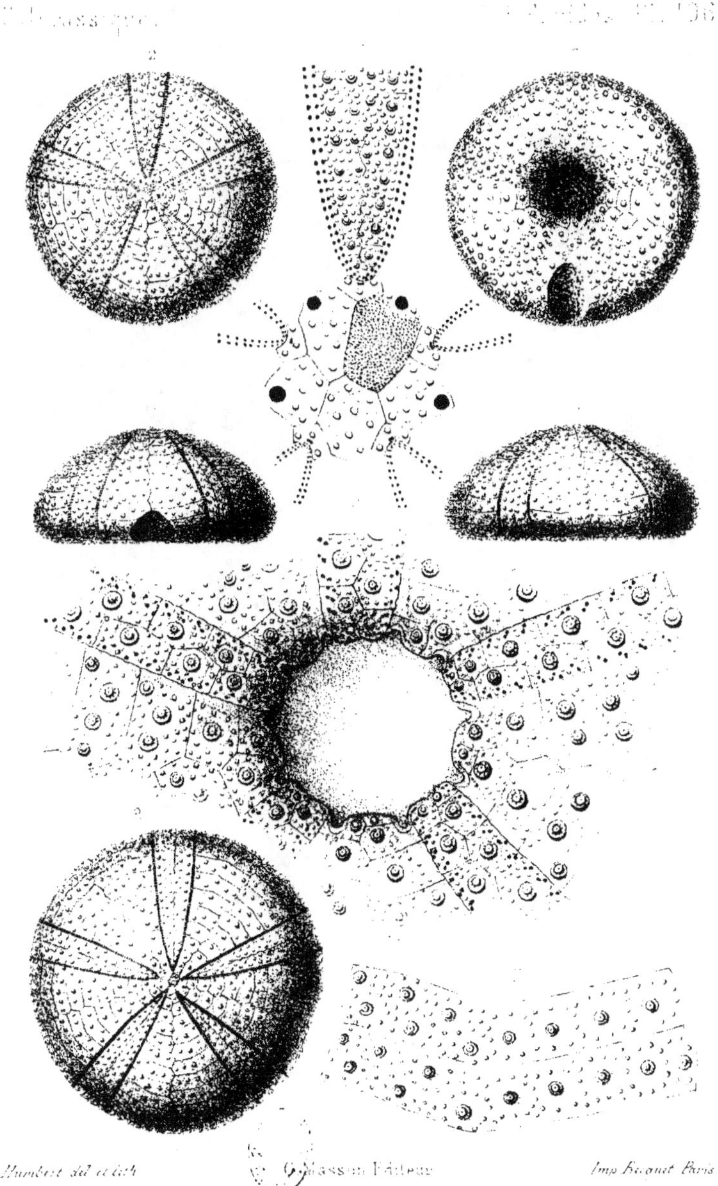

Humbert del et lith.   G. Masson Éditeur   Imp. Becquet Paris

Holectypus Sarthacensis, Cotteau. Bathonien et callovien.

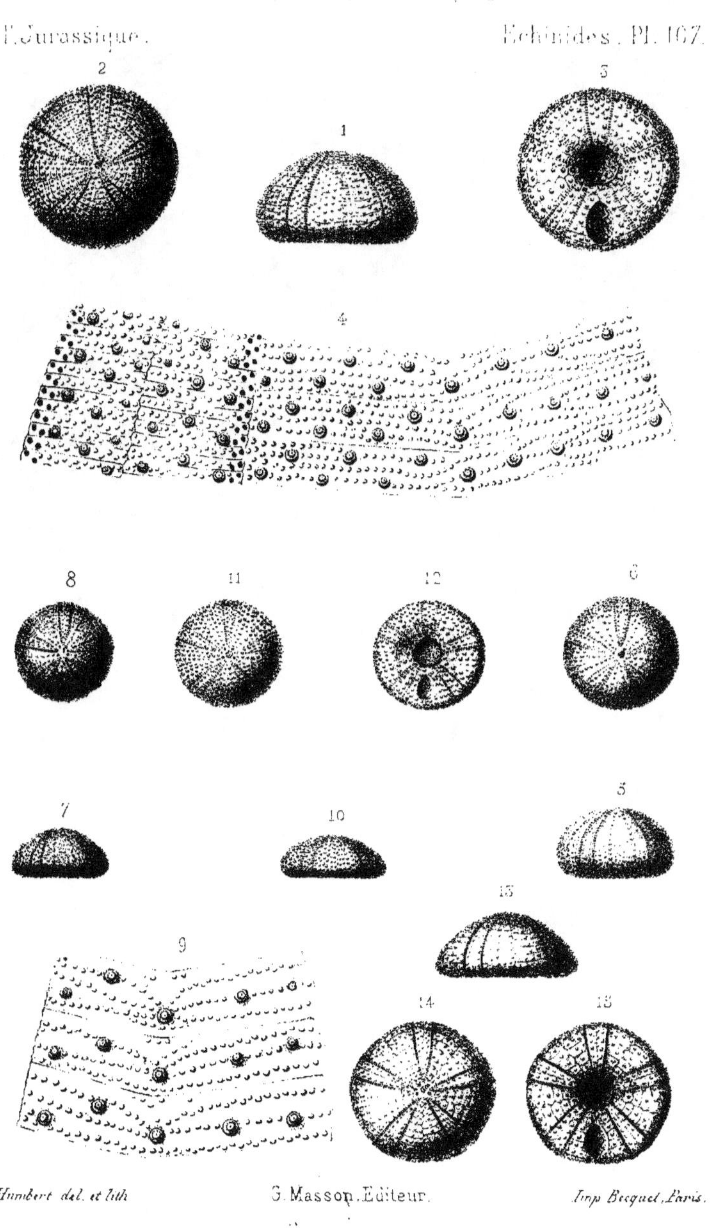

Humbert del. et lith.   G. Masson. Editeur.   Imp. Becquet, Paris.

1–9. *Holectypus punctulatus*, Desor. Bathonien.
10–15. *H. ———— planus*, Desor. Oxfordien.

Holectypus Droyiacus, Cotteau. Corallien inf.

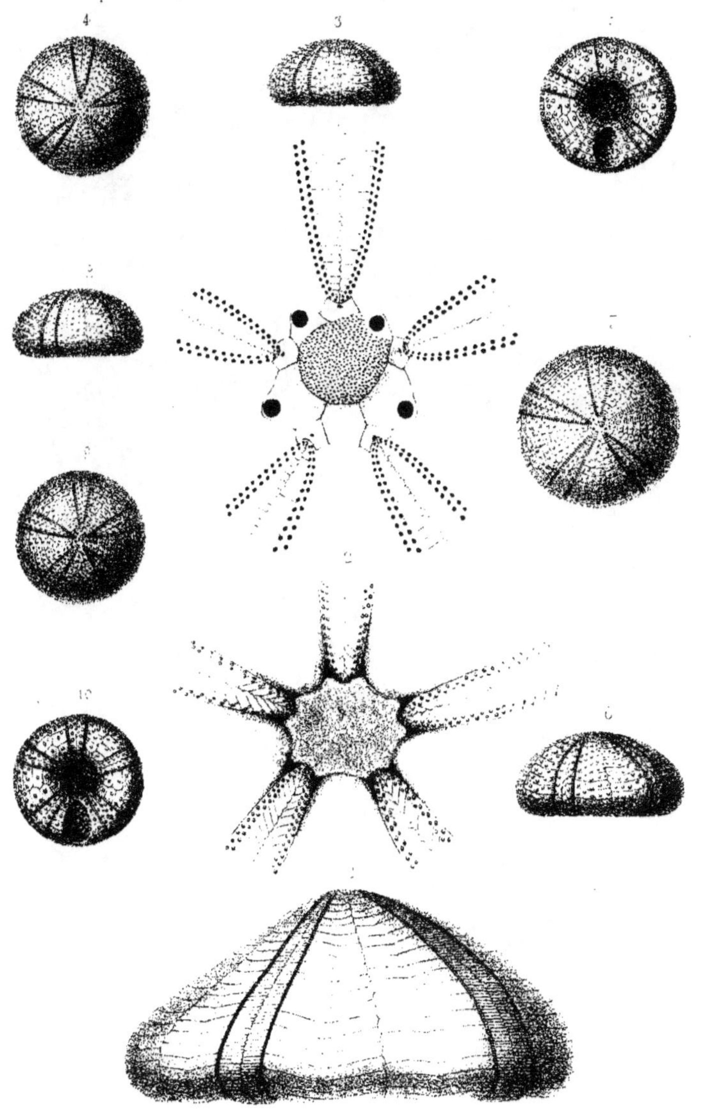

Humbert del. et lith.

J. Masson Éditeur.

Imp. Becquet Paris.

1—2. *Holectypus Drogiacus*, Cotteau. Corallien inf.

3—10. *H. ———— orificiatus*, de Loriol. Kimmeridgien.

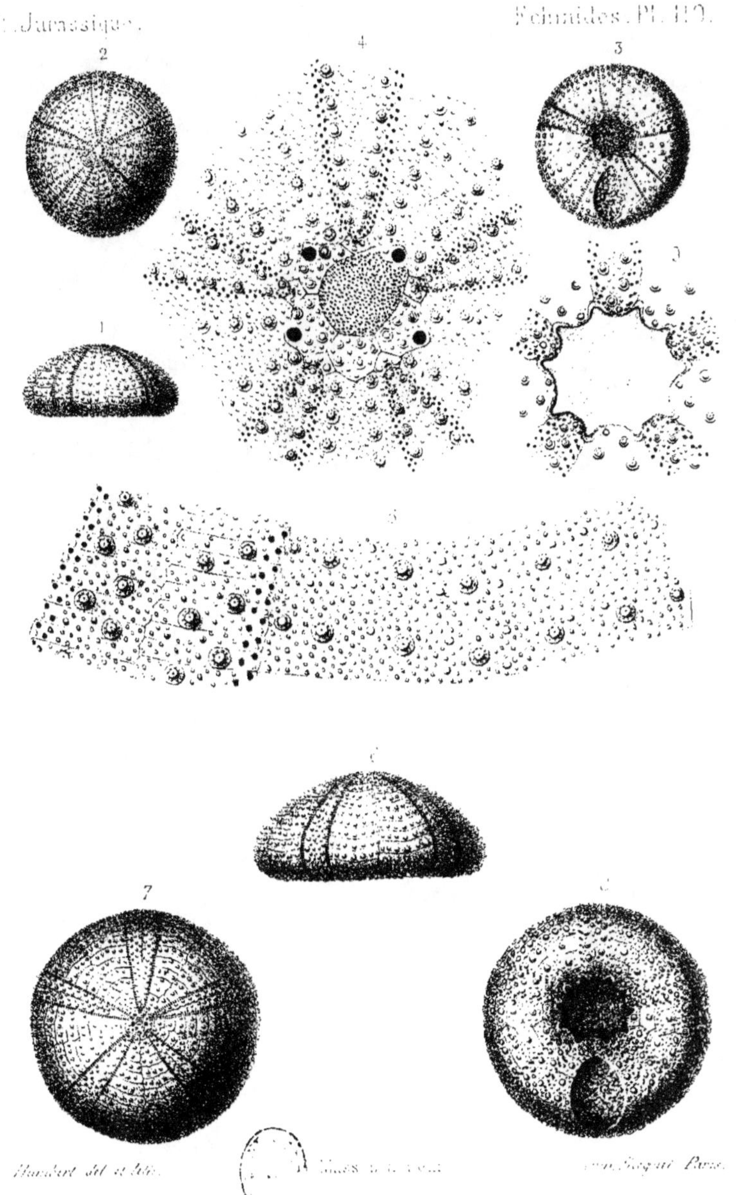

Holectypus corallinus, d'Orbigny. Oxfordien et corallien.

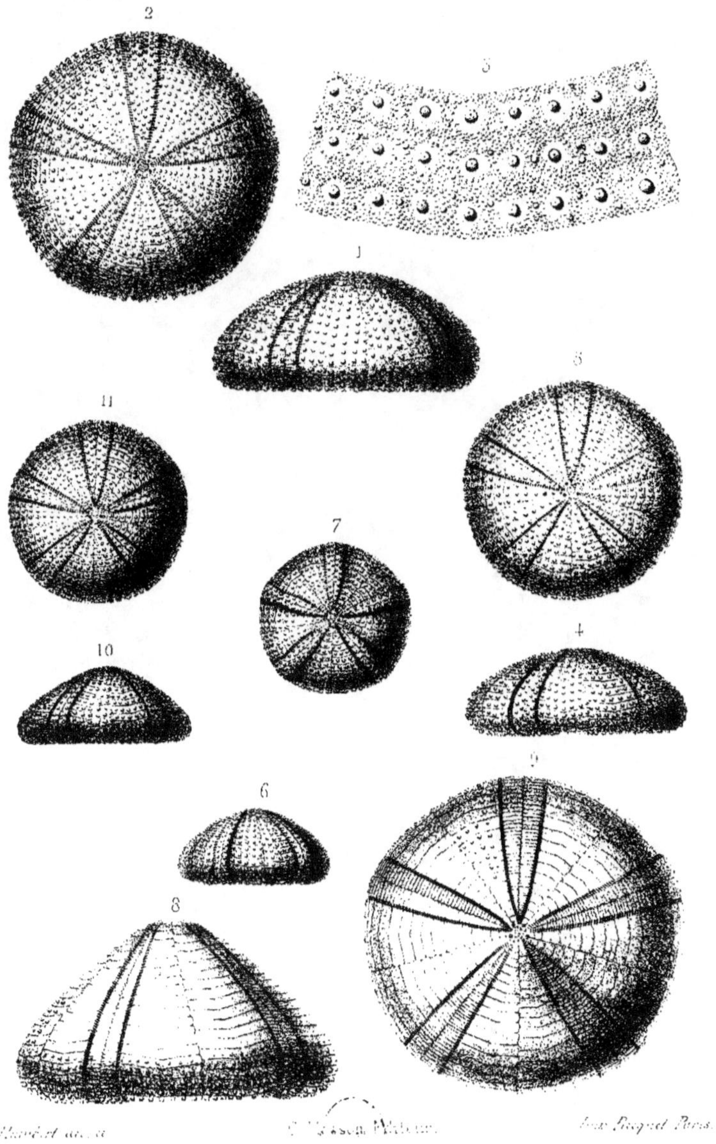

Holectypus corallinus, d'Orbigny. Corallien, kimmeridgien et portlandien.

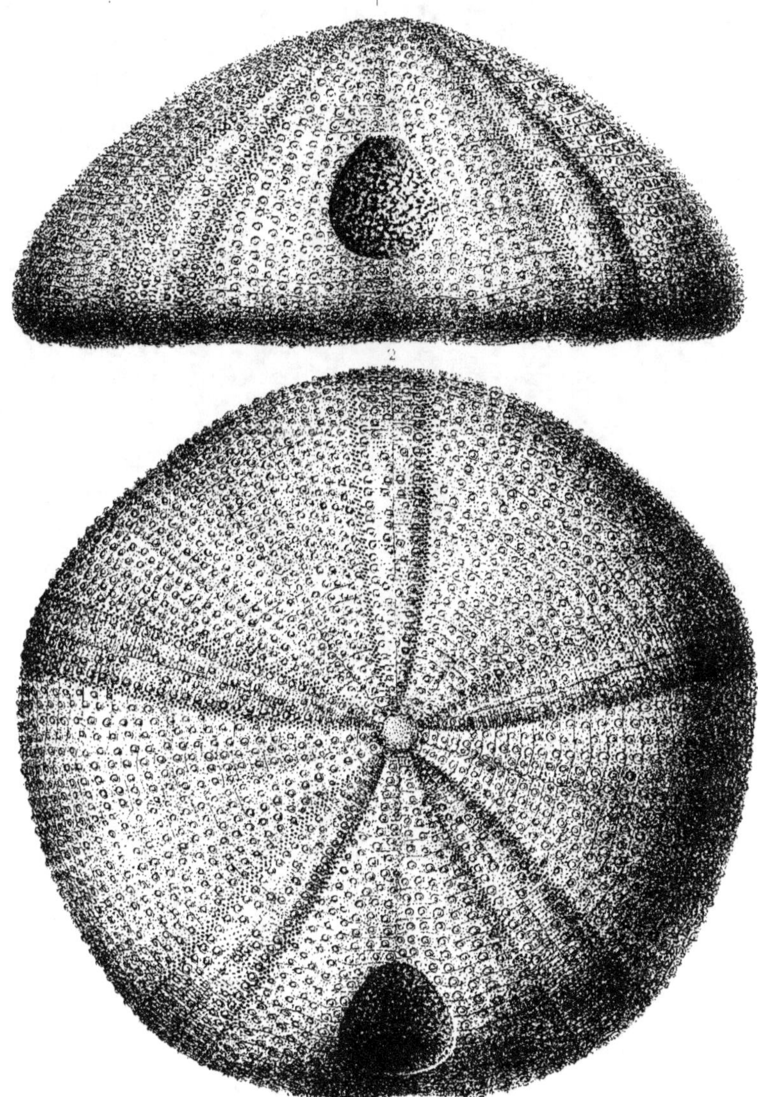

Pileus hemisphæricus, Desor. Corallien.

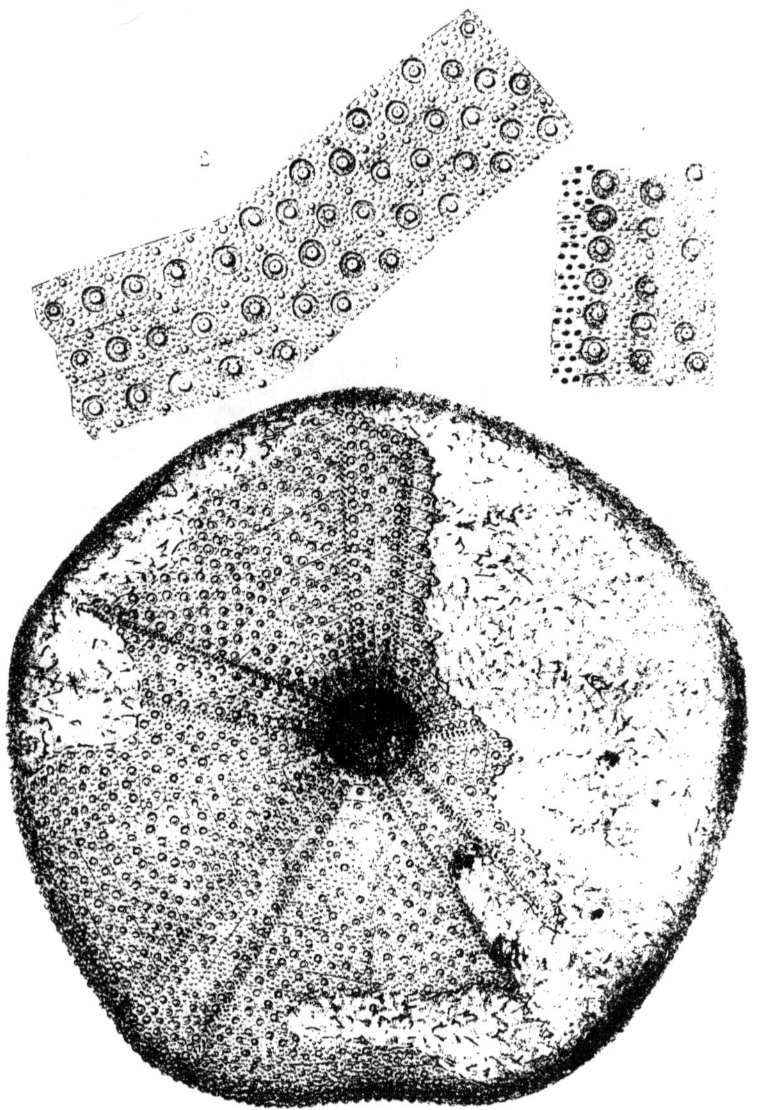

Pileus hemisphæricus, Desor. Corallien.

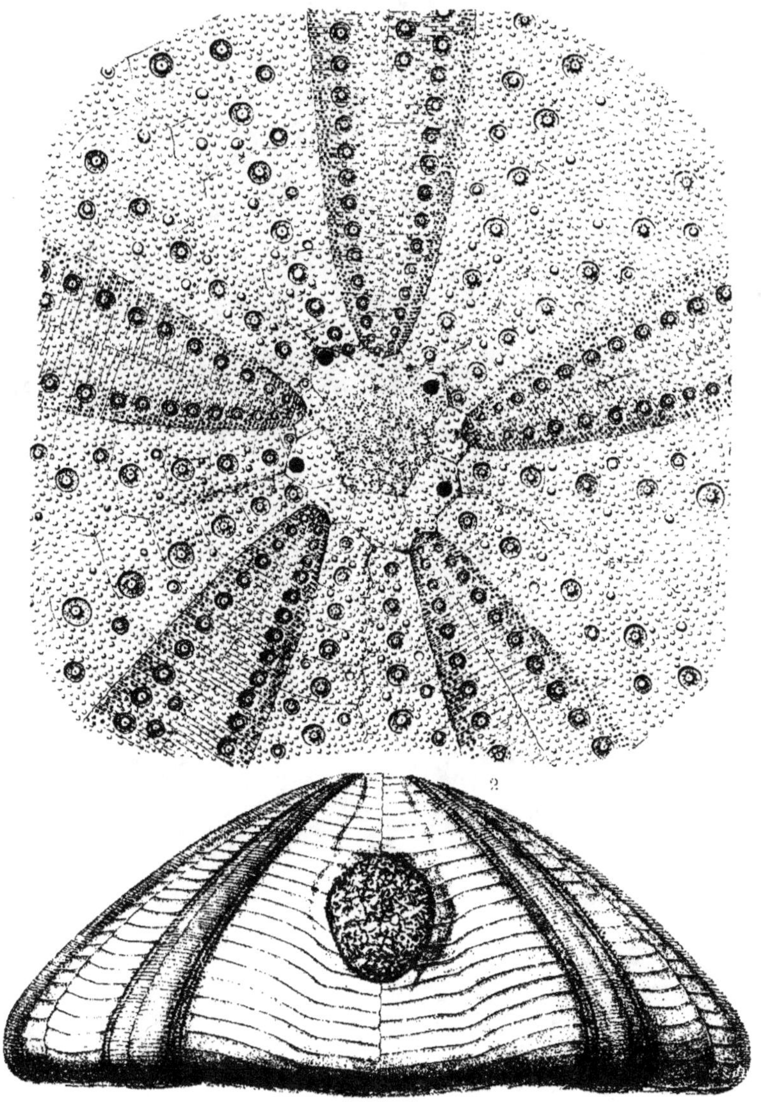

Lambert del. et lith.   G. Masson, Éditeur.   Imp. Becquet, Paris.

Pileus hemisphæricus, Desor. Corallien.

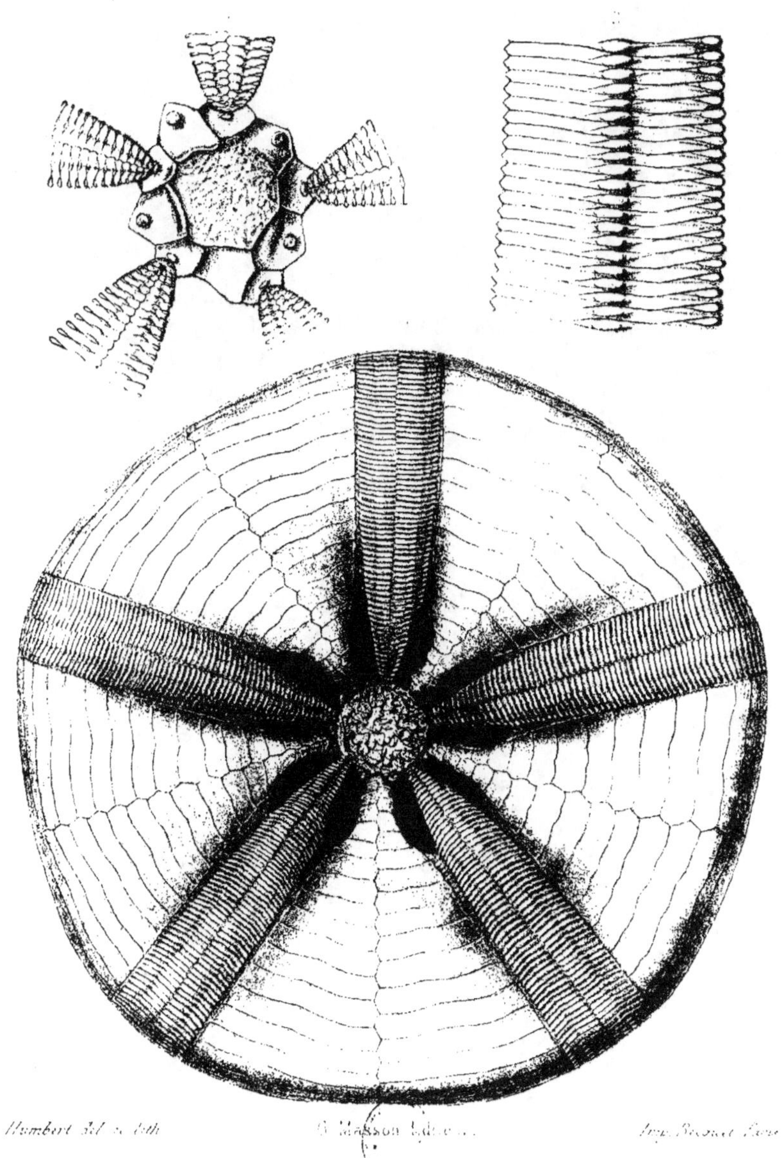

Pileus hemisphæricus, Desor. Corallien.

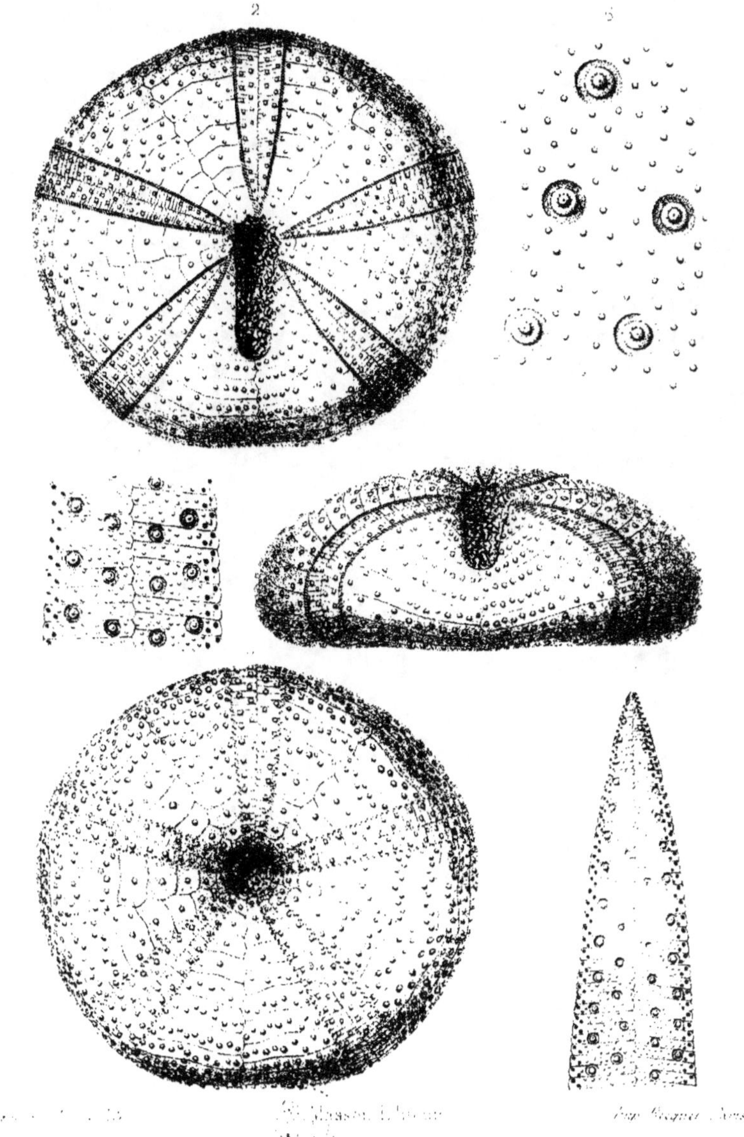

Galeropygus Marioni, Cotteau. Oxfordien.

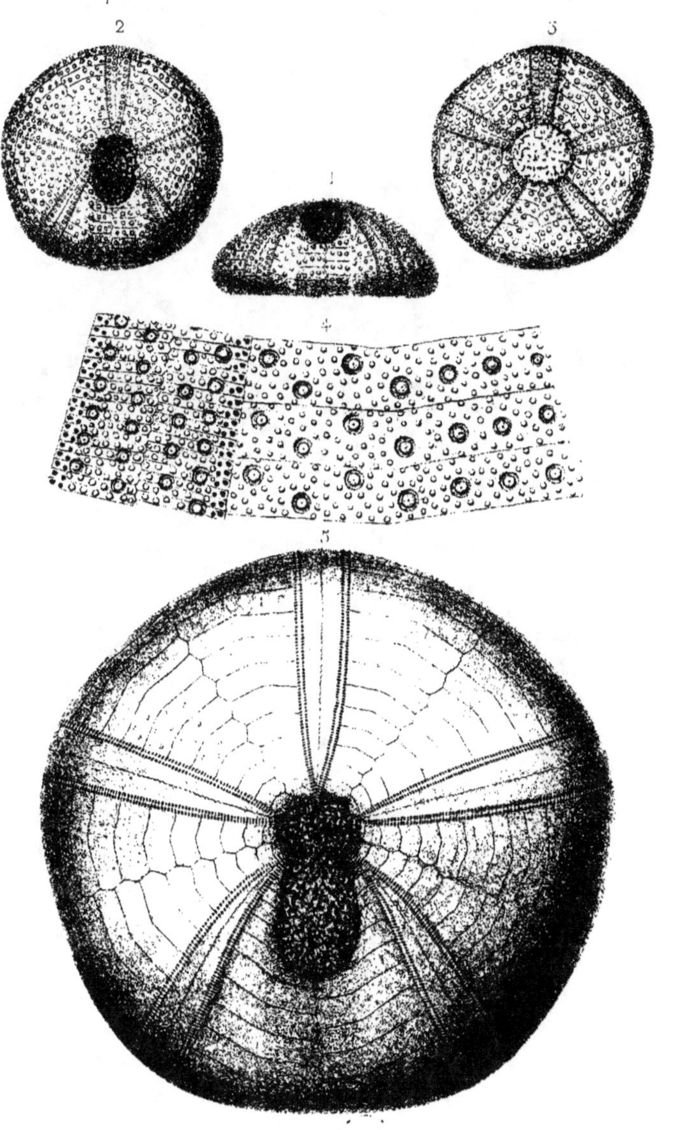

Humbert del. et lith.   G. Masson, Éditeur.   Imp. Becquet Paris.

1 _ 4. *Pygaster Reynesi*, Deser. Liasien.
5. P. ——— *semisulcatus*, Agassiz. Bajocien.

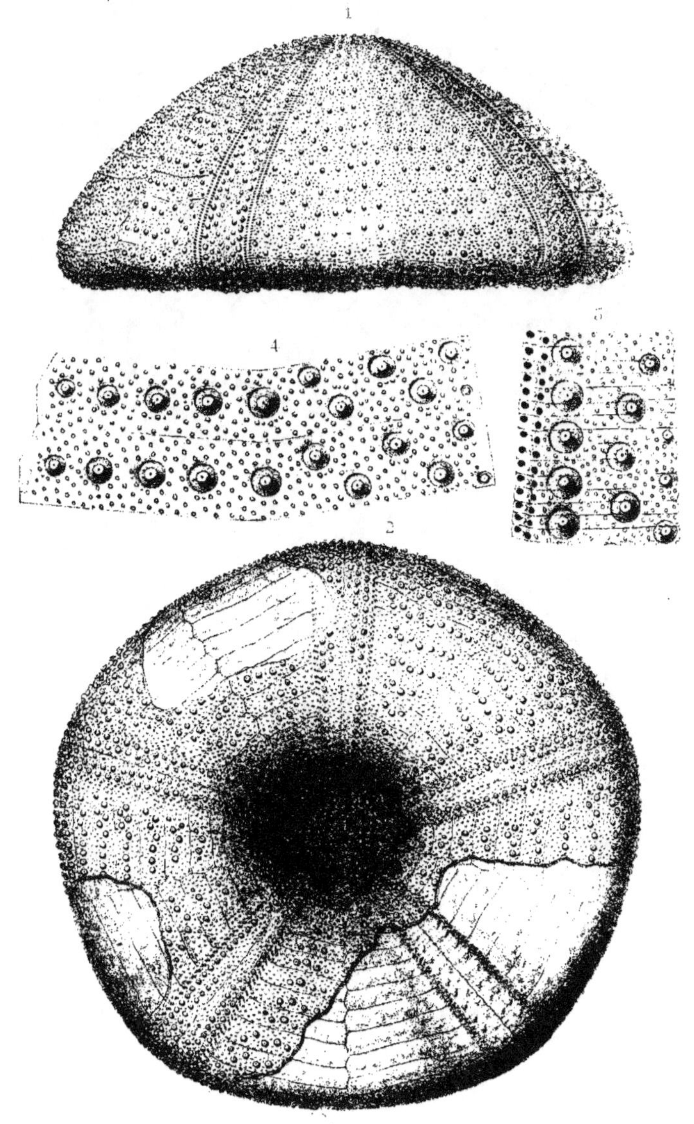

Pygaster semisulcatus, Agassiz. Bajocien.

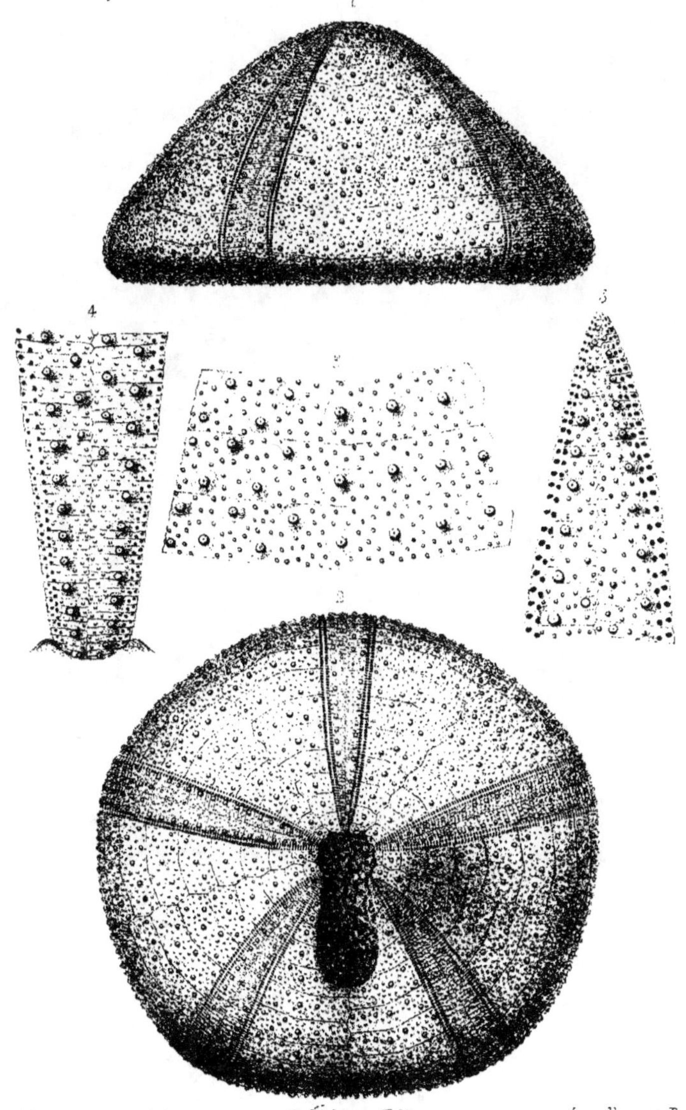

Humbert del. et lith.   G. Masson, Editeur.   Imp. Becquet, Paris.

Pygaster conoideus, Wright. Bajocien.

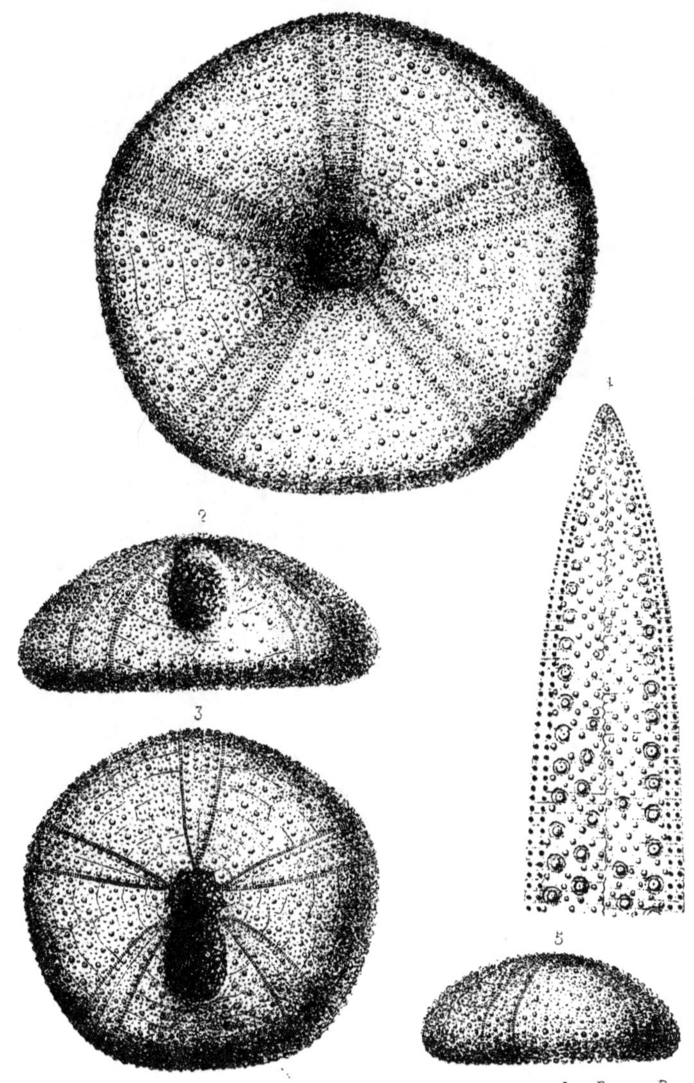

Humbert del. et lith.   G. Masson Éditeur.   Imp. Becquet. Paris.

1. *Pygaster conoideus*, Wright. Bajocien.
2—5. P. ——— *Trigeri*, Cotteau. Bathonien.

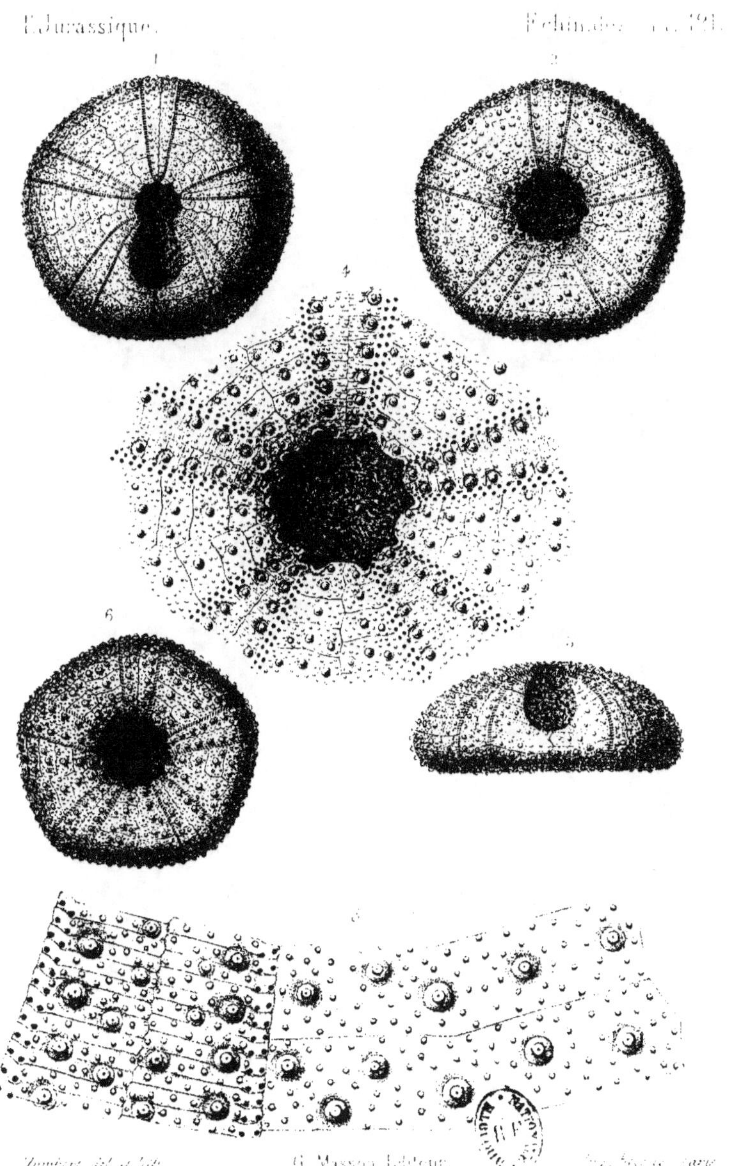

Pygaster Trigeri, Cotteau. Bathonien.

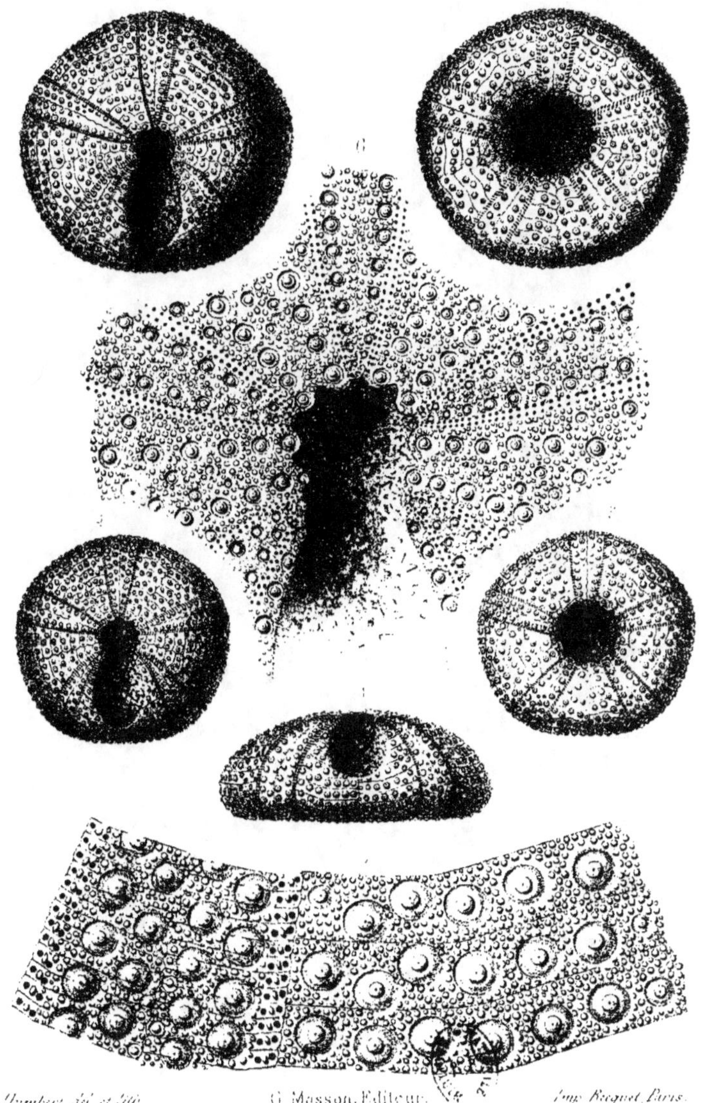

Lambert del. et lith.   G. Masson, Éditeur.   Imp. Becquet. Paris.

Pygaster laganoides, Agassiz. Bathonien.

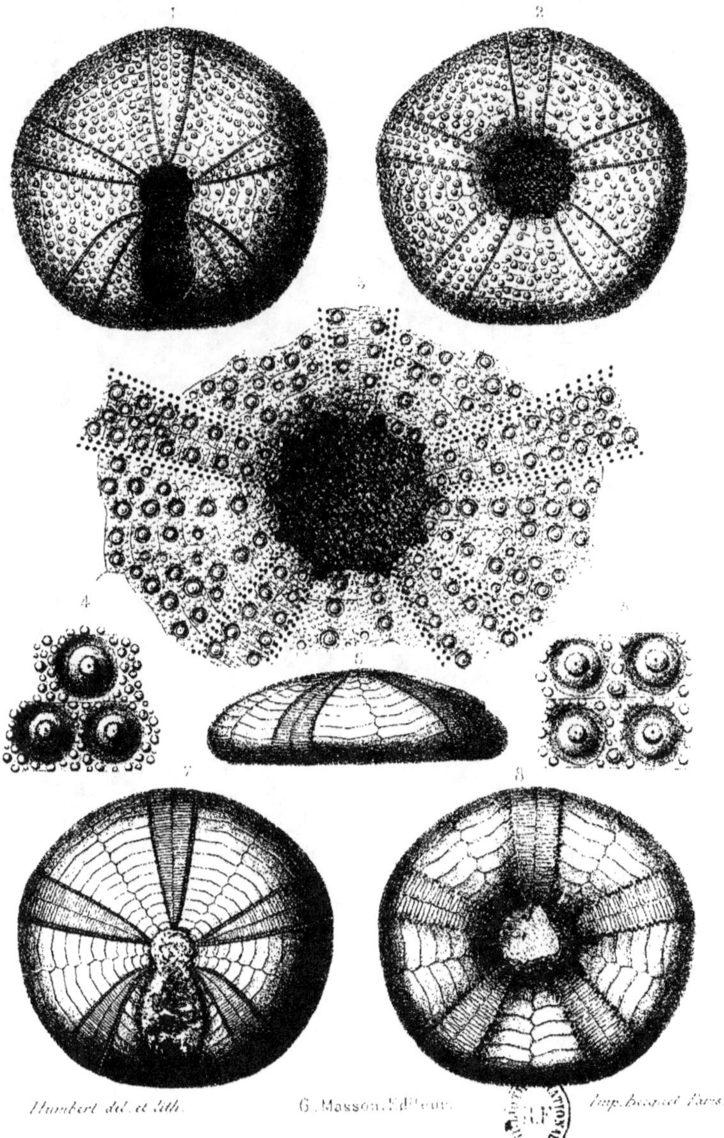

1 _ 5. *Pygaster laganoides*, Agassiz. Bathonien.
6 _ 8. *P. ______ icaunensis*, Cotteau. ______

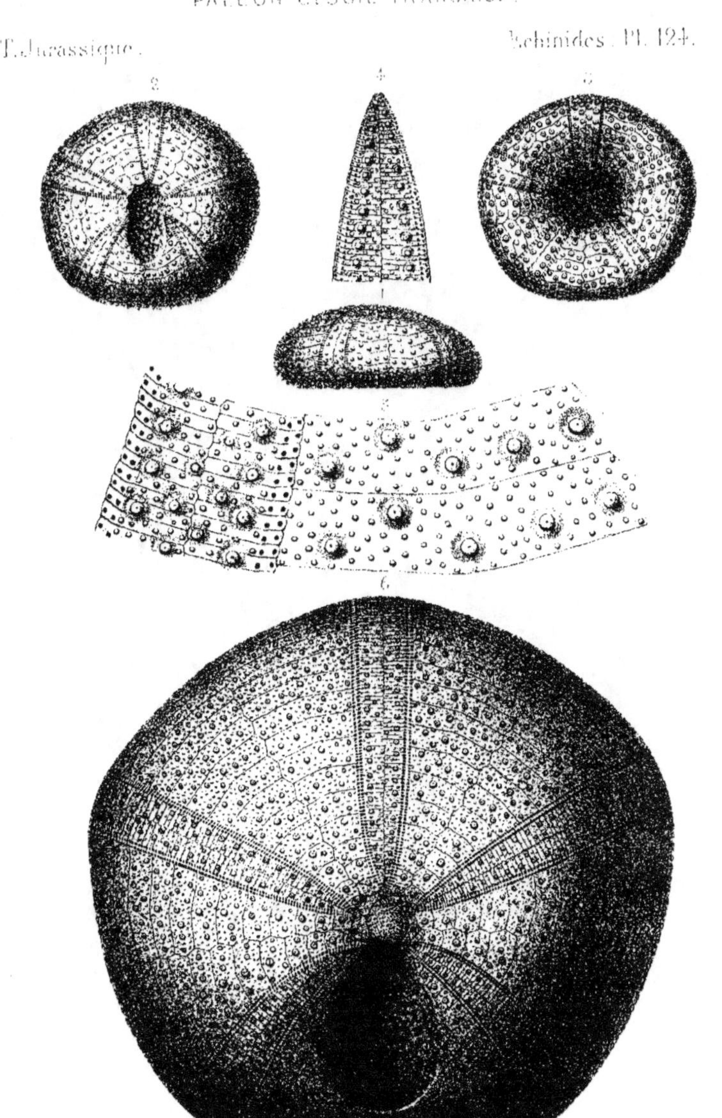

1 à 5. *Pygaster Peroni*, Cotteau. Bathonien.
6. P. ————— *umbrella*, Agassiz corallien.

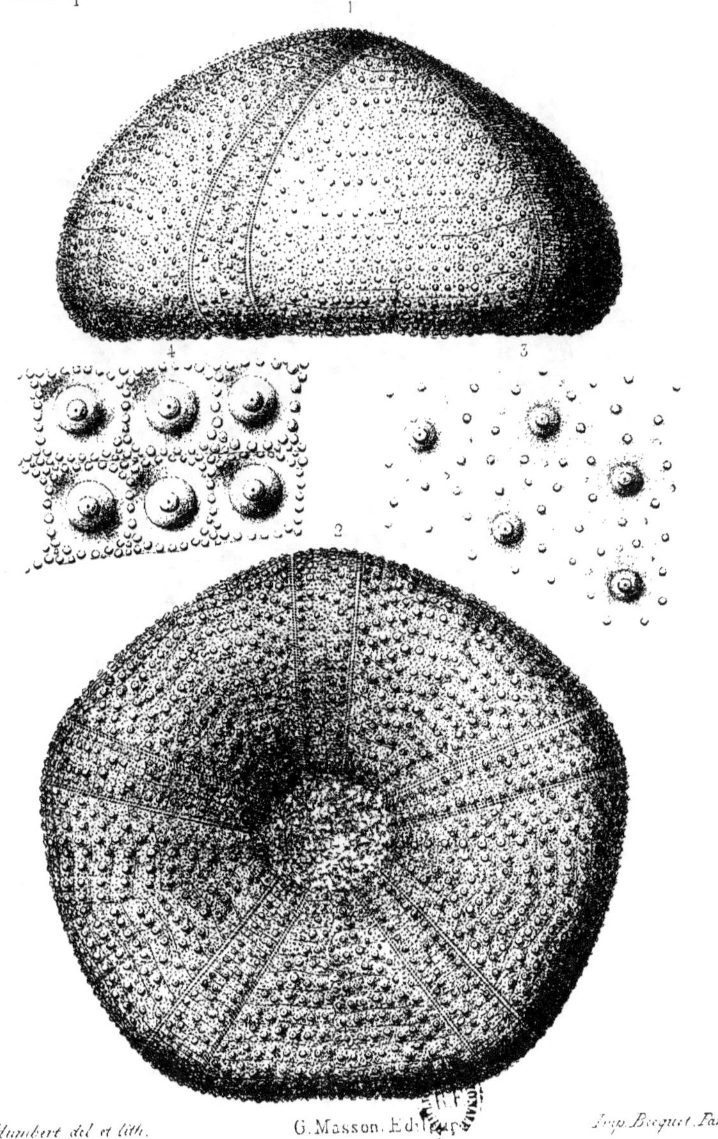

Humbert del et lith.   G. Masson. Editeur.   Imp. Becquet. Paris.

Pygaster umbrella, Agassiz. corallien.

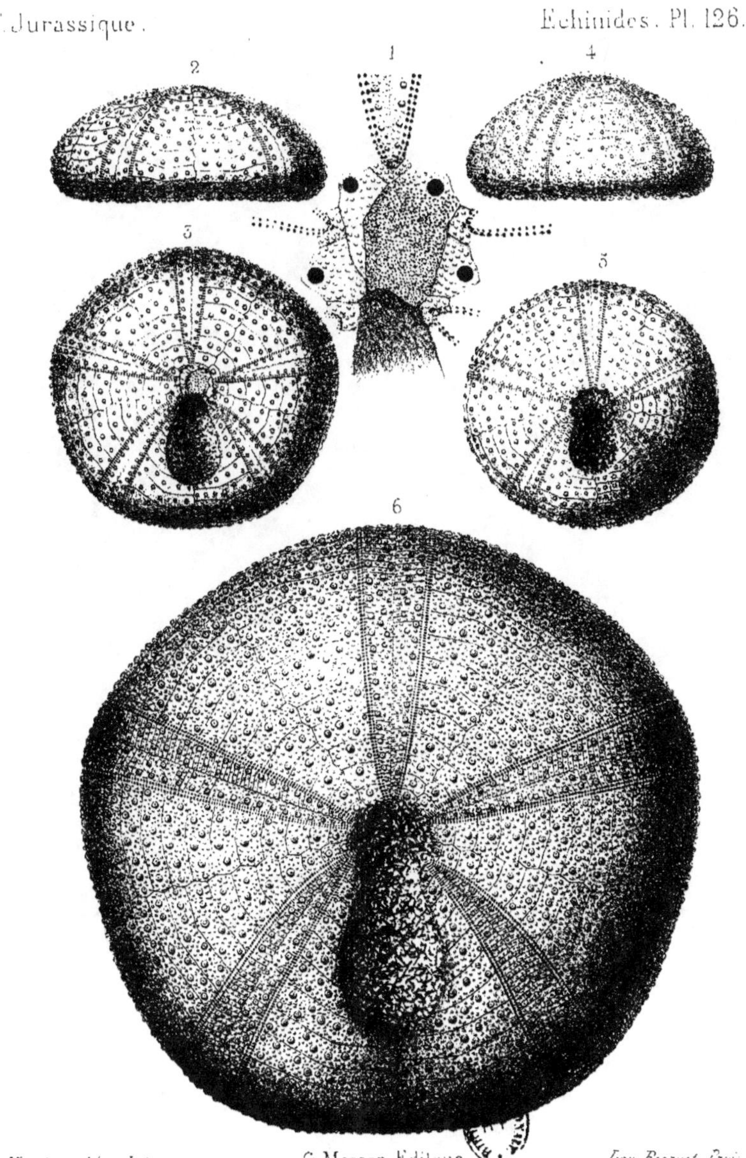

Humbert del. et lith.   G. Masson, Editeur.   Imp. Becquet, Paris.

Pygaster umbrella, Agassiz. Oxfordien et corallien.

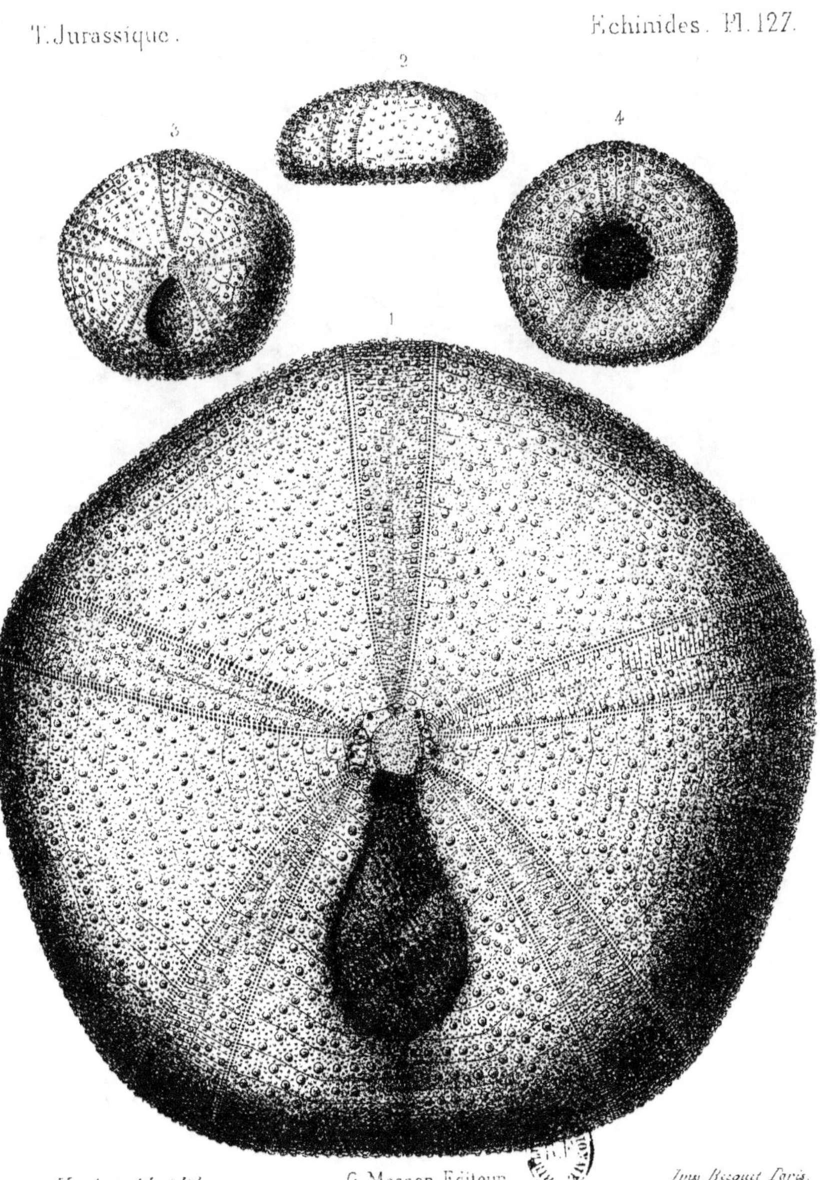

Humbert del et lith.　　　G. Masson, Éditeur.　　　Imp. Becquet Paris.

Pygaster umbrella, Agassiz. Corallien.

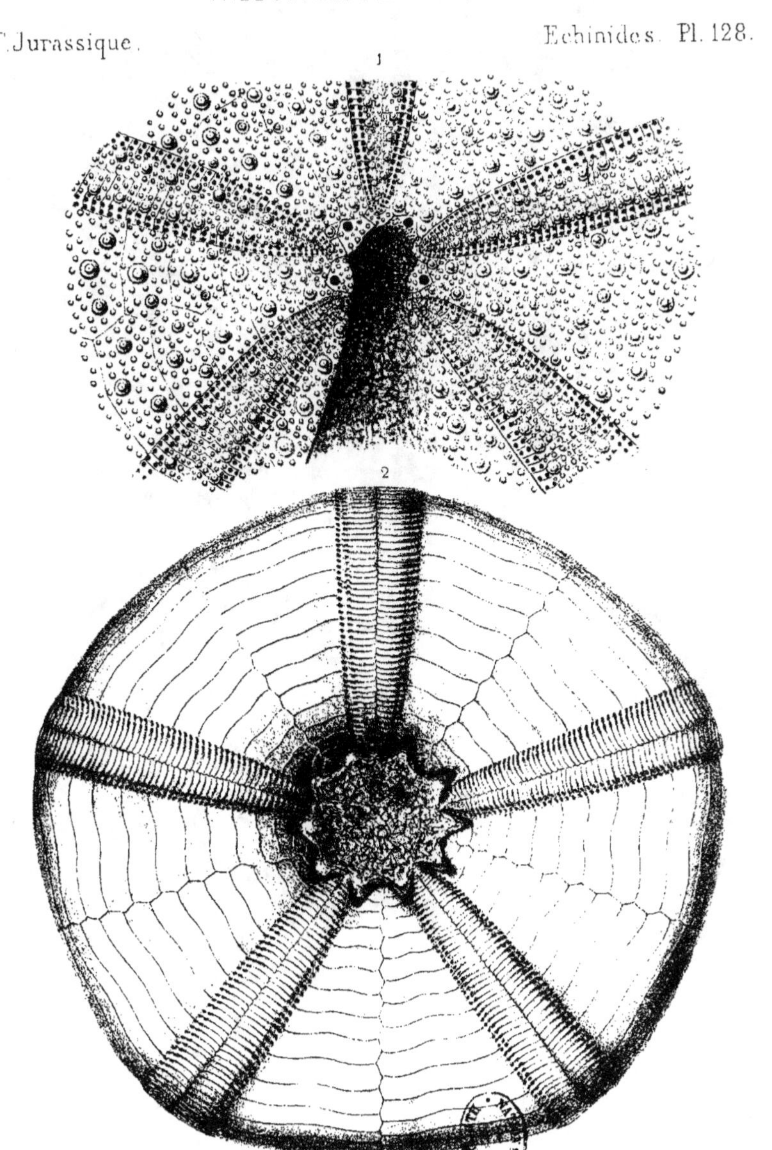

Humbert del. et lith.   G. Masson Éditeur.   Imp. Becquet, Paris.

Pygaster umbrella, Agassiz. Corallien.

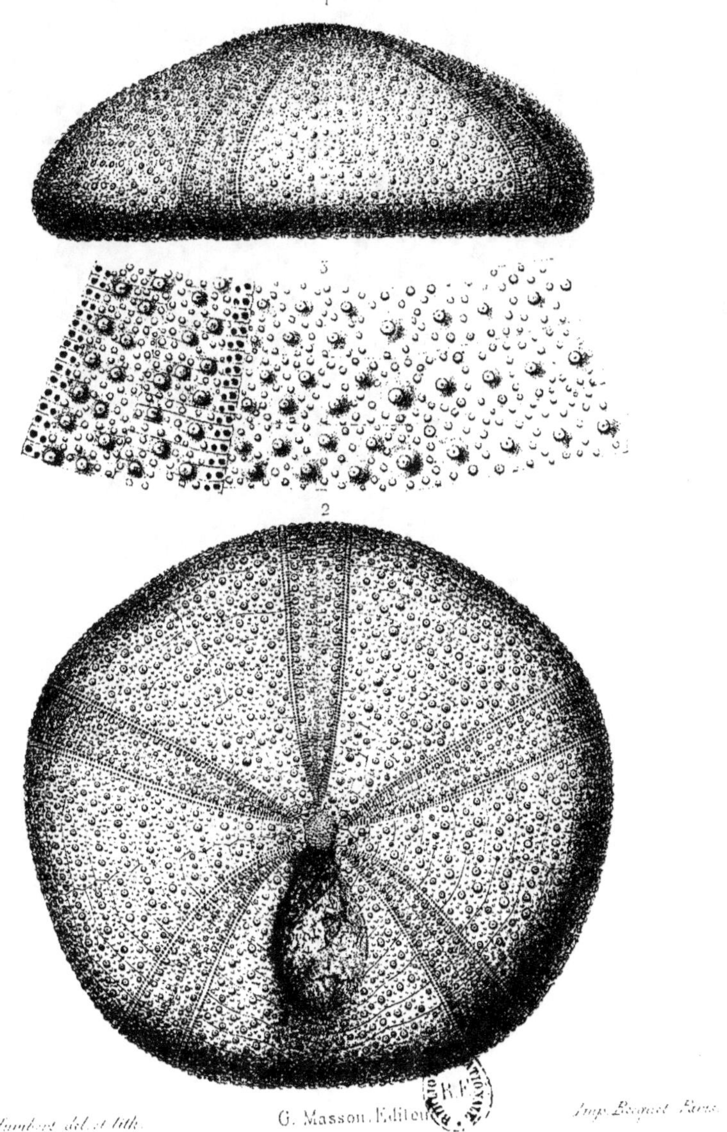

Humbert del. et lith.   G. Masson, Éditeur.   Imp. Becquet Paris.

Pygaster dilatatus, Agassiz. Corallien.

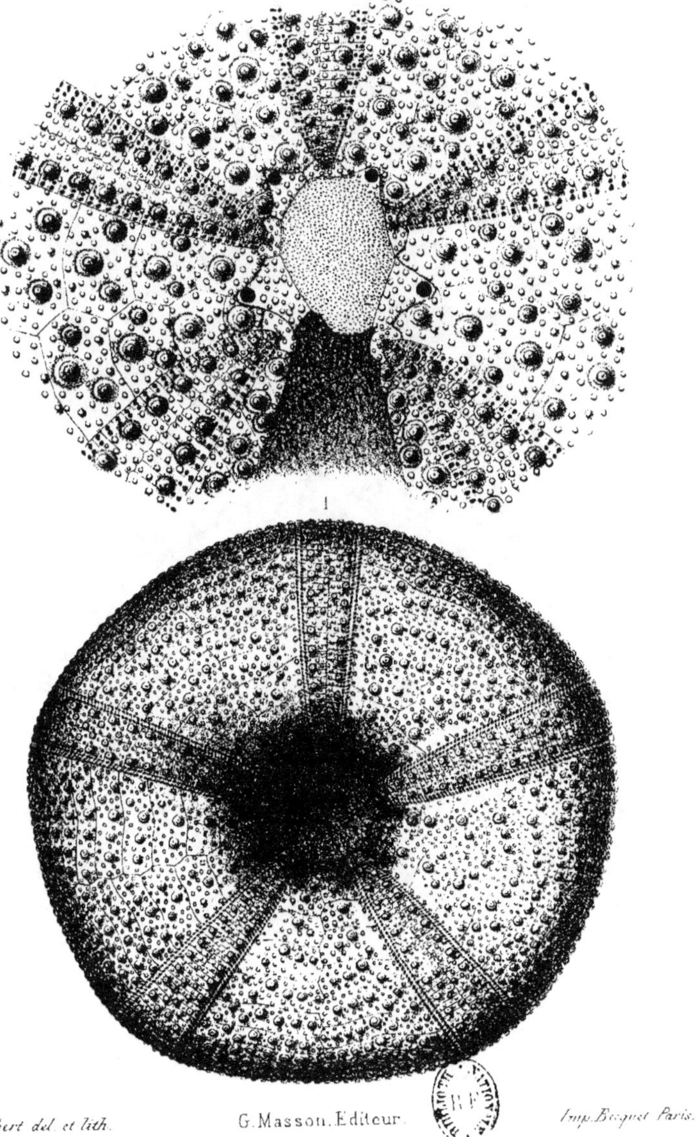

Humbert del. et lith.   G. Masson. Editeur.   Imp. Becquet Paris.

Pygaster dilatatus, Agassiz. Corallien.

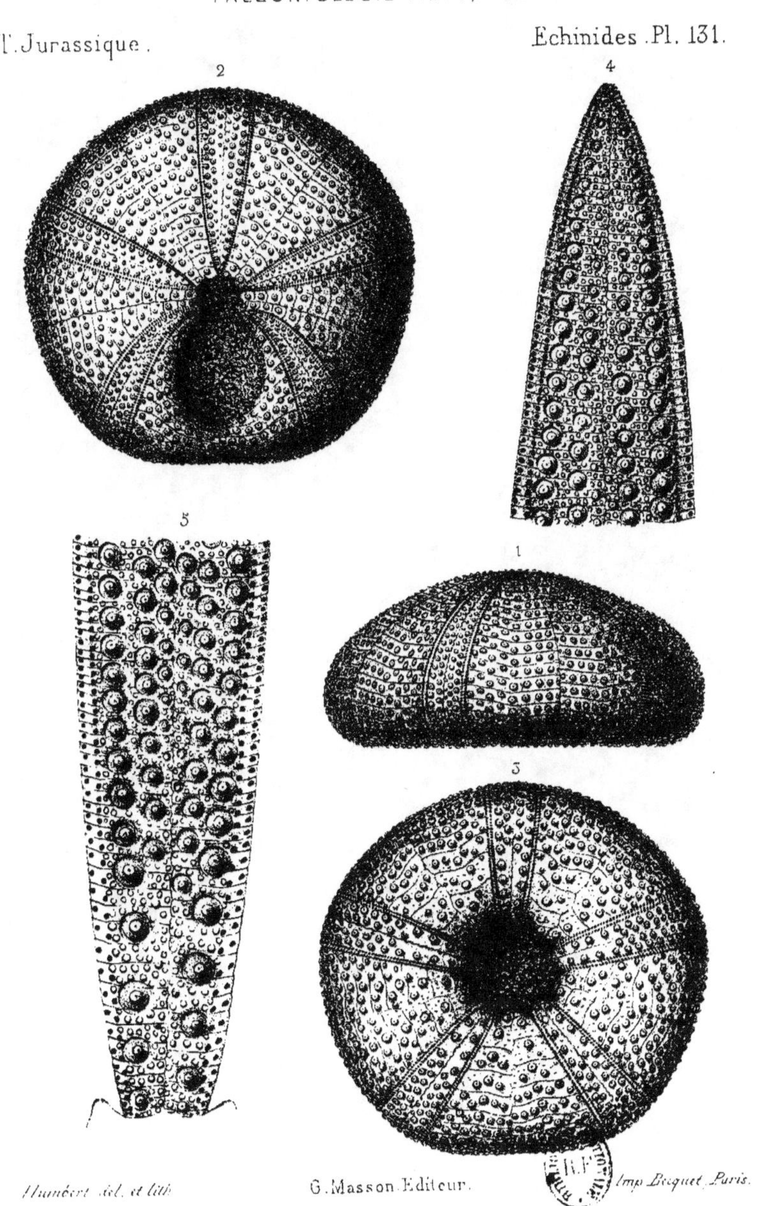

Humbert del. et lith.

G. Masson Editeur.

Imp Becquet Paris.

Pygaster Gresslyi . Desor. Corallien.

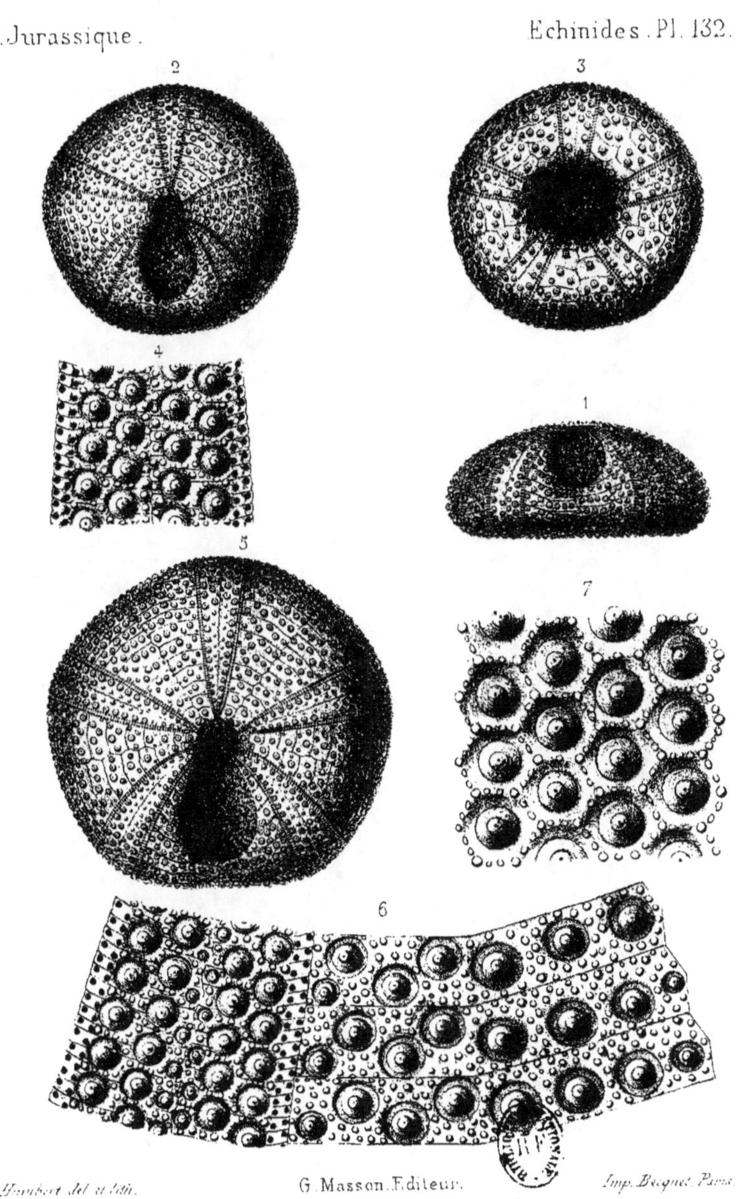

Humbert del. et lith.

G. Masson, Éditeur.

Imp. Becquet, Paris.

Pygaster Gresslyi , Desor. Corallien.

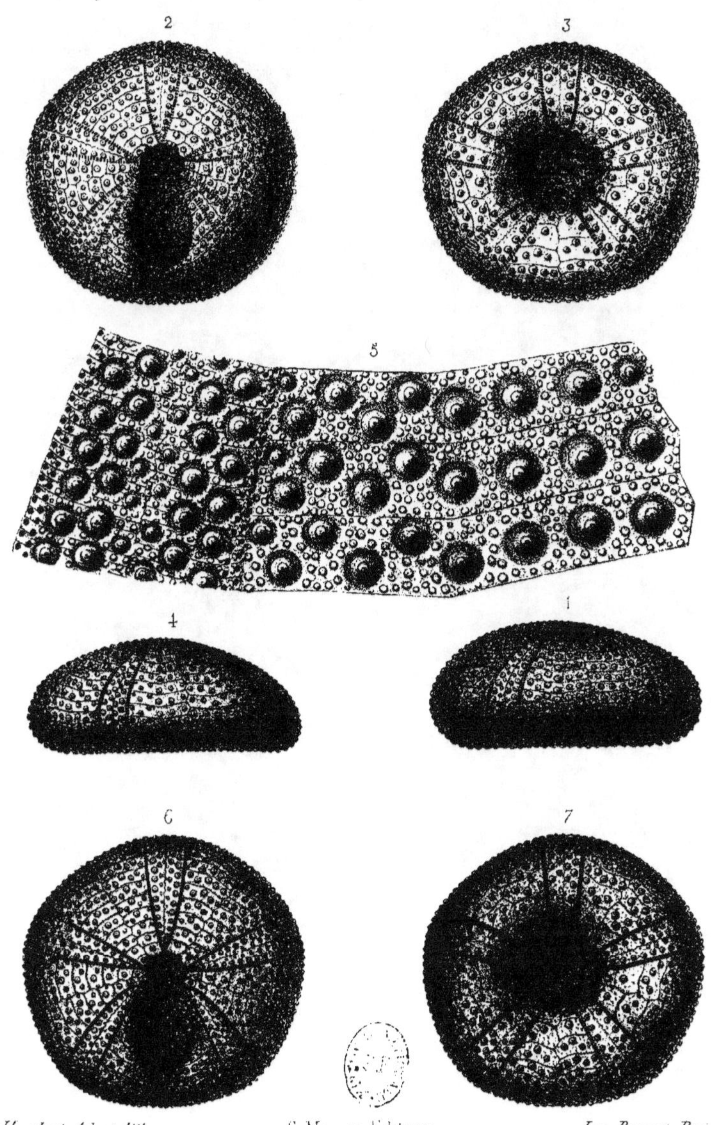

Humbert del. et lith.   G. Masson, Éditeur.   Imp. Becquet, Paris.

Pygaster Gresslyi , Cotteau. Corallien.

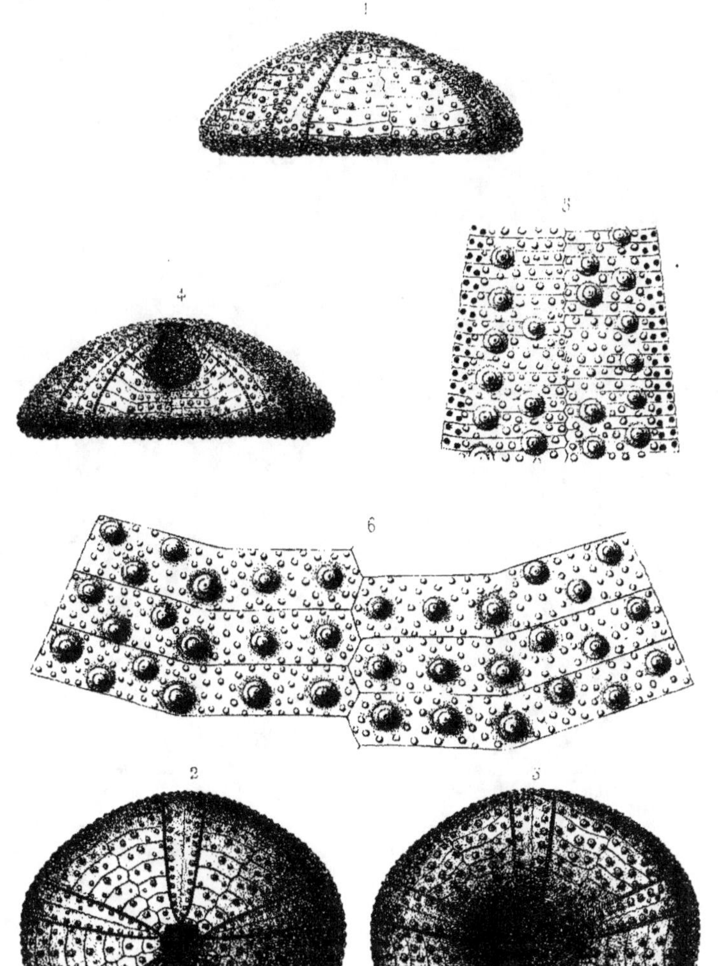

Humbert del. et lith.   G. Masson Éditeur.   Imp. Becquet Paris.

Pygaster subtilis, Deser. Corallien sup.

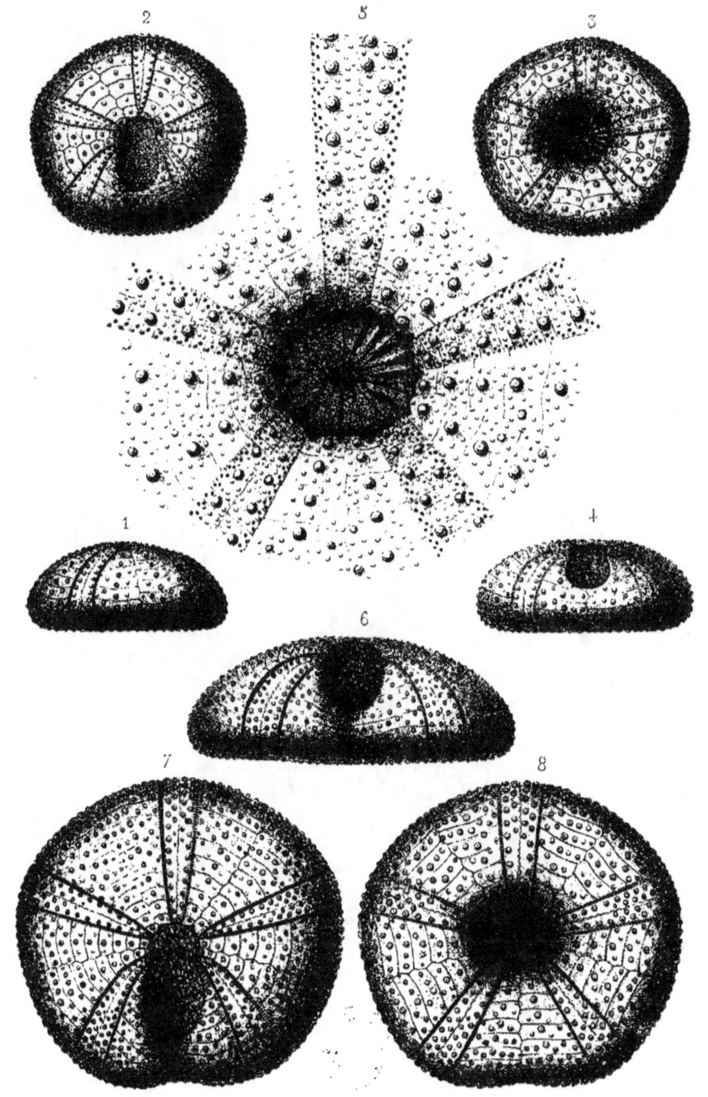

Humbert del. et lith.   G. Masson, Éditeur.   Imp. Becquet, Paris.

1 _ 5. *Pygaster subtilis*, Desor. Corallien sup.
6 _ 8. P.———— *Gauthieri*, Cotteau. Corallien.

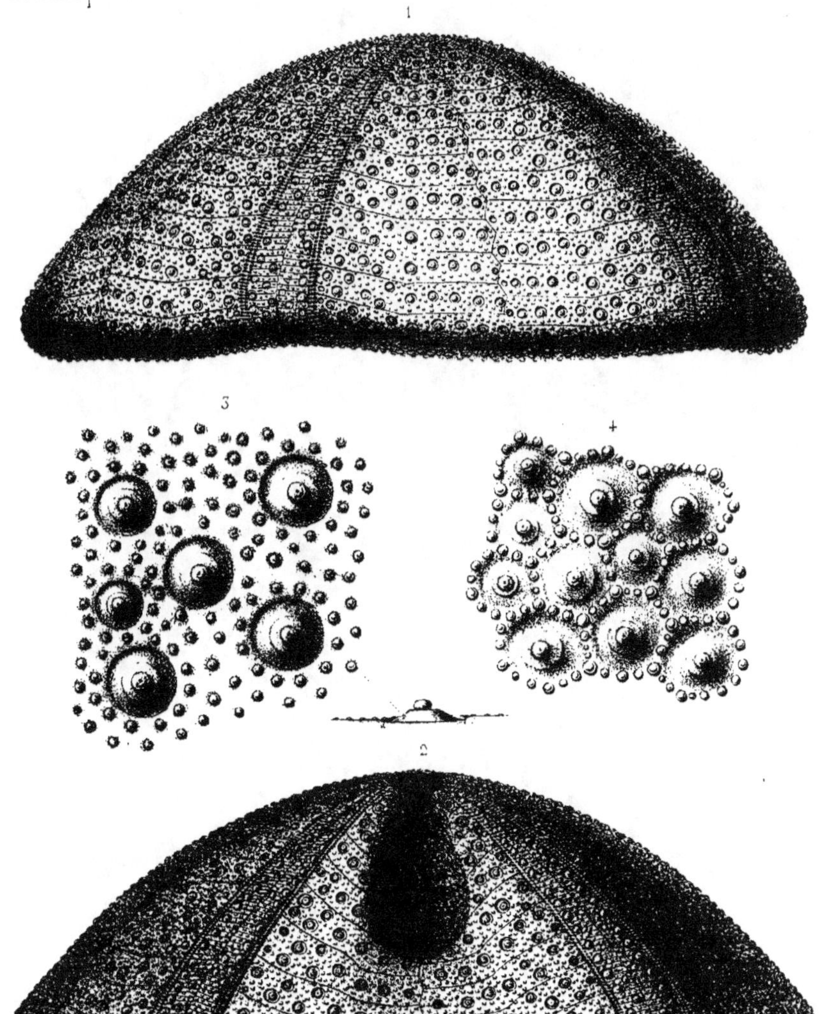

Humbert del. et lith.   G. Masson, Éditeur.   Imp. Becquet. Paris.

Pygaster macrocyphus, Wright. Kimmeridgien.

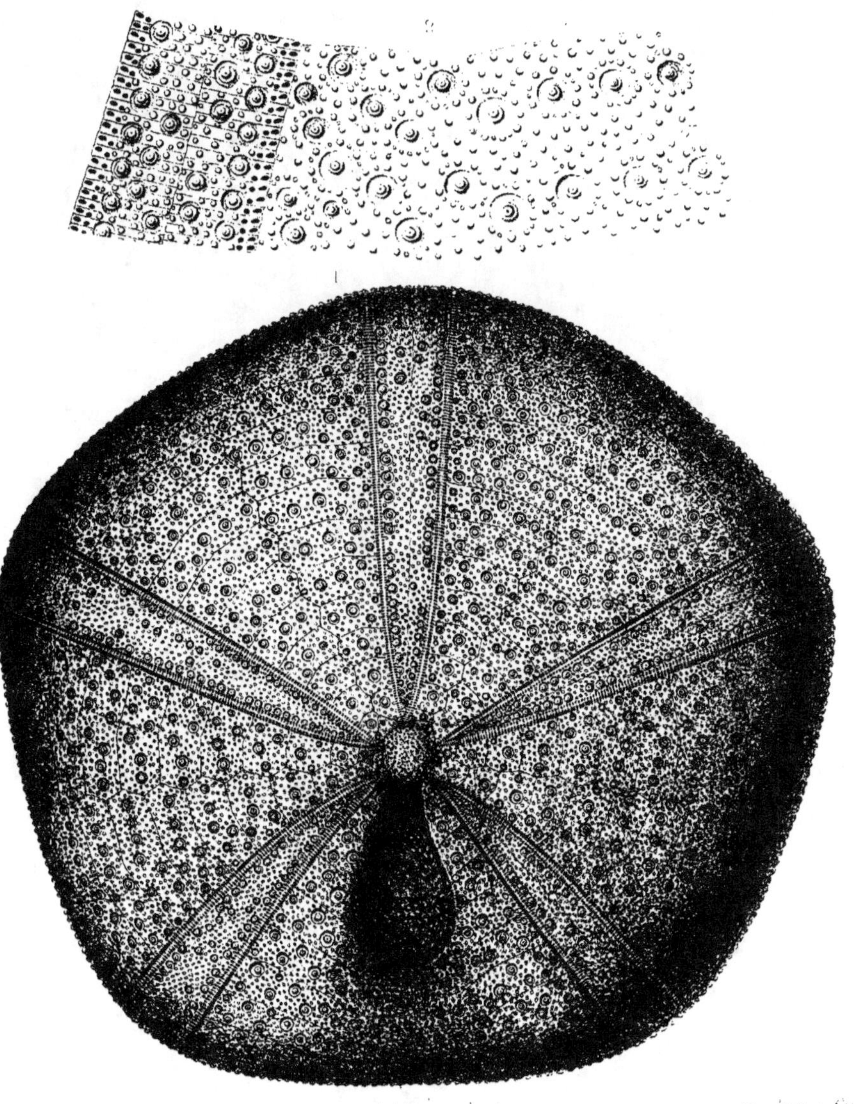

Pygaster macrocyphus, Wright. Kimmeridgien.

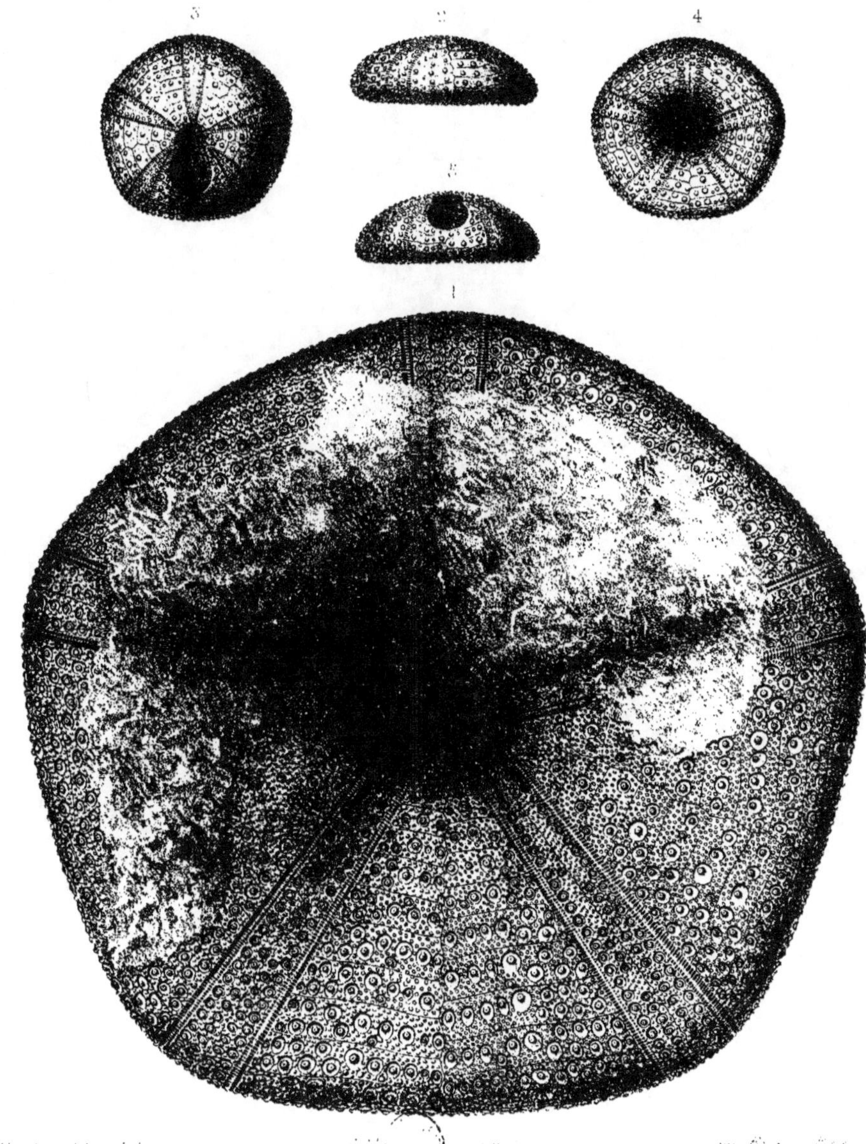

Pygaster macrocyphus, Wright. Kimmeridgien

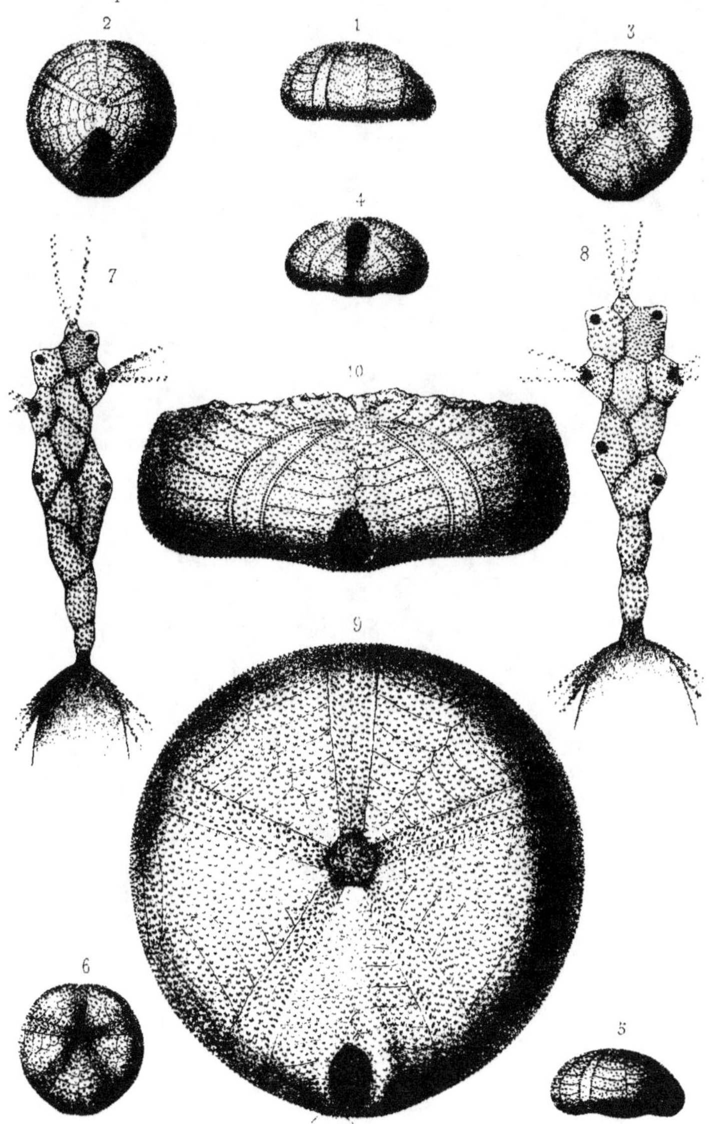

1—8. *Collyrites Ebrayi*, Cotteau. Bajocien.
9—10. C.————— *Verneuili*, Cotteau. Oxfordien..?

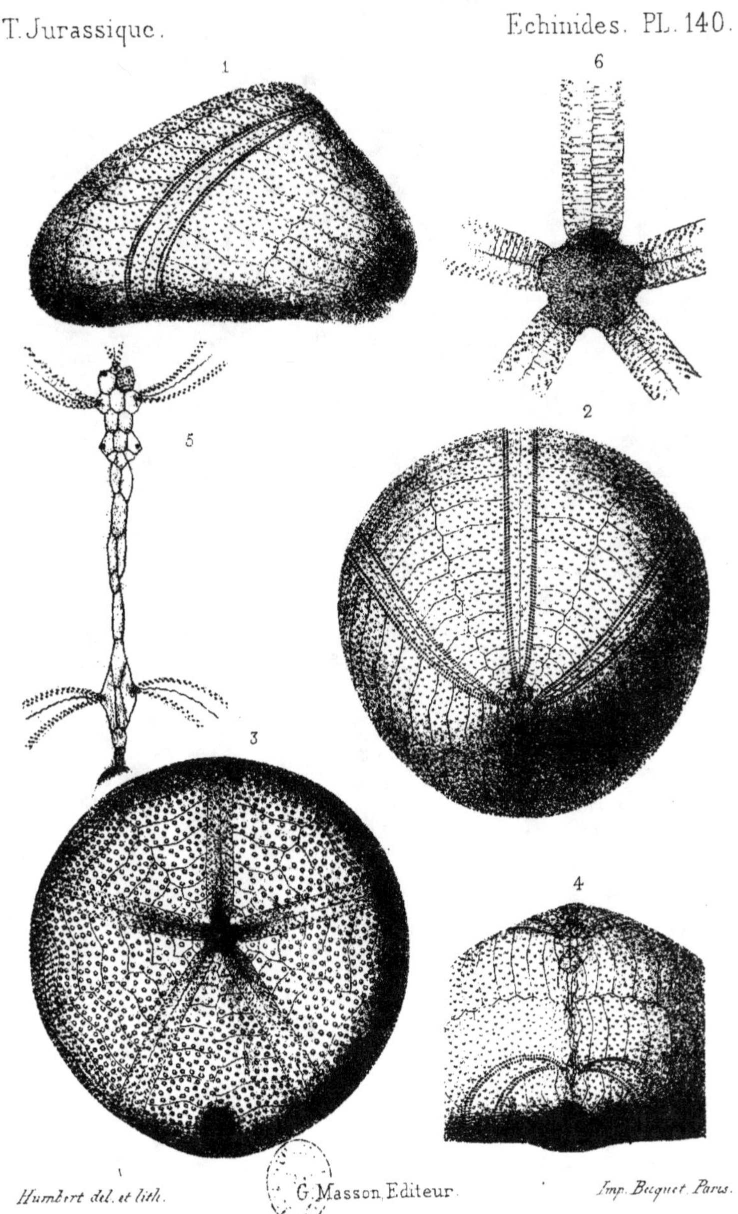

Humbert del. et lith.

G. Masson, Editeur.

Imp. Becquet, Paris.

Collyrites Voltzi, Desor. Oxfordien ?

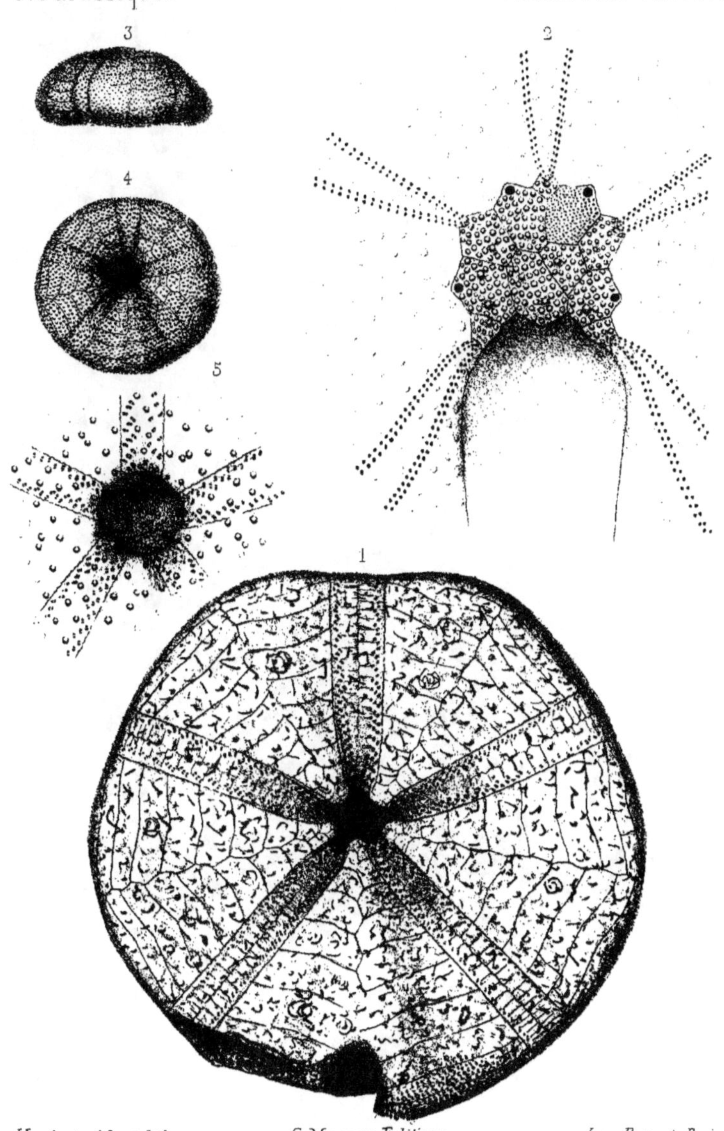

Humbert del. et lith.　　　　G. Masson, Editeur.　　　　Imp. Becquet. Paris.

1. *Pygurus costatus*, Wright. Corallien.
2. *Galeropygus Marcou*, Desor. Bajocien.
3 – 5. *Hyboclypeus sub-circularis*, Cotteau. Bajocien.

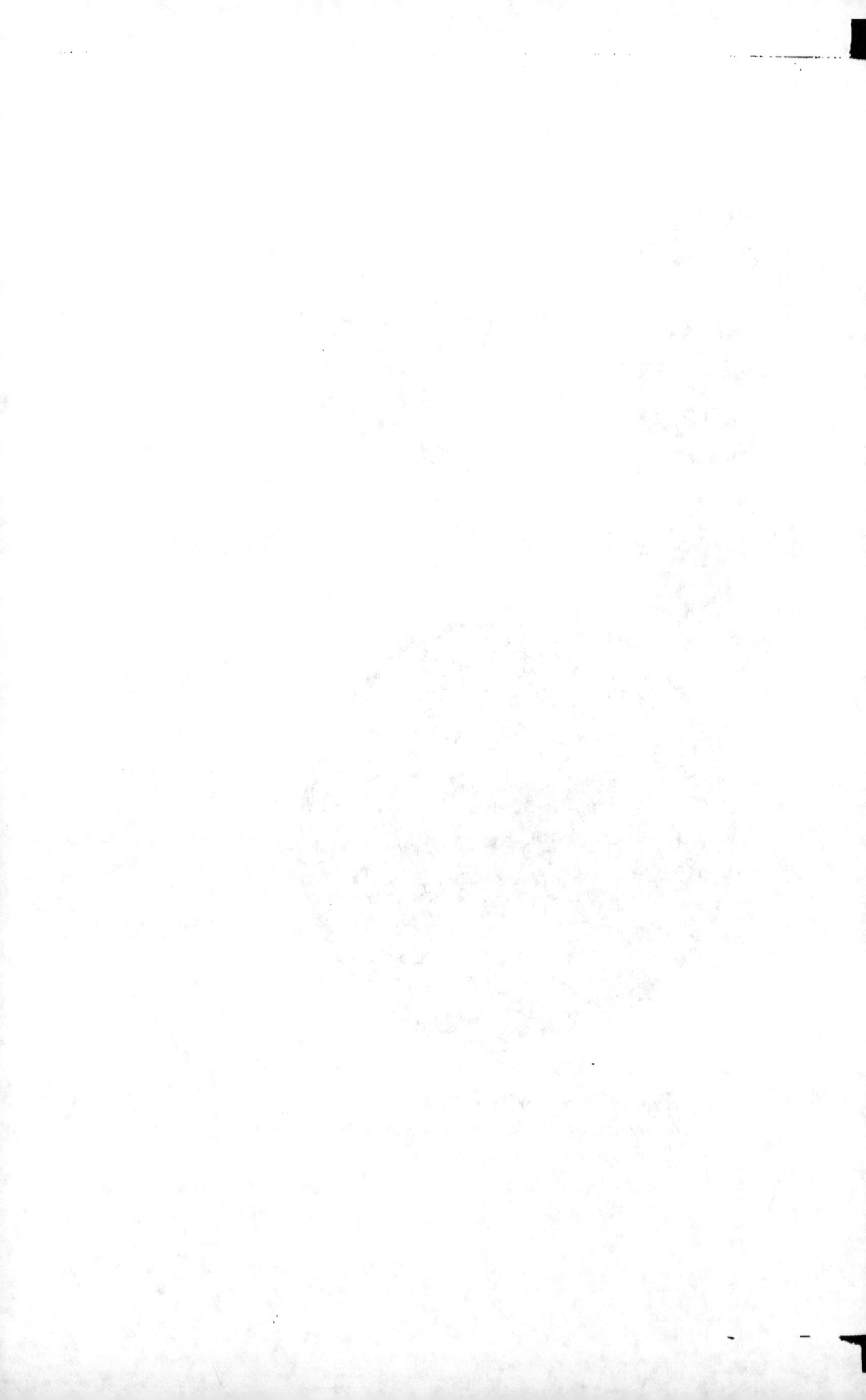

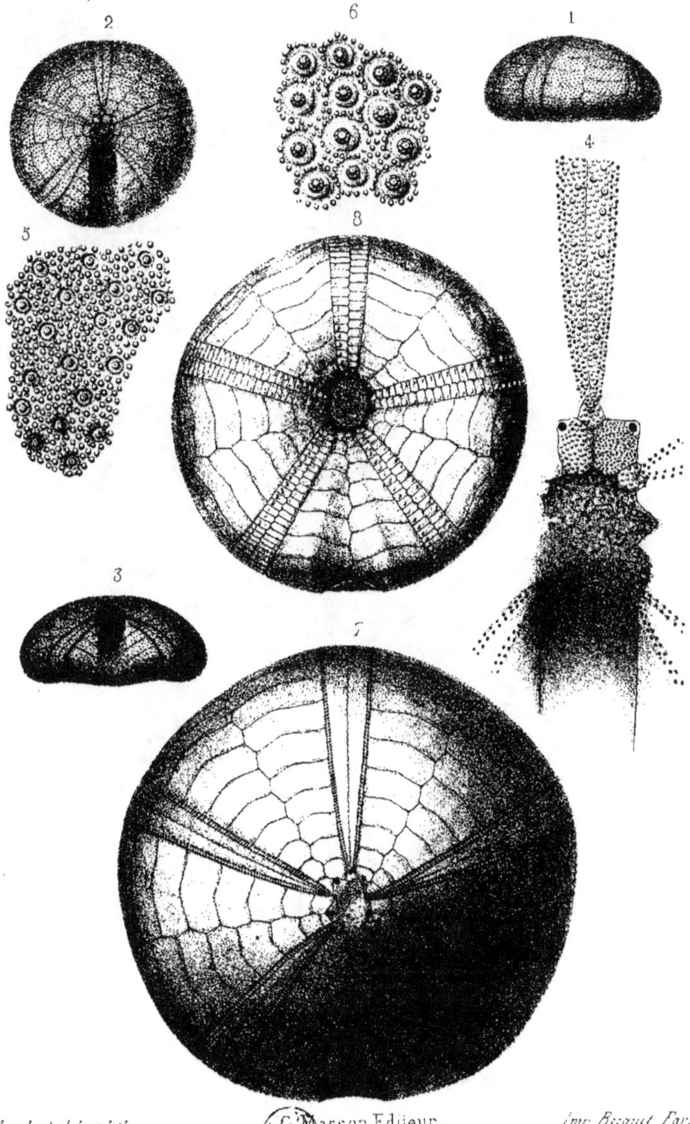

Humbert del. et lith.

G. Masson Editeur.

Imp. Becquet. Paris.

1—6. *Hyboclypeus sub-circularis,* Cotteau. Bajocien.

7 et 8. *Pachyclypeus semiglobus,* Desor. Oxfordien.?

　　　　　　　　

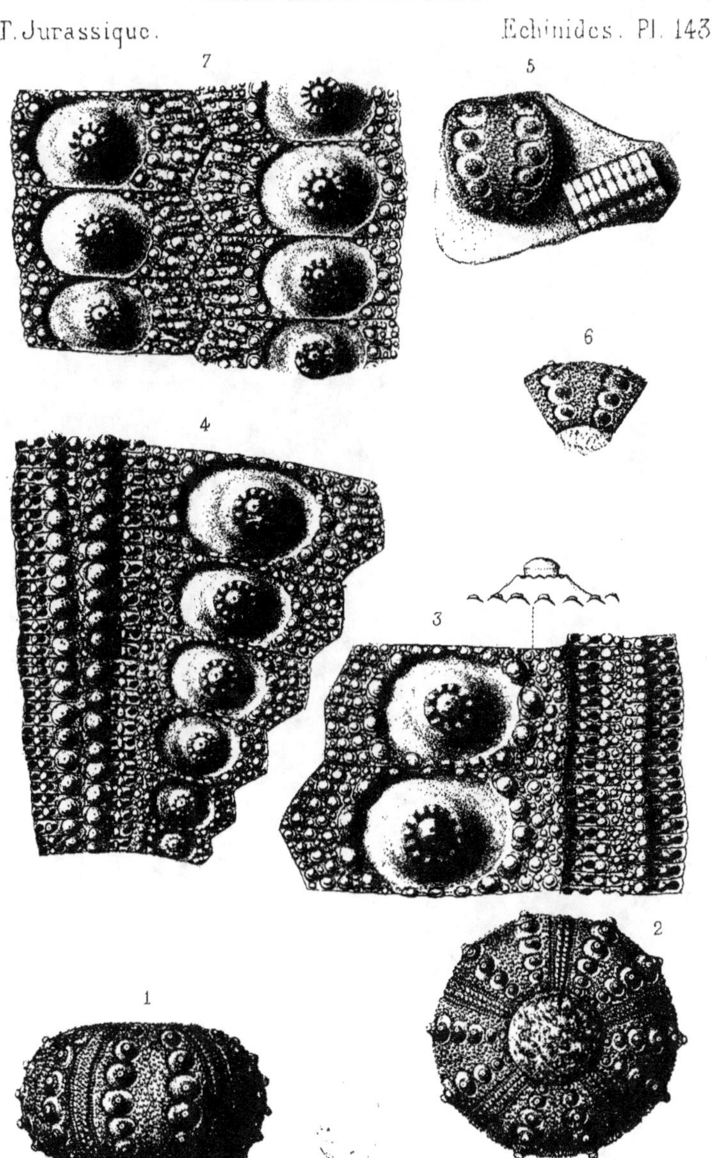

Humbert ad. et lith.　　　　　G. Masson, Éditeur.　　　　　Imp. Becquet. Paris.

1 _ 4. *Cidaris Toucasi,* Cotteau. Étage rhétien.
5 _ 7. *C.____ Crossei, ____* Ét. sinémurien.

1–4. *Cidaris Falsani*, Dumortier. Sinémurien.
5–6. C.———— *Pellati*, Cotteau, ————
7–9. C.———— *Jarbus*, d'Orbigny. ————

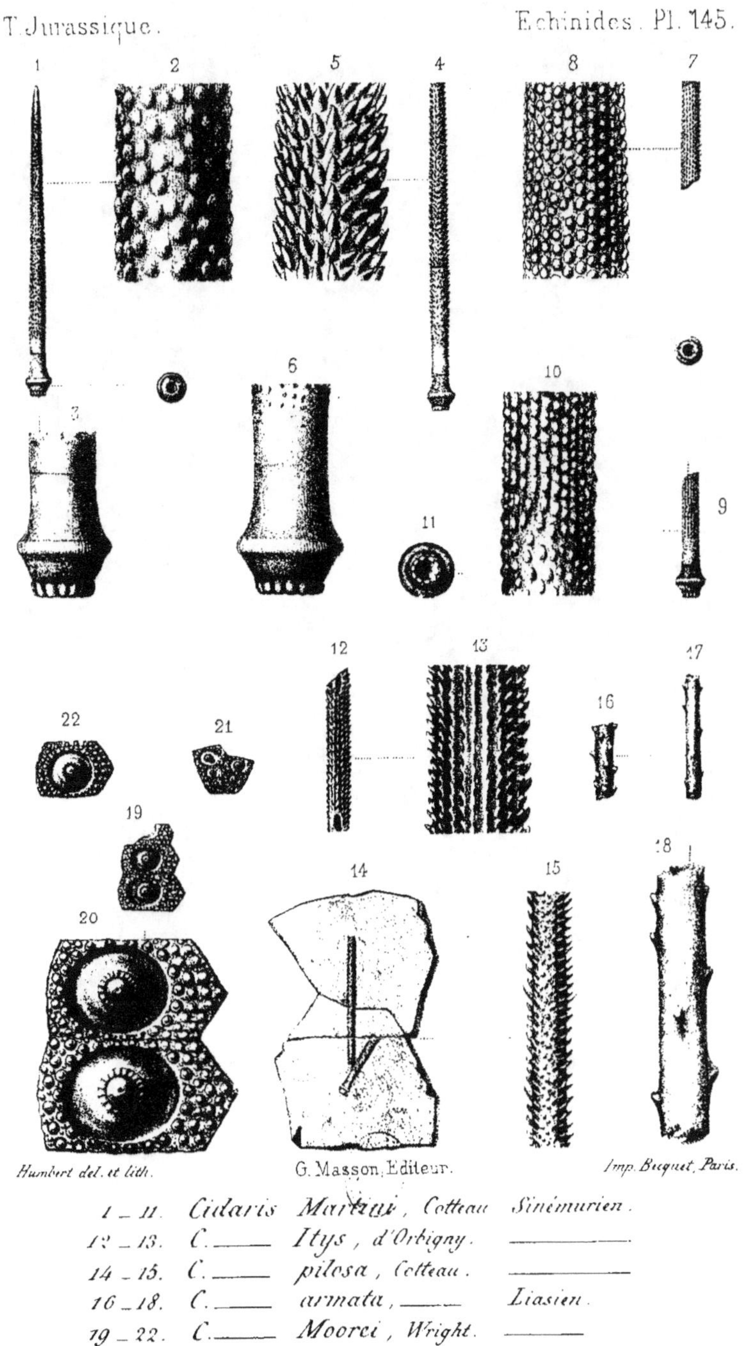

1 — 11. Cidaris Martini, Cotteau Sinémurien.
12 — 13. C. ____ Itys , d'Orbigny. ____
14 — 15. C. ____ pilosa, Cotteau. ____
16 — 18. C. ____ armata, ____ Liasien.
19 — 22. C. ____ Moorei, Wright. ____

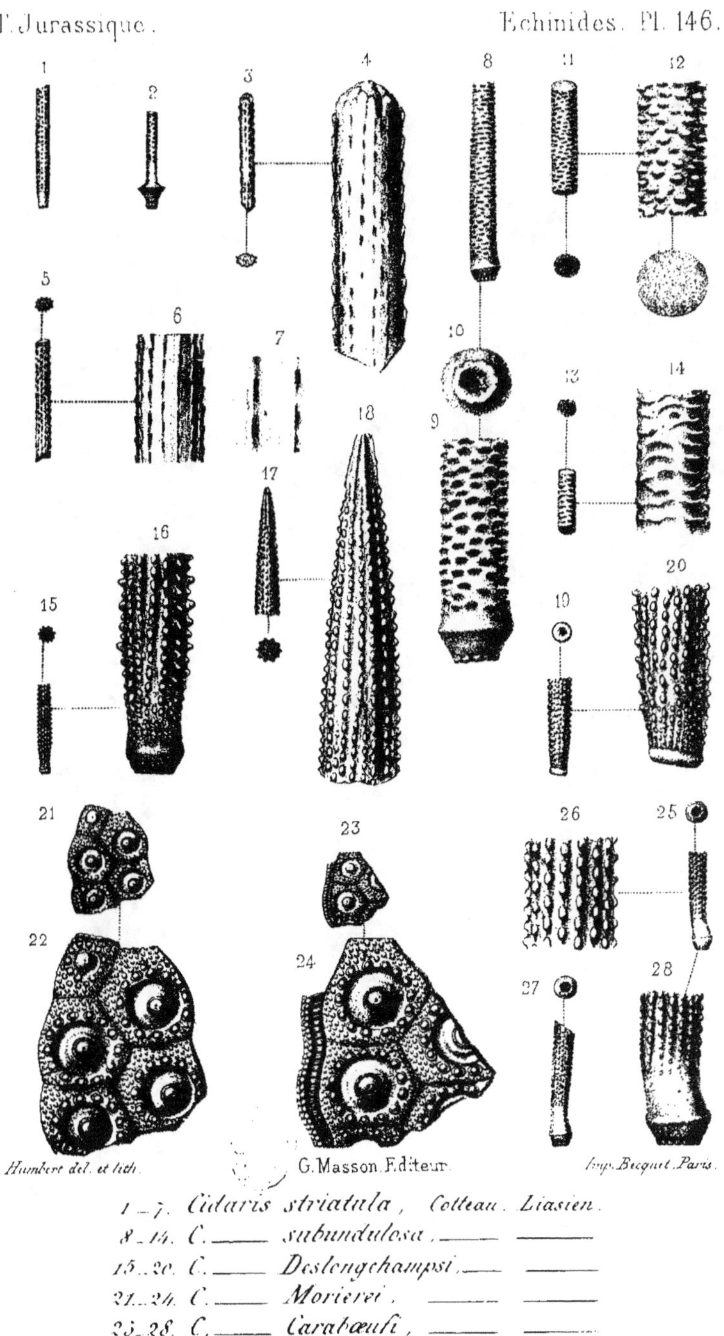

Humbert del. et lith.   G. Masson, Editeur.   Imp. Becquet, Paris.

1—7. *Cidaris striatula*, Cotteau. Liasien.
8—14. C. ——— *subundulosa*. ——— ———
15—20. C. ——— *Deslongchampsi*. ——— ———
21—24. C. ——— *Morierei*. ——— ———
25—28. C. ——— *Carabœufi*. ——— ———

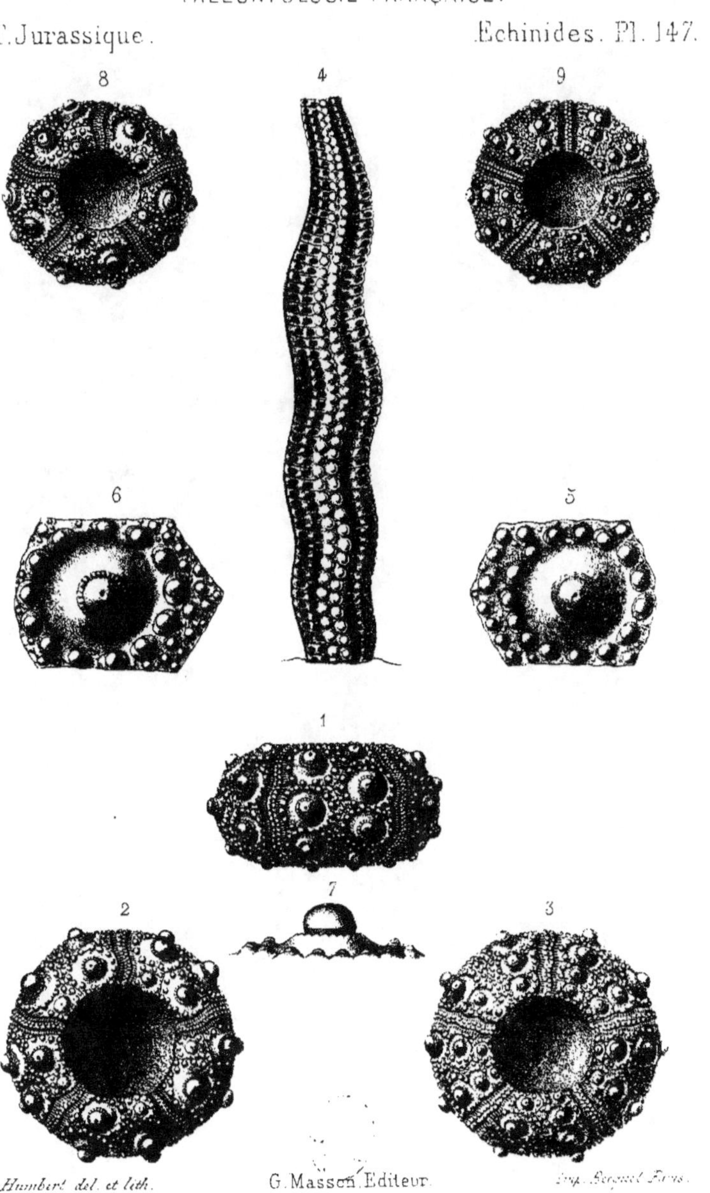

Humbert del. et lith.   G. Masson, Editeur.   Imp. Becquet, Paris.

Cidaris cucumifera, Agassiz. Bajocien.

Humbert del. et lith.

G. Masson, Editeur.

Imp. Becquet, Paris.

1 — 10. *Cidaris cucumifera*, Agassiz. Bajocien.
11 — 20. *C. ____ spinulosa*, Ræmer. ____

T. Jurassique. Echinides. Pl. 149.

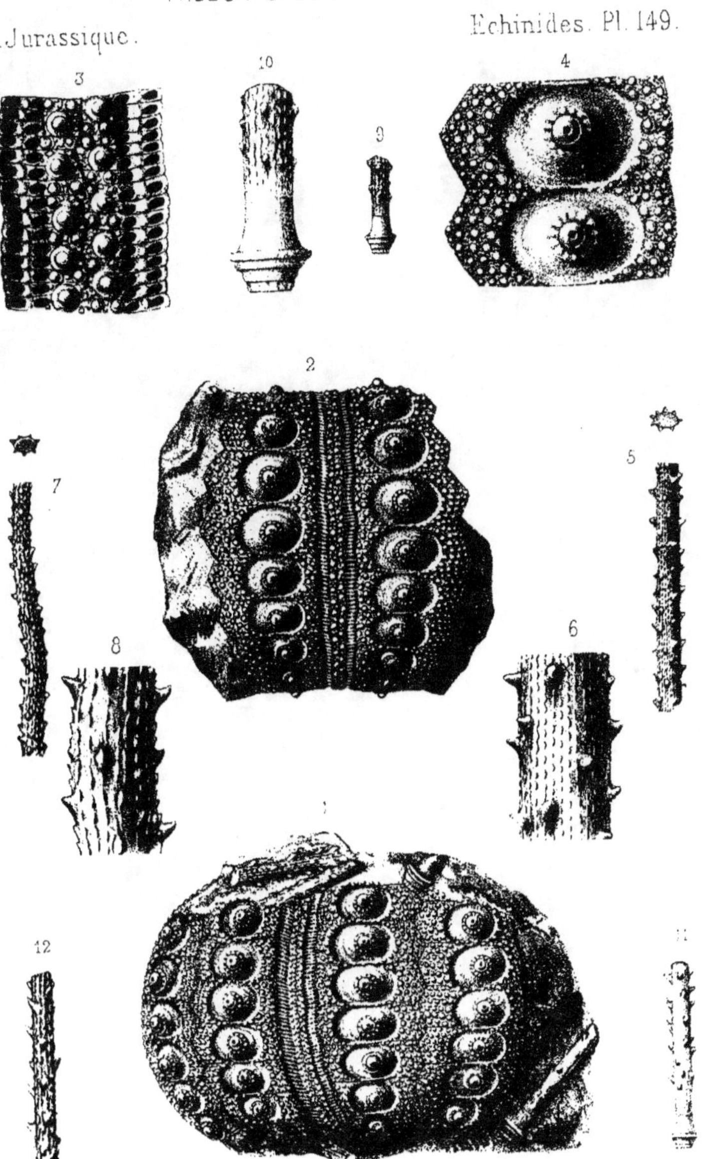

Cidaris spinulosa, Rœmer. Bajocien.

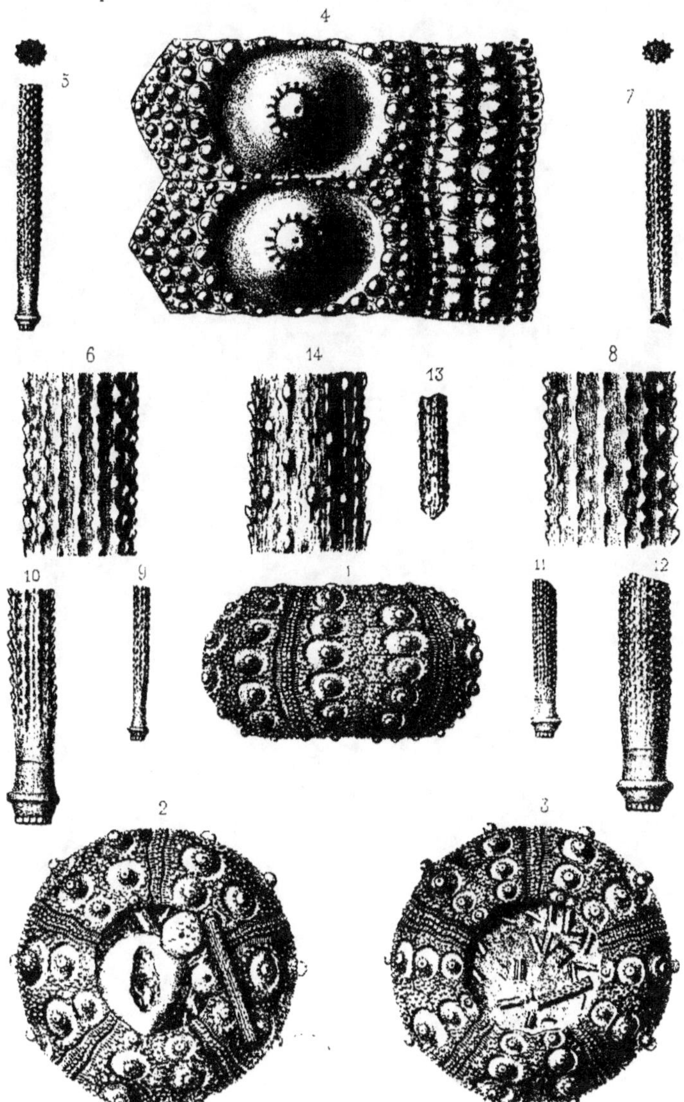

Cidaris Zschokkei. Desor. Bajocien.

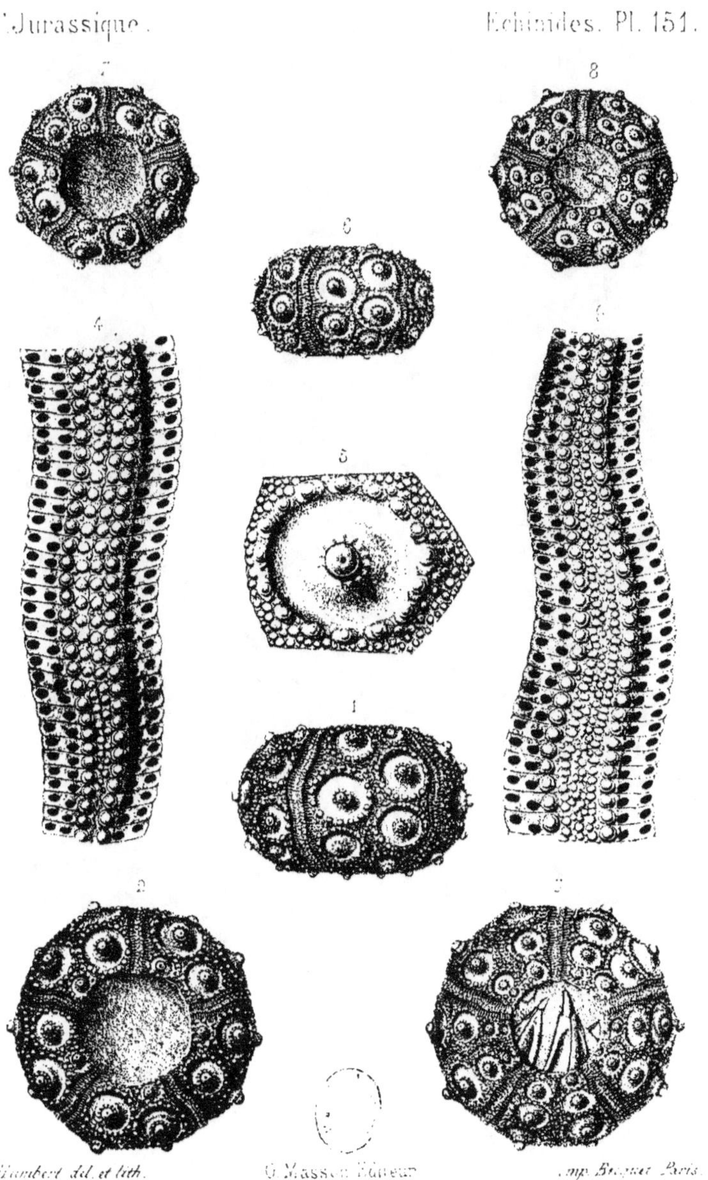

Cidaris Siemanni, Cotteau Bajocien.

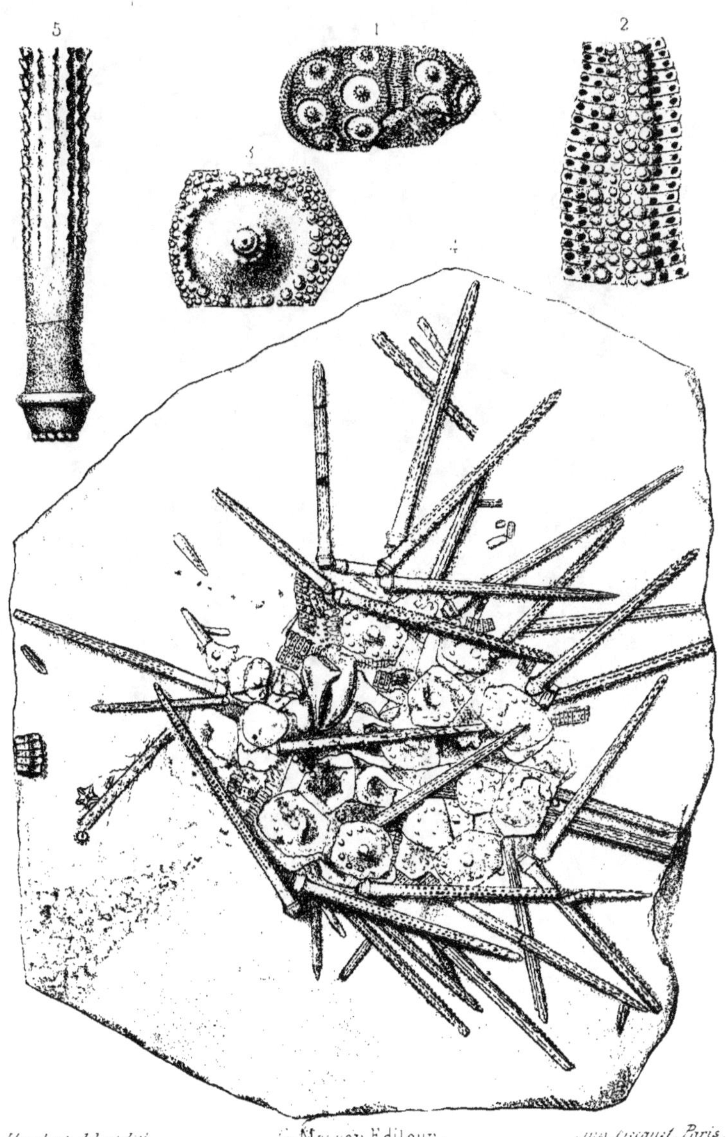

Humbert del. et lith.   G. Masson Éditeur.   Imp. Becquet, Paris.

1 — 3. *Cidaris Icerhanni*, Cotteau   Bathonien.
4 — 5. C.——— *Charmassei*, ——— Bajocien.

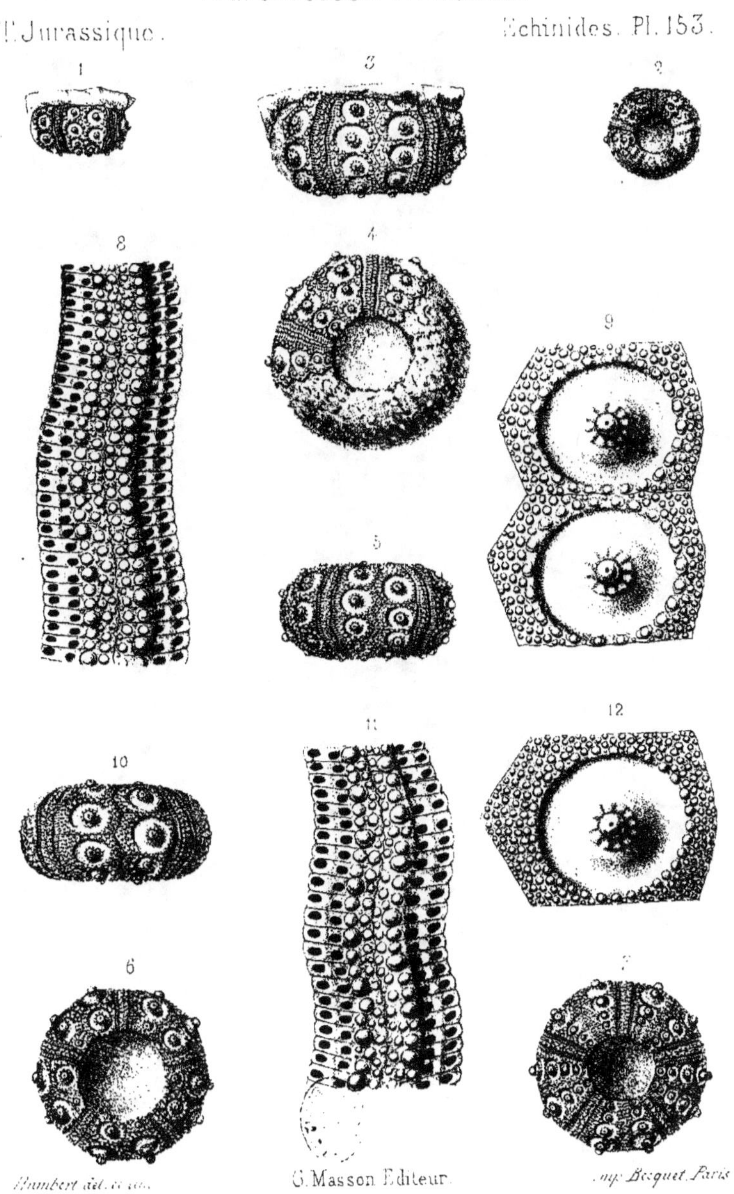

1 — 4.　Cidaris Collenoti, Cotteau. Bajocien.
5 — 12.　C.———　Caumonti,———　———

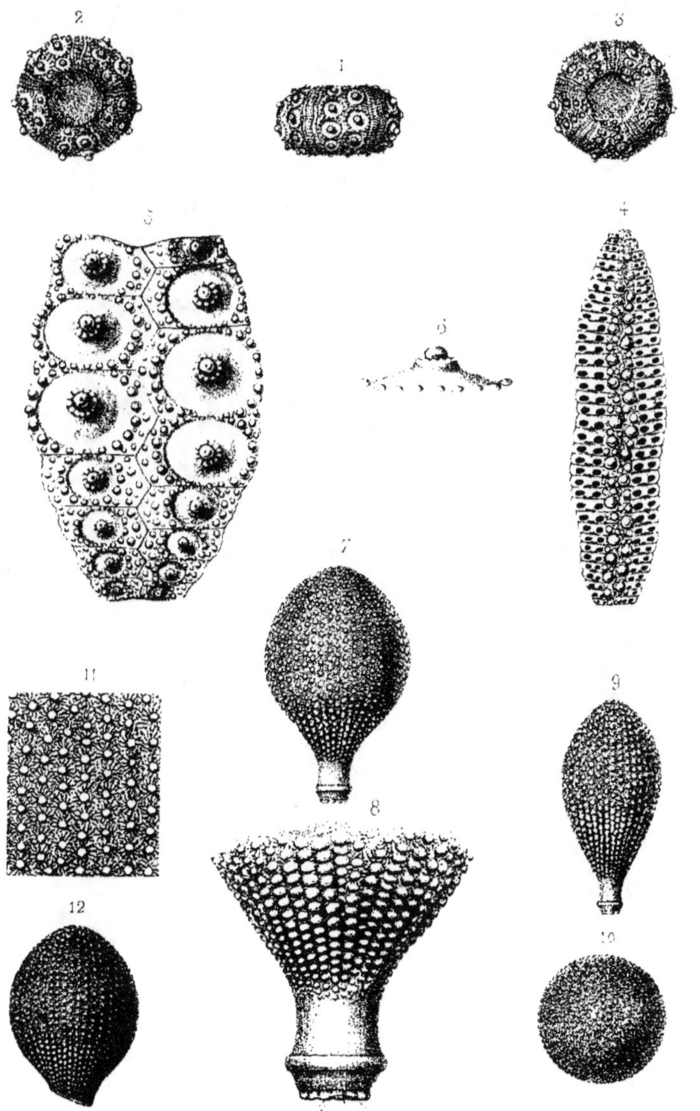

Humbert del. et lith.   G. Masson, Éditeur.   Imp. Becquet, Paris.

1 _ 6. *Cidaris Bajocensis*, Cotteau. Bajocien.
7 _ 12. *C. _____ Roysi* Desor.

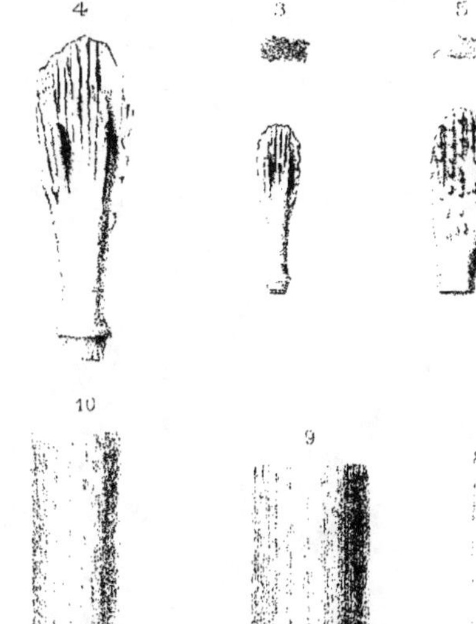

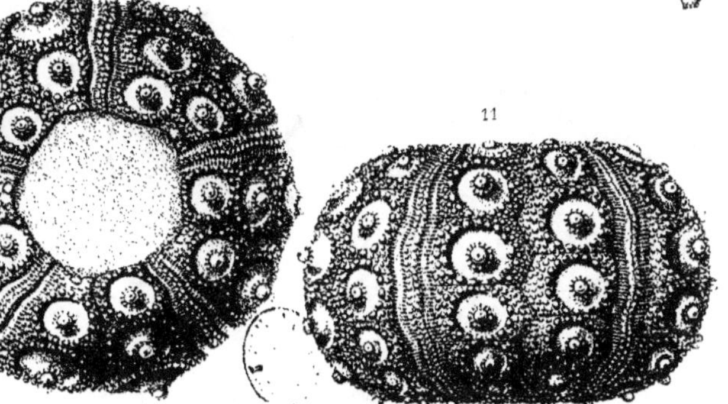

Humbert del et lith.   G. Masson, Éditeur.   Imp Becquet, Paris

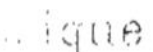

Cidaris Babeaui, Cotteau. Bathonien

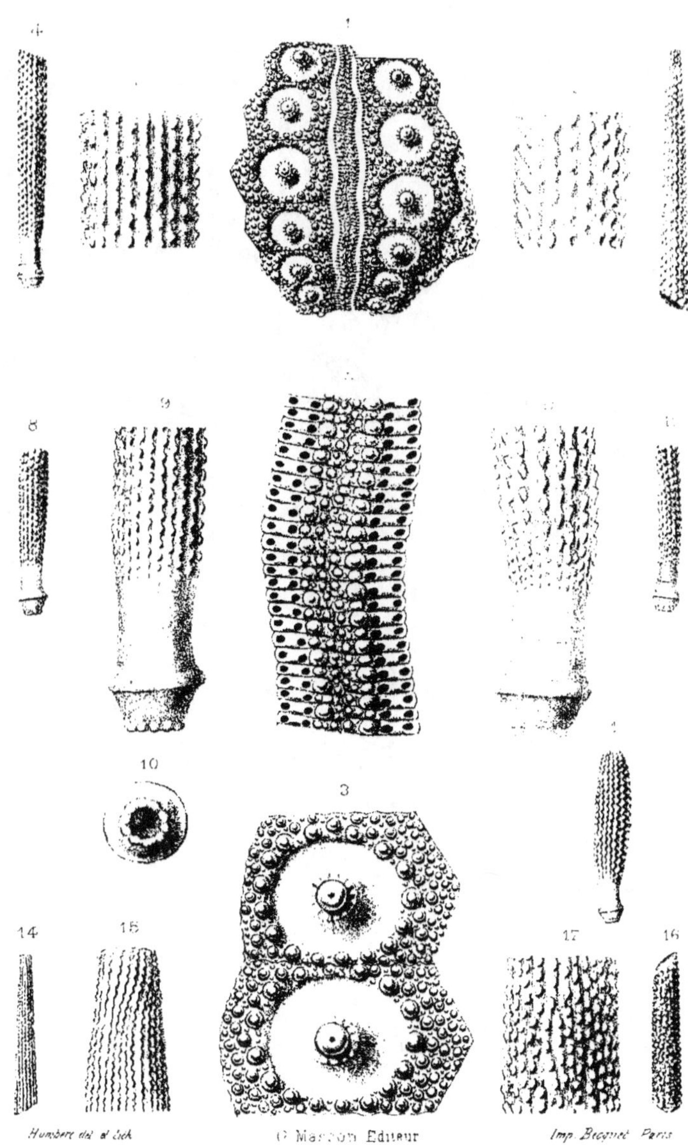

Cidaris Bathonica, Cotteau. Bathonien.

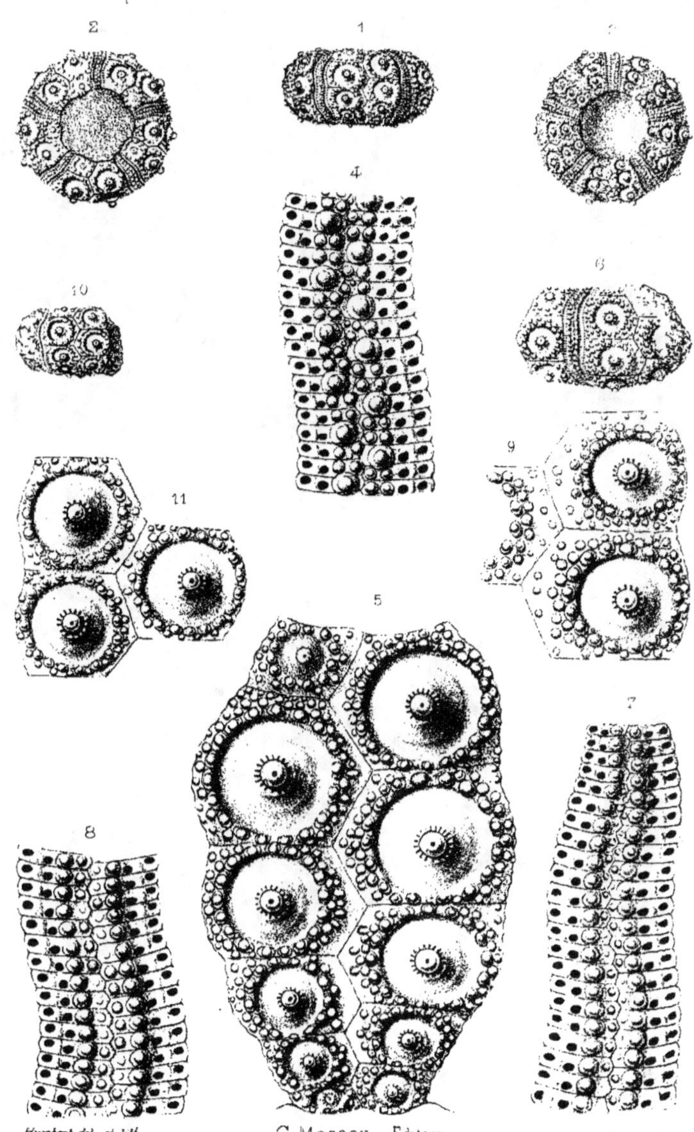

Cidaris sublœvis Cotteau Bathonien

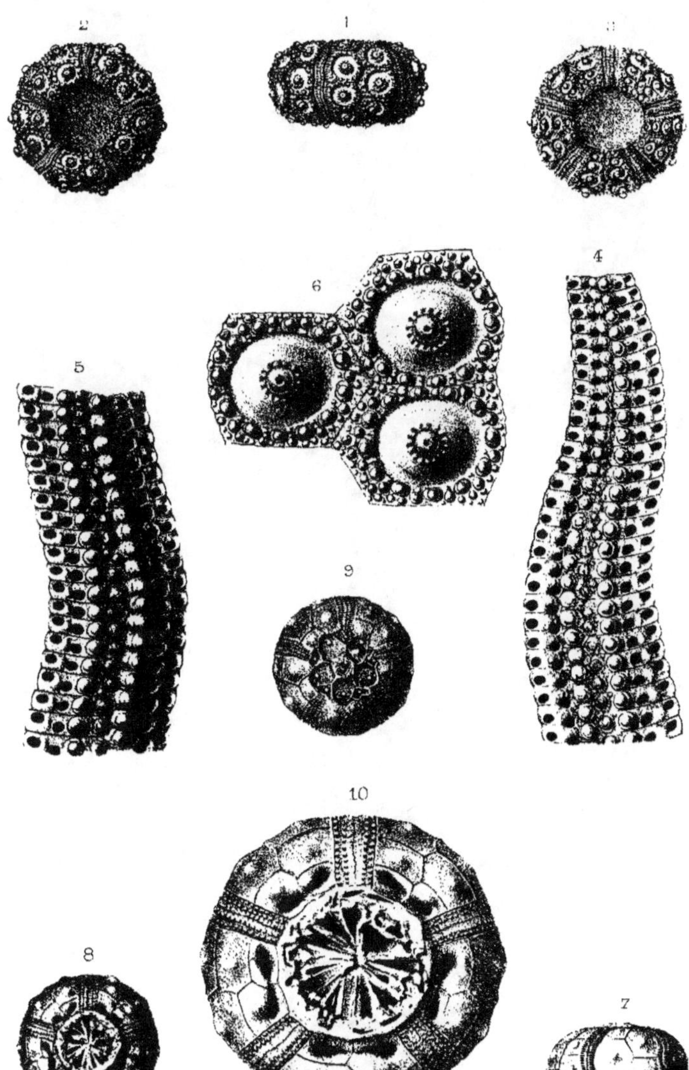

Cidaris sublævis, Cotteau. Bathonien.

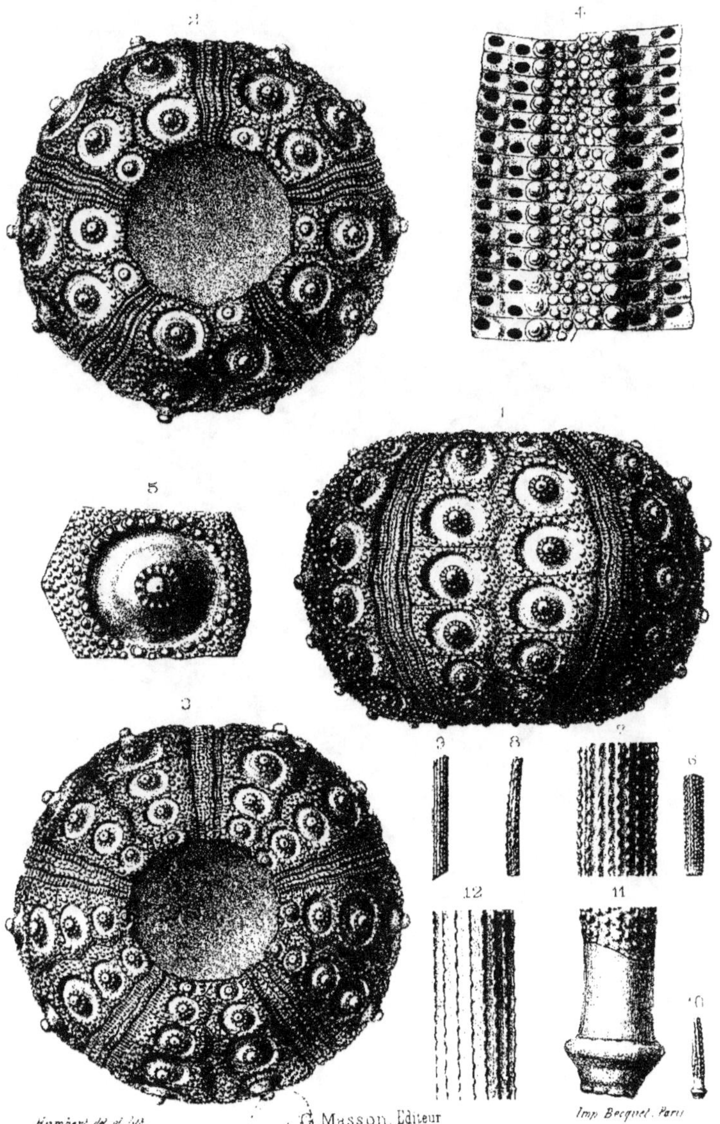

1-5   Cidaris Desori, Cotteau. Bathonien.
6-12 ———— Guerangeri, Cotteau ————

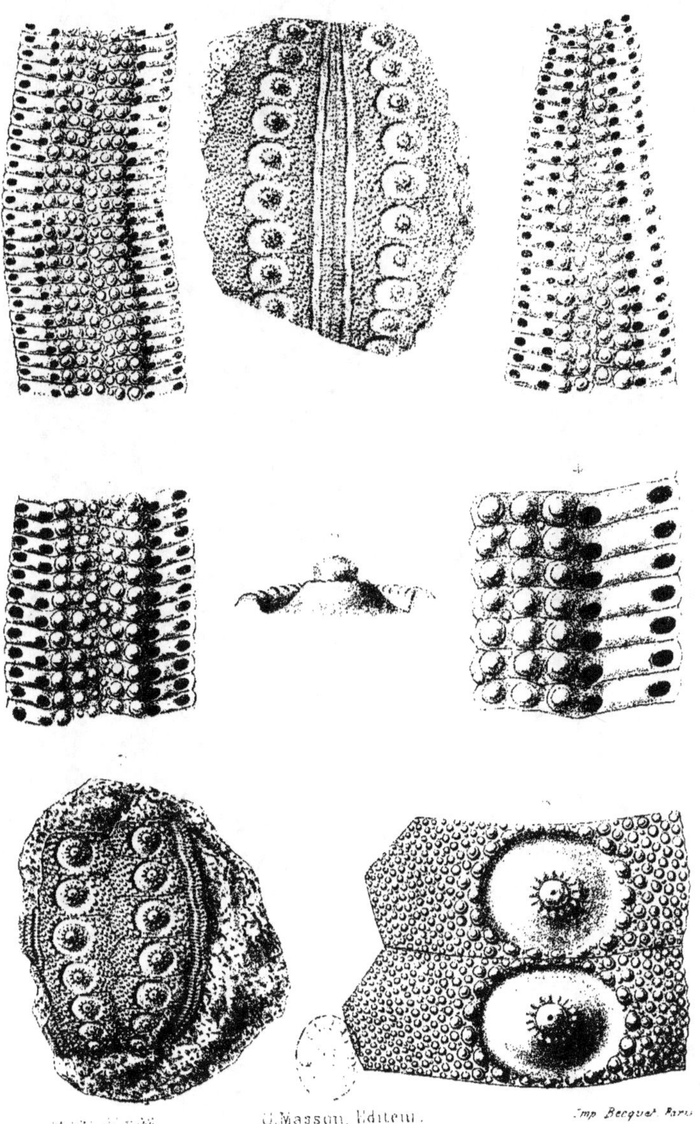

Cidaris Blainvillei Desmarets. Bathonien

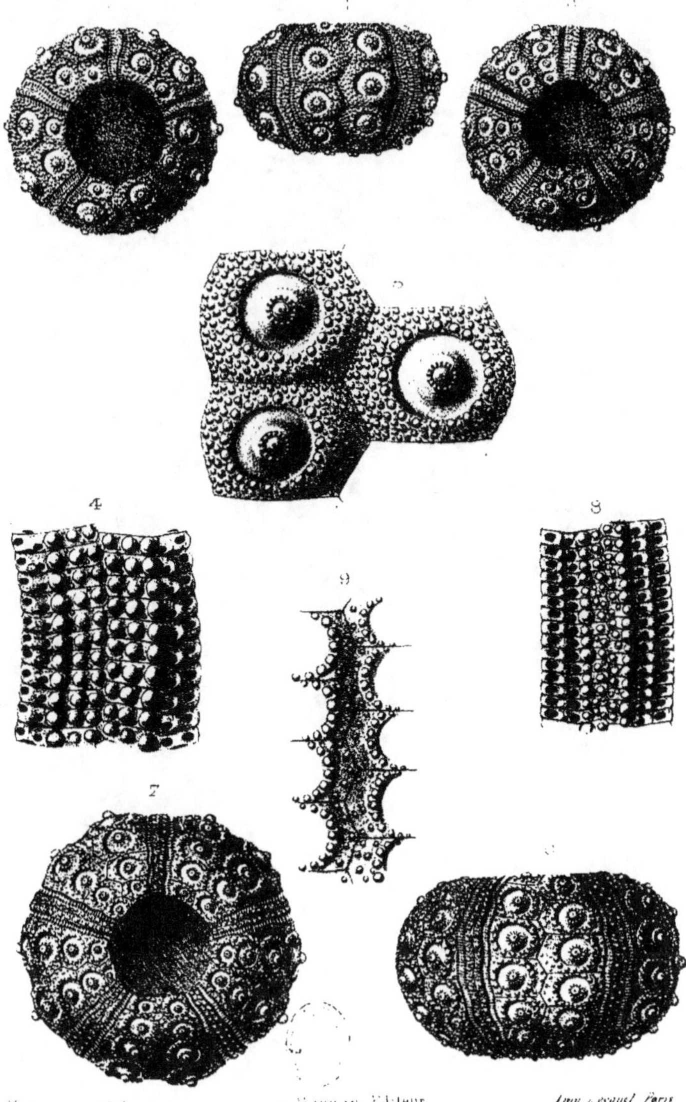

1-5 *Cidaris Langrunensis,* Cotteau Bathonien
6-9 ——   *microstoma*   Cotteau   ——

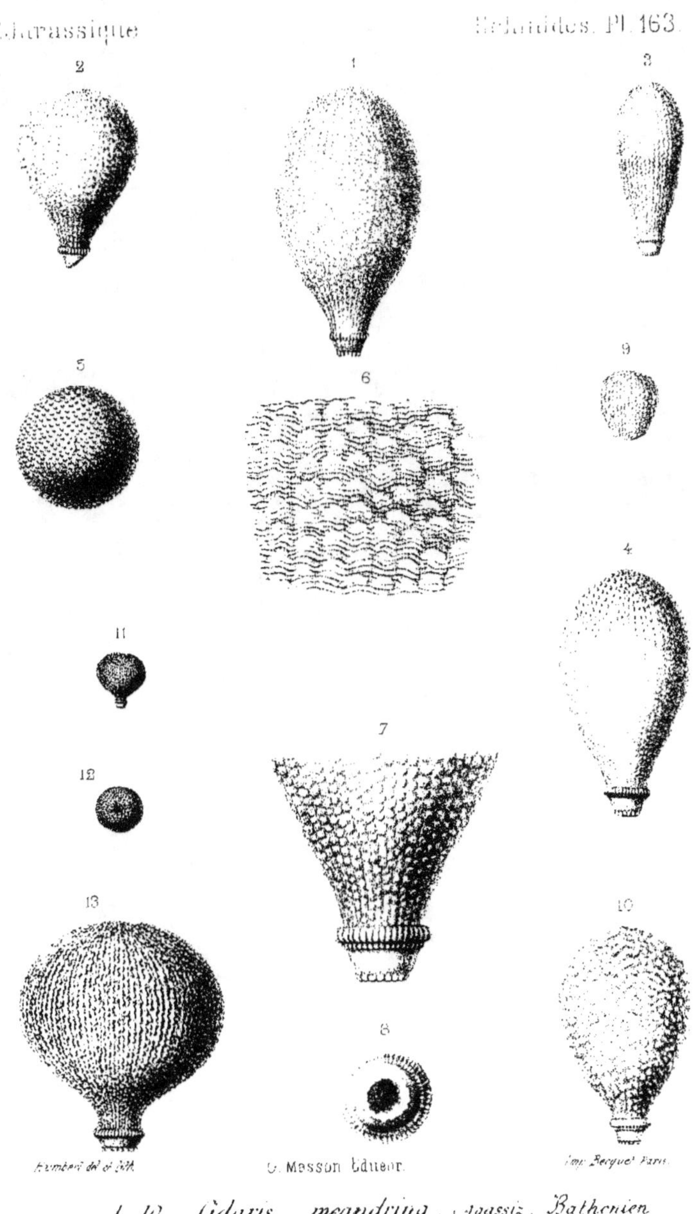

1_10.   Cidaris   meandrina . Agassiz. Bathonien
11_13.   _____   Julii. Cotteau.   _____

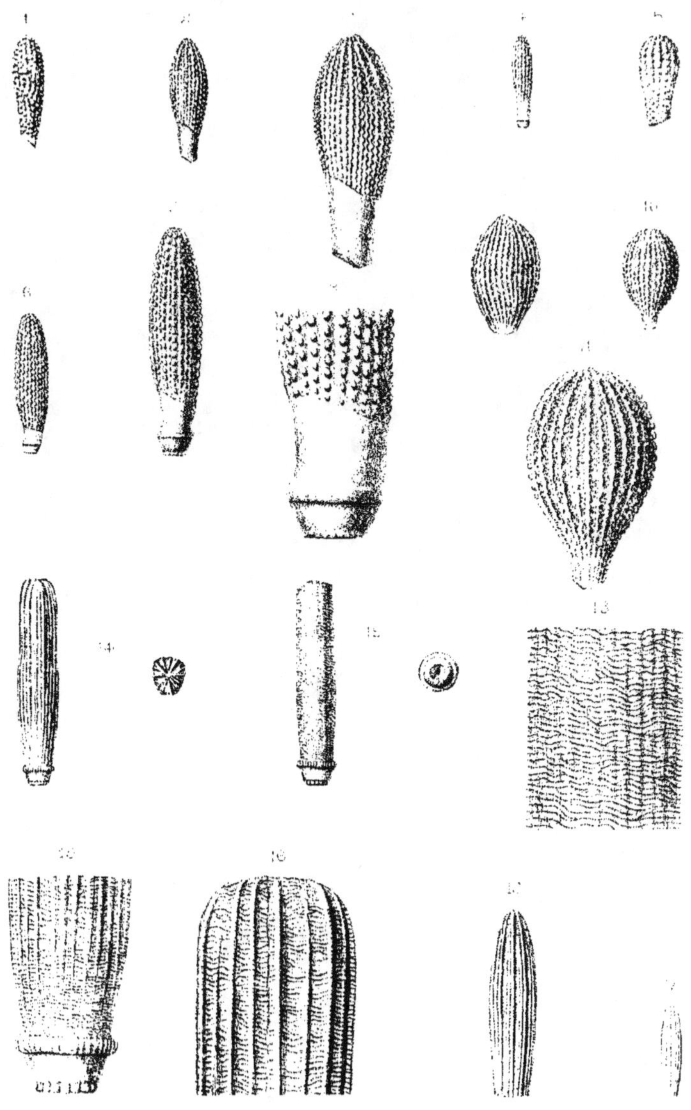

Humbert del. et lith.   G. Masson Éditeur

1. 8. Cidaris Daroustiana. Cotteau. Bathonien
9. 11. ——— episcopatis. Cotteau. ———
12. 18. ——— Kœchlini. Cotteau. ———

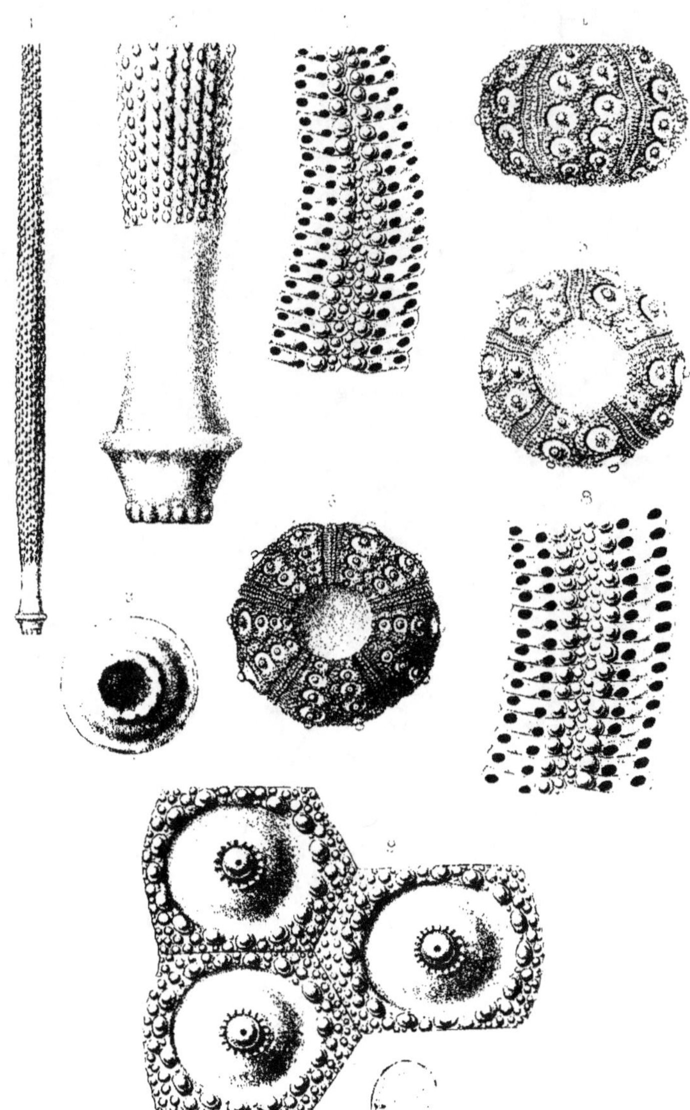

1_3. *Cidaris Cellensis*. Munier-Chalmas. Bathonien.
4_9. ———— *Desnoyersi*. Cotteau. Callovien.

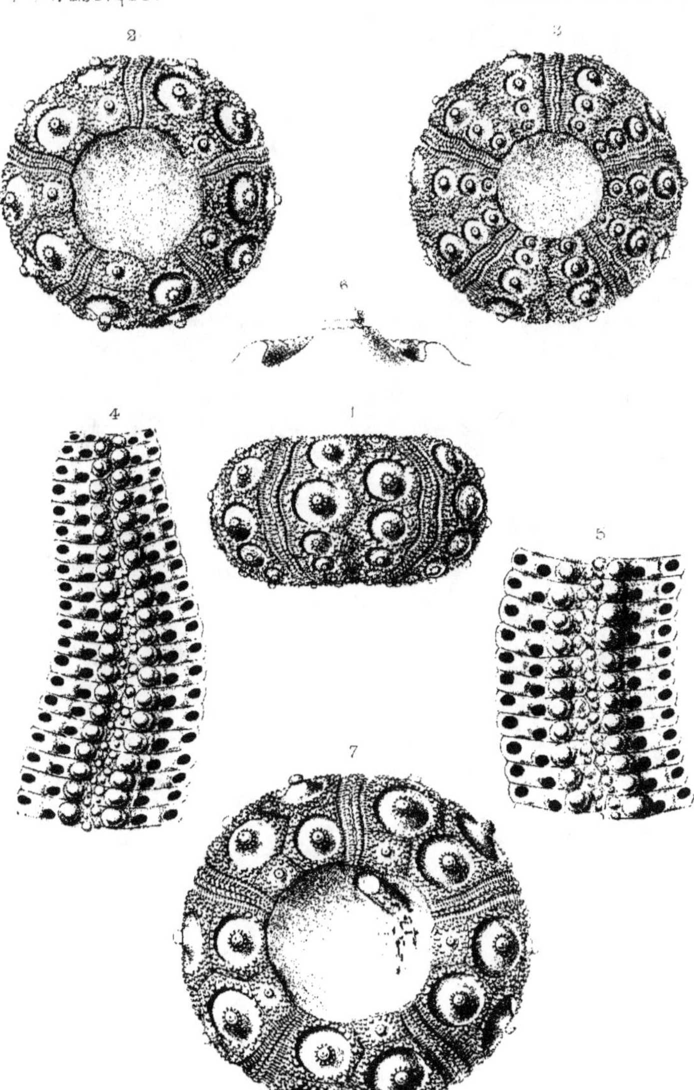

Humbert del et lith.   G. Masson, Editeur.   Imp. Becquet, Paris.

Cidaris Blumenbachi, Agassiz. Oxfordien.

T. Jurassique.   Echinides. PL. 195.

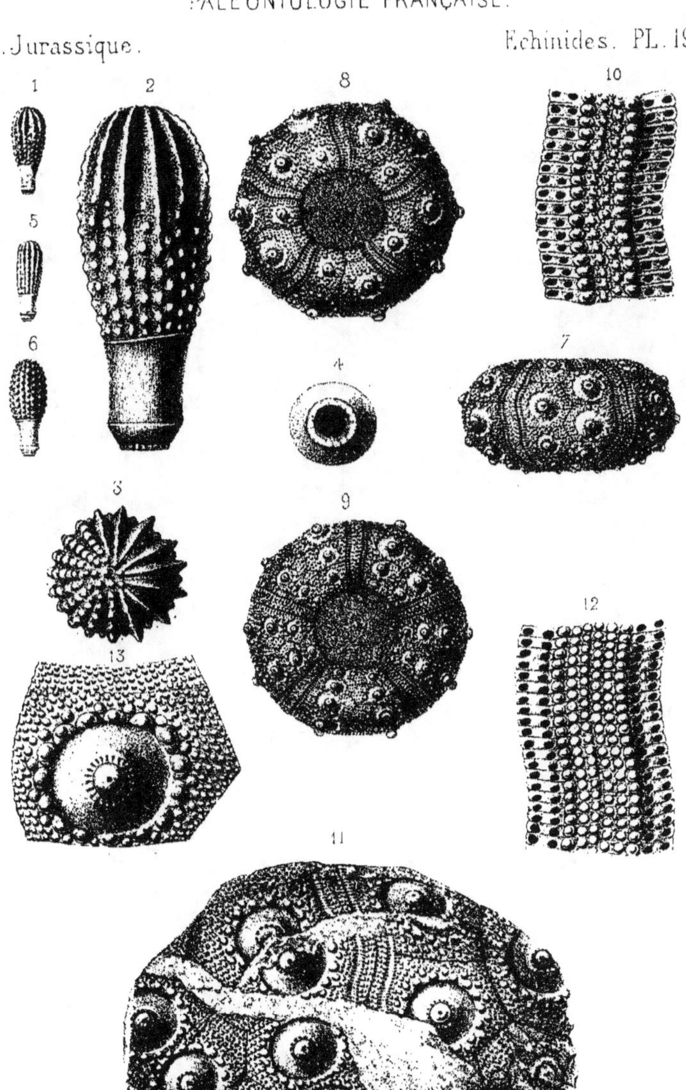

Humbert del. et lith.   C. Masson Éditeur.   Imp. Becquet, Paris.

1 — 6. Cidaris Valfinensis, Cotteau. Corallien
7 — 13. C.———— glandifera, Goldfuss.————

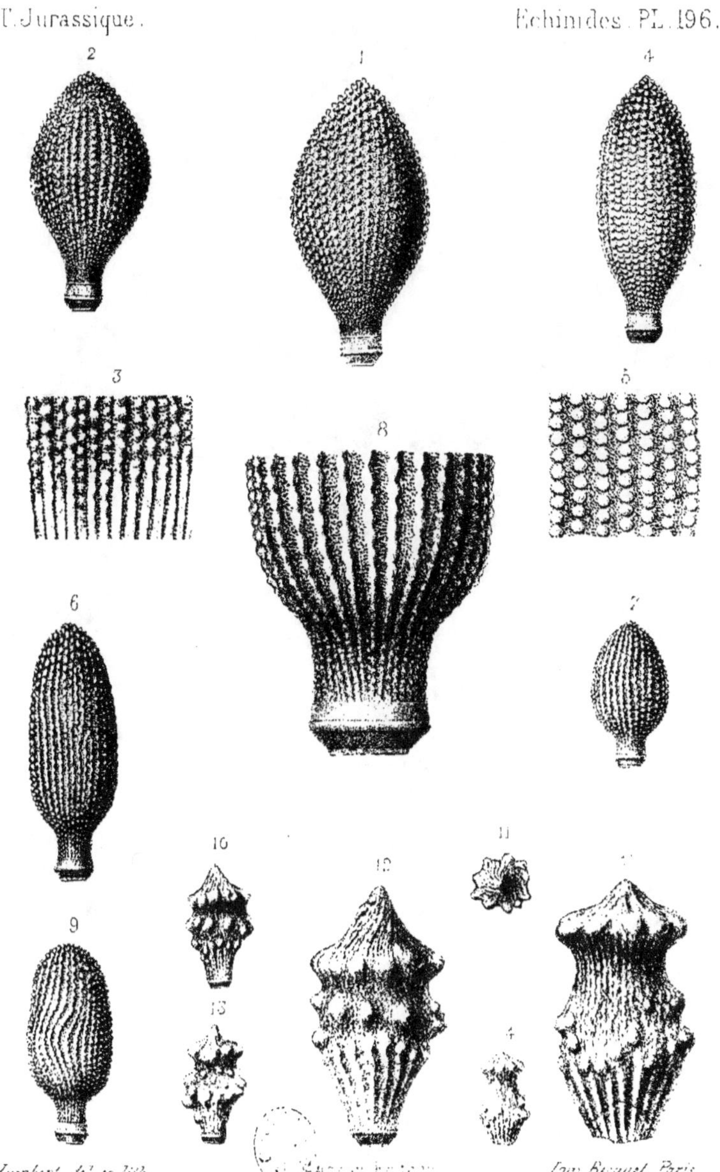

1—9. Cidaris glandifera, Goldfuss. Corallien.
10—13. C. ______ Pilleti, de Loriol.

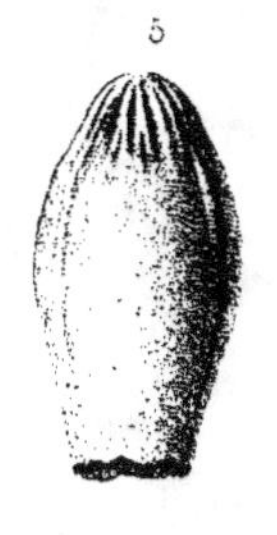
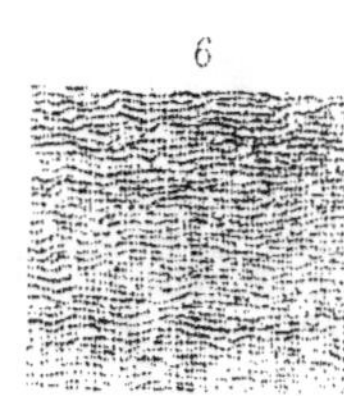

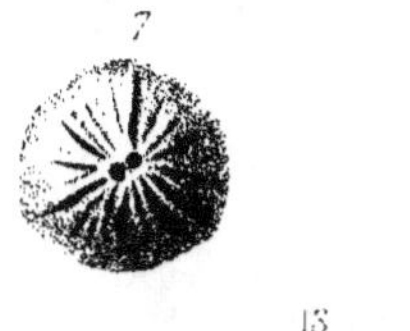
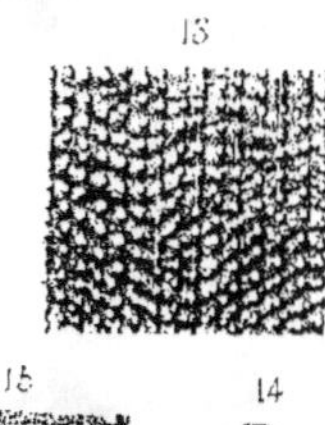

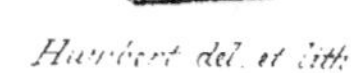
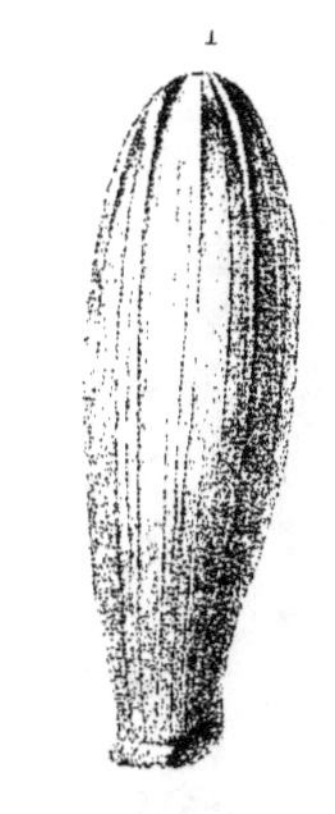
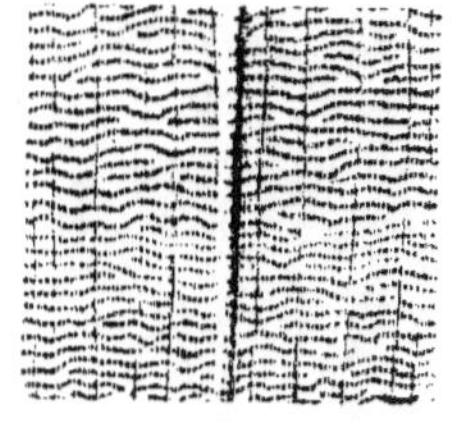
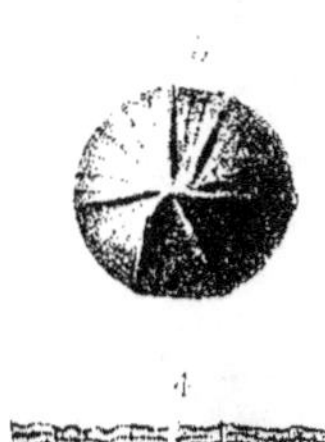
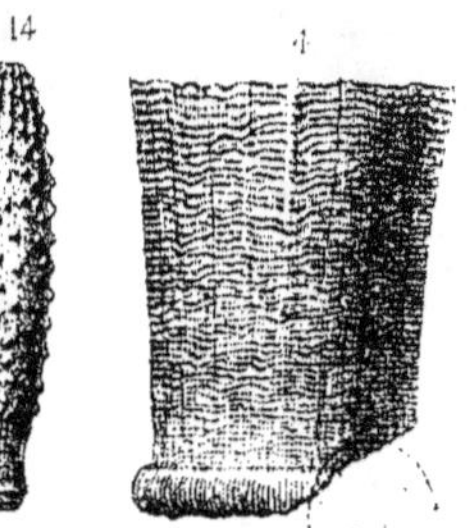
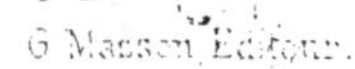

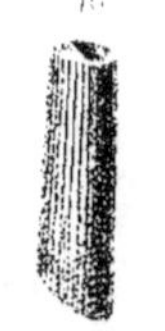
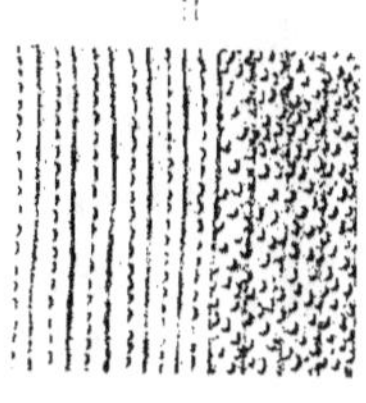
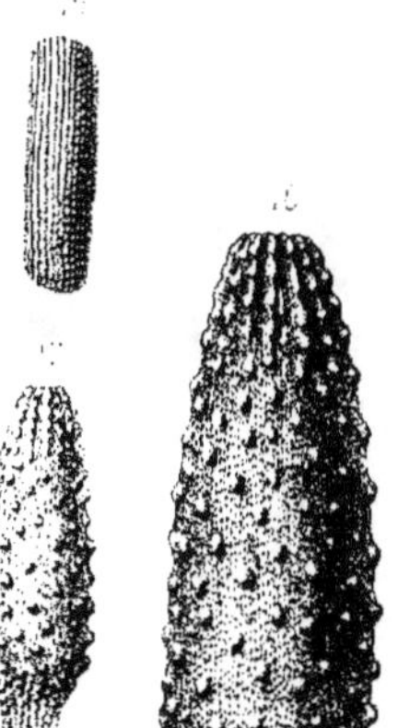

Humbert del. et lith.   G. Masson Editeur.   Imp. Becquet Paris.

1 — 7.   *Cidaris carinifera*, Agassiz. Corallien sup.
8 — 13.   C. ——— *lineata*, Cotteau. Corallien.
14 — 17.   C. ——— *acrobinata*, Gaultier. Corallien sup.

Humbert del. et lith.   G. Masson, Editeur.   Imp. Becquet, Paris.

1 _ 4. *Cidaris millepunctata*, Gauthier. Corallien sup.
5 _ 14. C. _____ *platyspina*, _____
15 _ 17. C. _____ *Normanna*, Cotteau. Kimméridgien.
18 _ 19. C. _____ *Desorii*, _____

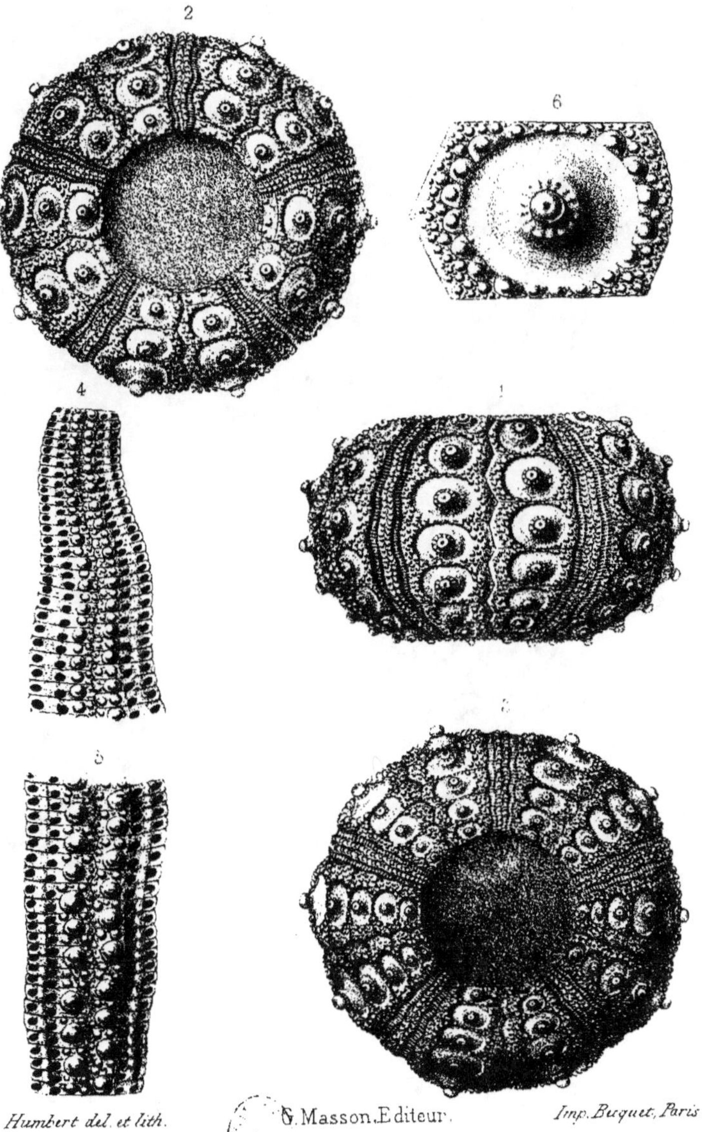

Humbert del. et lith.   G. Masson. Editeur.   Imp. Becquet, Paris.

Cidaris Poucheti, Desor. Kimméridgien.

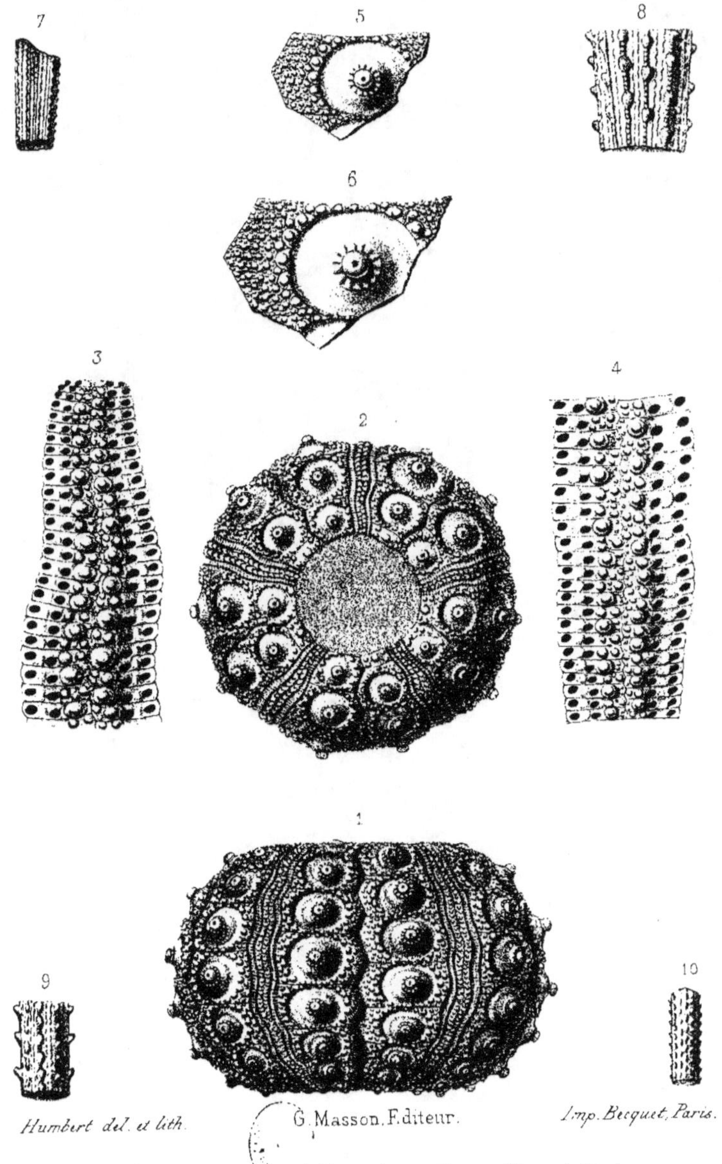

T. Jurassique.

Humbert del. et lith.

G. Masson. Éditeur.

Imp. Becquet, Paris.

1 — 4. Cidaris Poucheti, Desor. Kimméridgien.
5 — 10. C. —— Bononiensis, Wright.

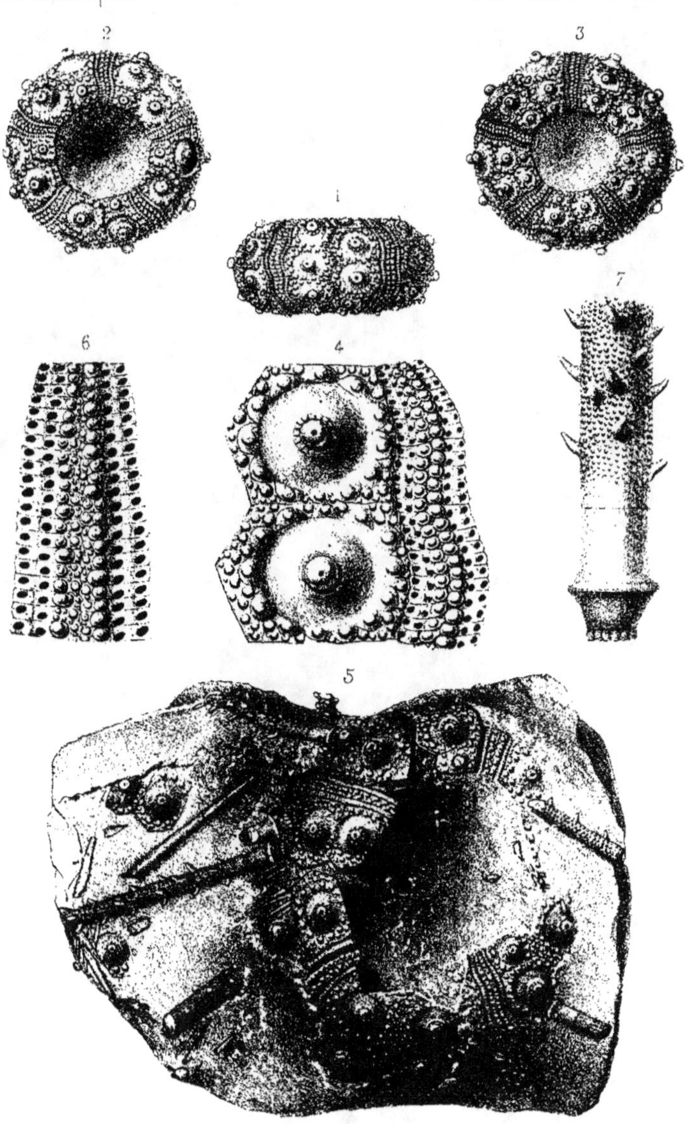

Humbert del. et lith.　　　　G. Masson, Editeur.　　　Imp. Becquet, Paris.

1 _ 4. *Cidaris Kimmeridgensis*, Cotteau. Kimméridgien.
5 _ 7. *C. ——— Legayi*, Sauvage. Portlandien.

Humbert del. et lith.

G. Masson, Editeur.

Imp. Becquet. Paris.

1..9. *Cidaris Legayi*, Sauvage. Portlandien.

10 — 13. *C. ——— Bononiensis*, Wright. Kimméridgien.

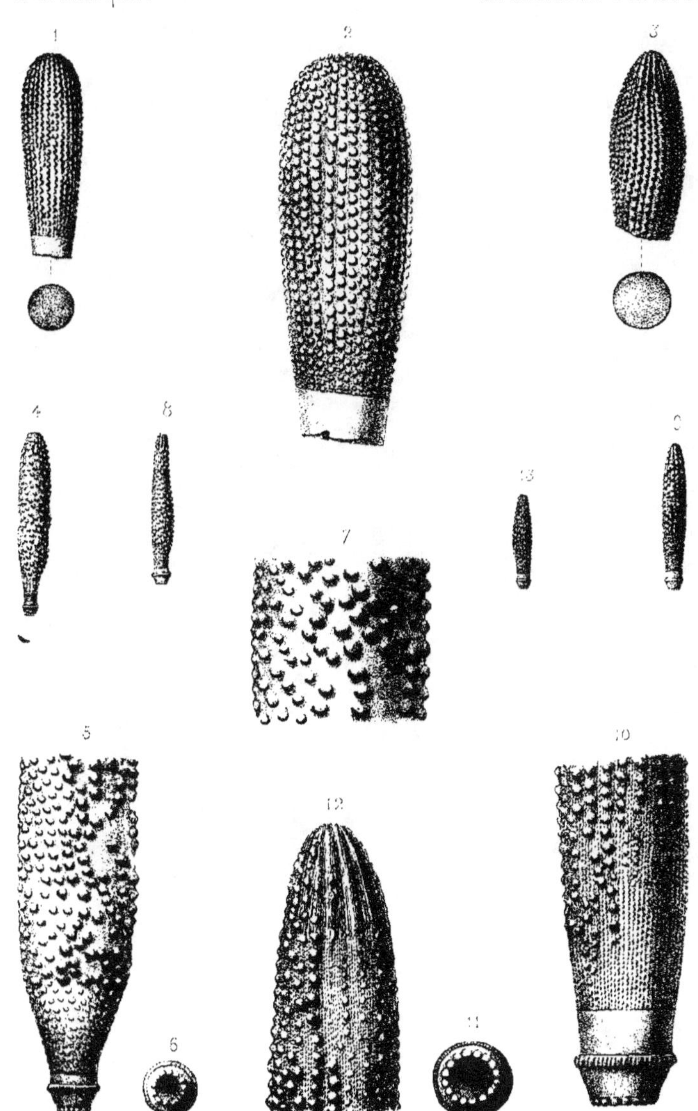

Humbert del. et lith.   G. Masson. Editeur.   Imp. Becquet Paris.

1_3. *Cidaris Schlumbergeri*, Cotteau. Corallien.
4_8. C.__ __ *Beltremieuxi*, __ __ __
9_13. C.__ __ *Beaugrandi*, __ __ Kimmeridgien.

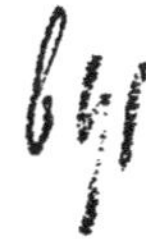

Humbert del. et lith.   G. Masson. Editeur.   Imp. Becquet Paris.

1_9. *Cidaris Bononiensis*, Wright. Kimmeridgien.
10_14. *C.______ Lorcardi*, Cotteau. Bajocien.

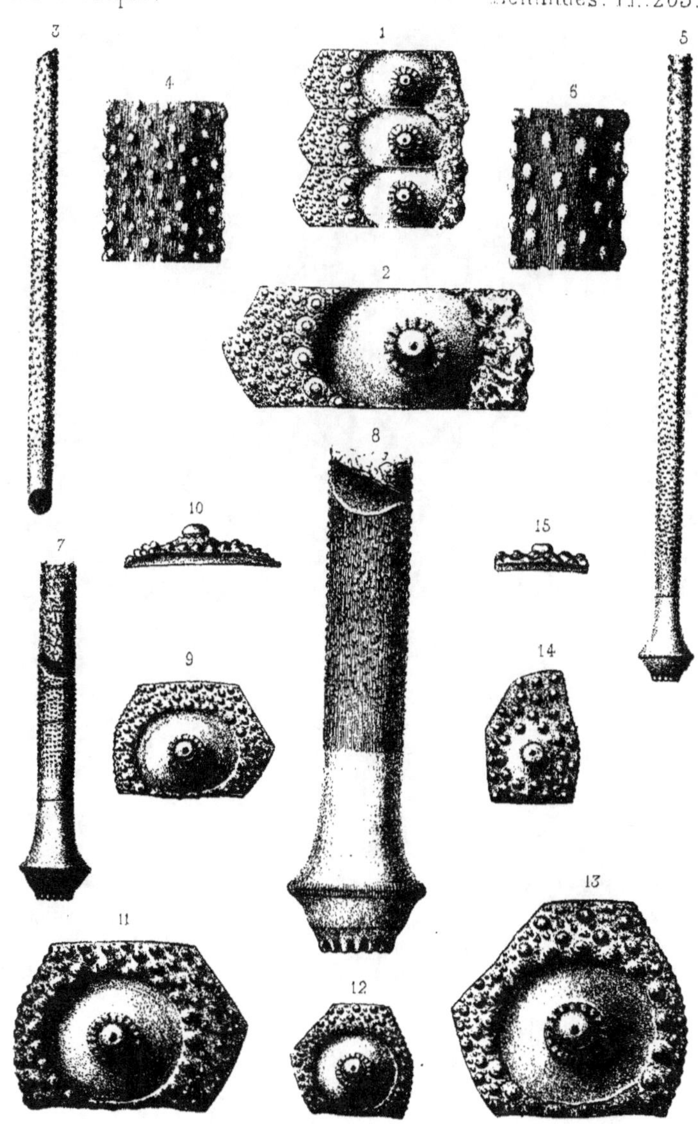

Humbert del. et lith.   G. Masson, Editeur.   Imp. Becquet, Paris.

1 — 8. *Rhabdocidaris Moraldina*, Desor. Liasien.
9 — 15. *R. ———— impar*, Dumortier. Toarcien.

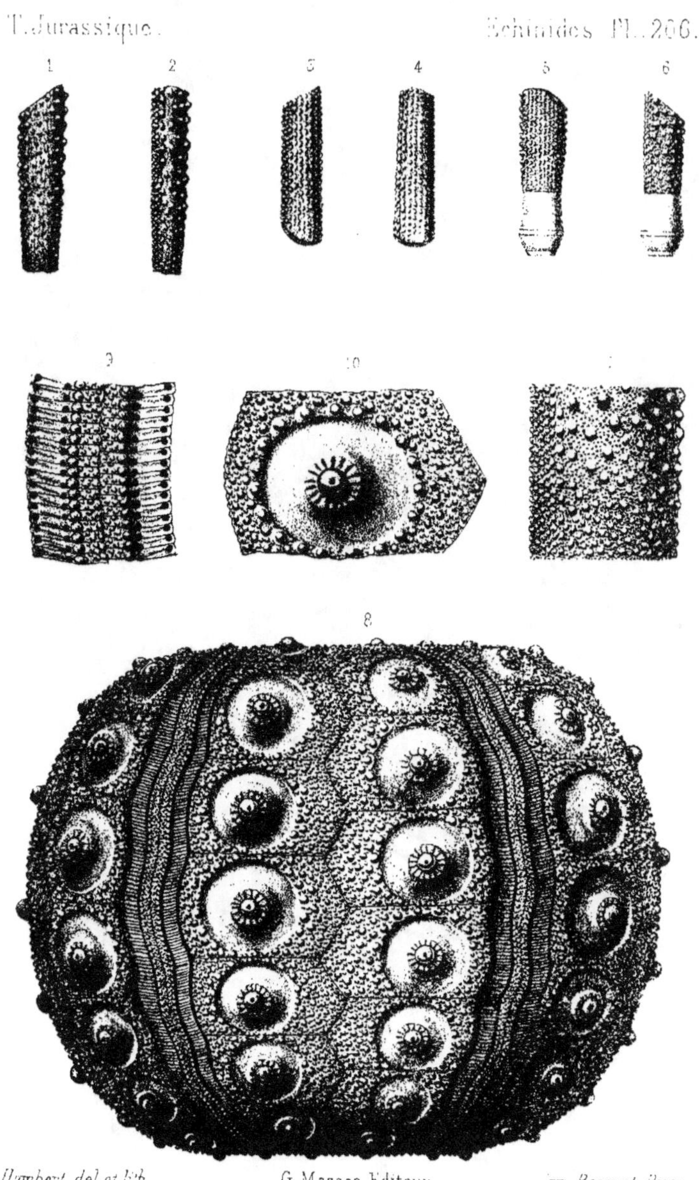

Humbert del. et lith.　　　　G. Masson, Éditeur.　　　Imp. Becquet Paris.

1-7. *Rhabdocidaris pandarus*, Cotteau. Toarcien.
8-10. R. ———— major, ———— ——— —

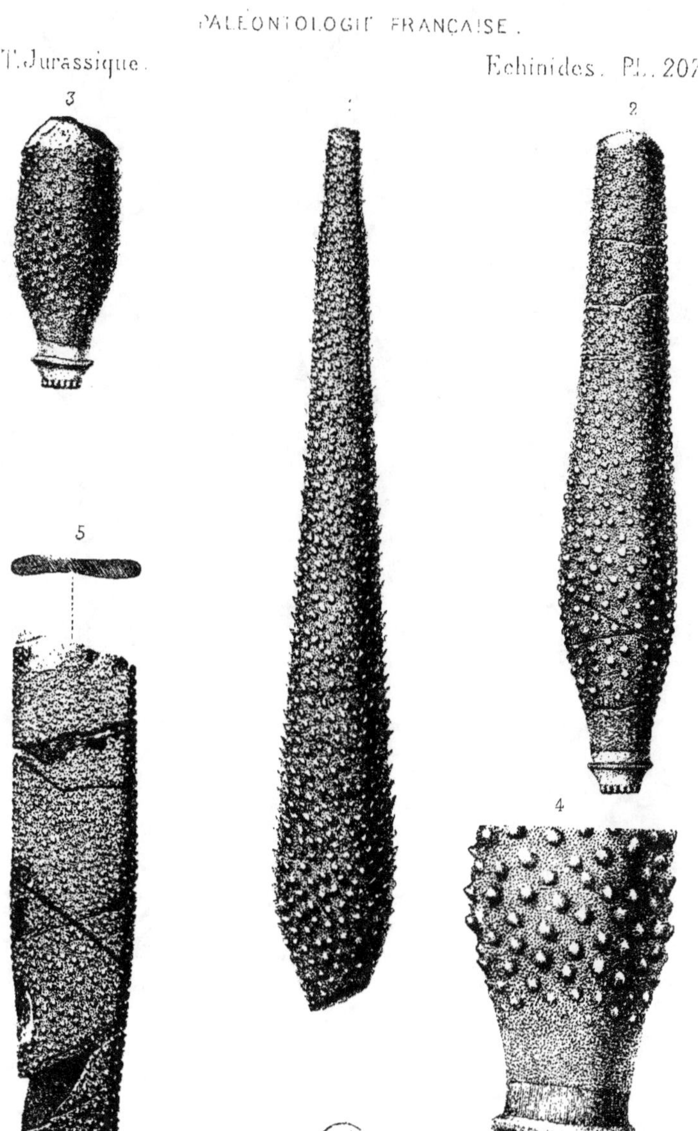

Humbert del. et lith.   G. Masson Éditeur.   Imp. Becquet Paris.

Rhabdocidaris major, Cotteau. Toarcien.

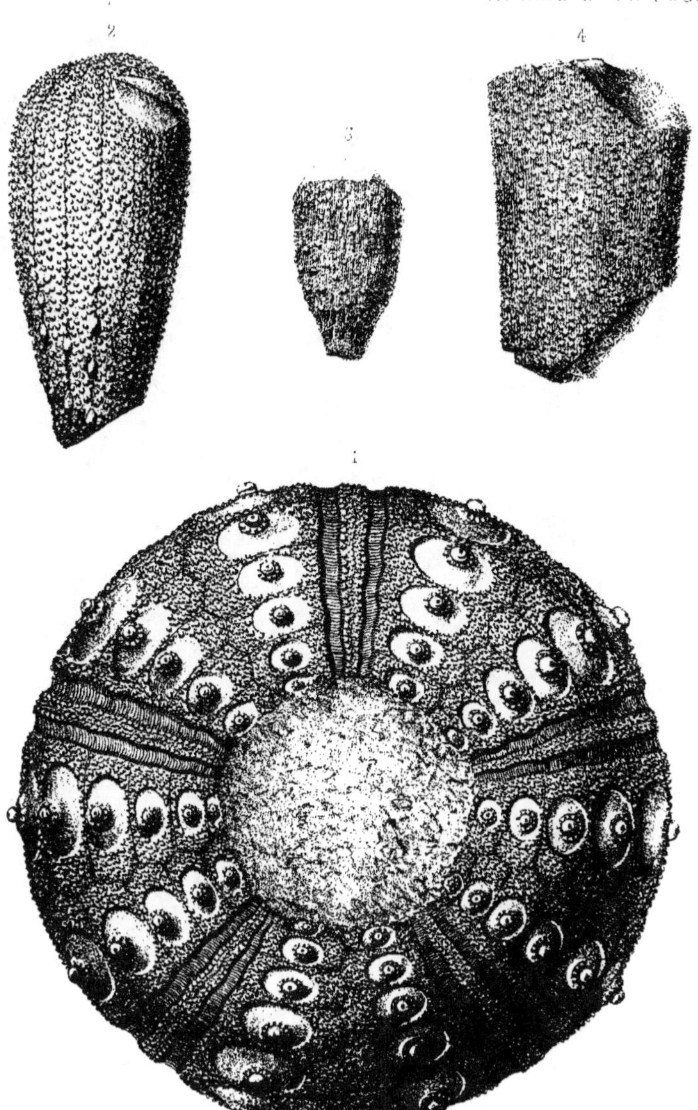

1. *Rhabdocidaris major*, Cotteau. Toarcien.
2..4. *R.* ———— *crassissima*, Cotteau. Bajocien.

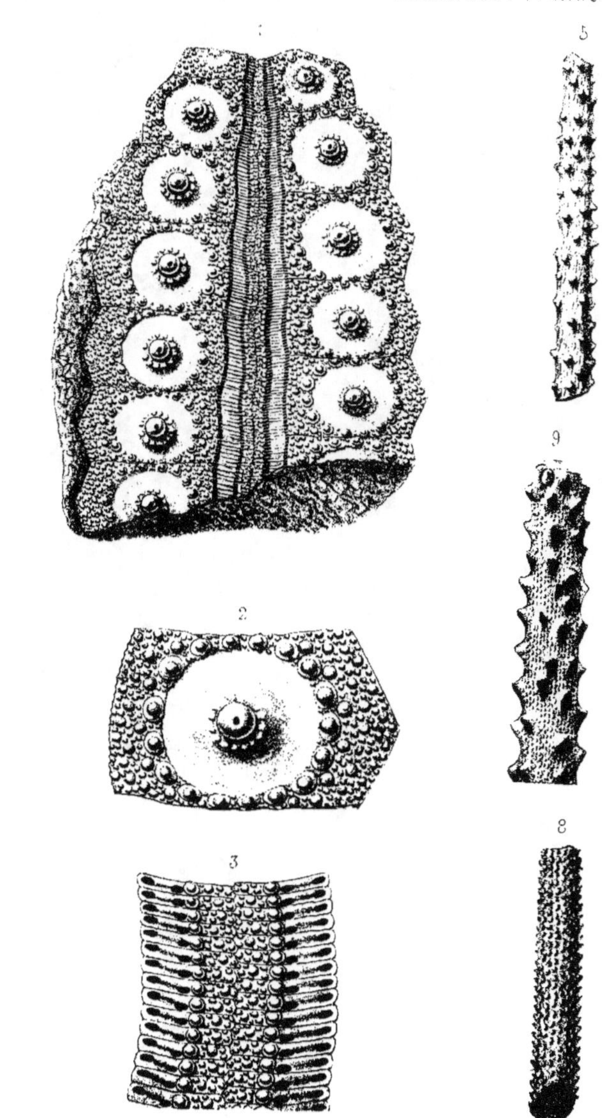

Humbert del. et lith.   G. Masson, Éditeur.   Imp. Becquet, Paris.

Rhabdocidaris horrida, de Loriol. Bajocien.

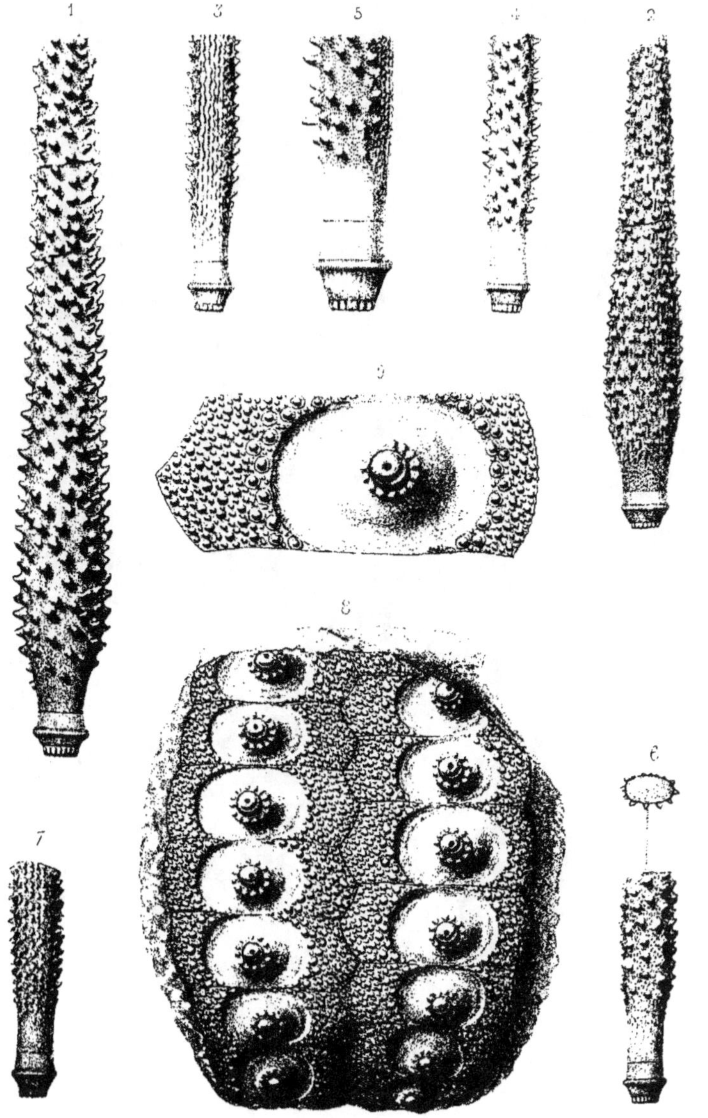

Humbert del. et lith.   G. Masson, Editeur.   Imp. Becquet, Paris.

1–7. *Rhabdocidaris horrida*, de Loriol, Bajocien.
8–9. R. —————— *Rhodani*, Cotteau.

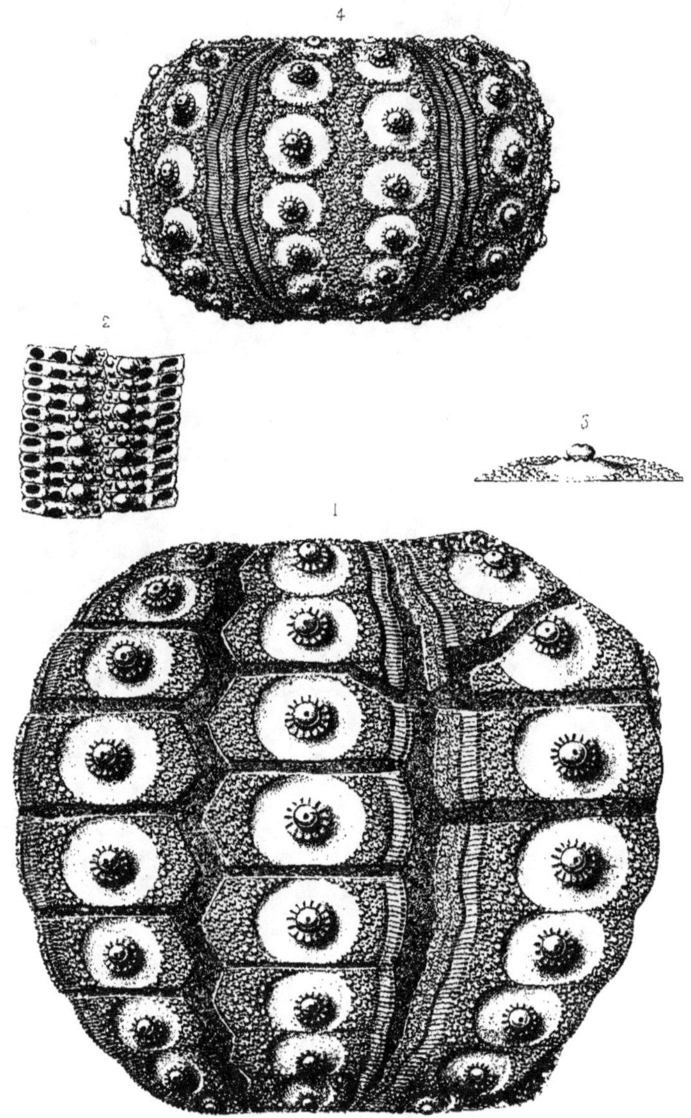

Humbert del. et lith.   G.Masson, Editeur.   Imp Becquet Paris.

1_3. *Rhabdocidaris Gauthieri*, Cotteau. Bajocien.
   4. *R.* ________ *Varusensis*, ____ ____ ____

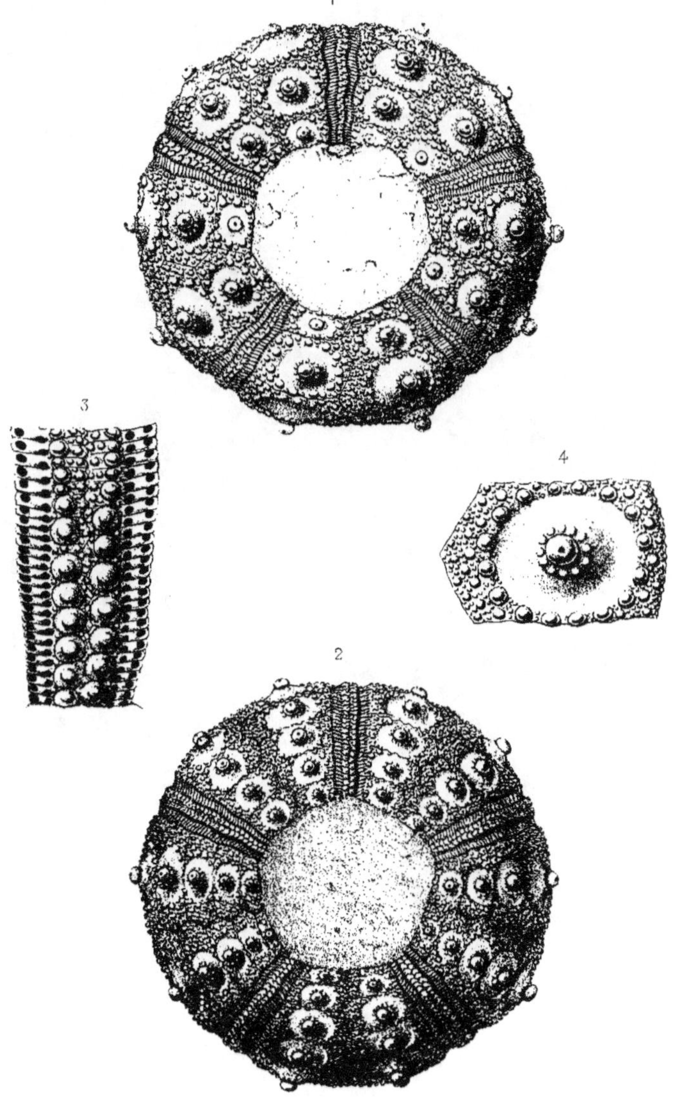

Rhabdocidaris Varusensis, *Cotteau. Bajocien*.

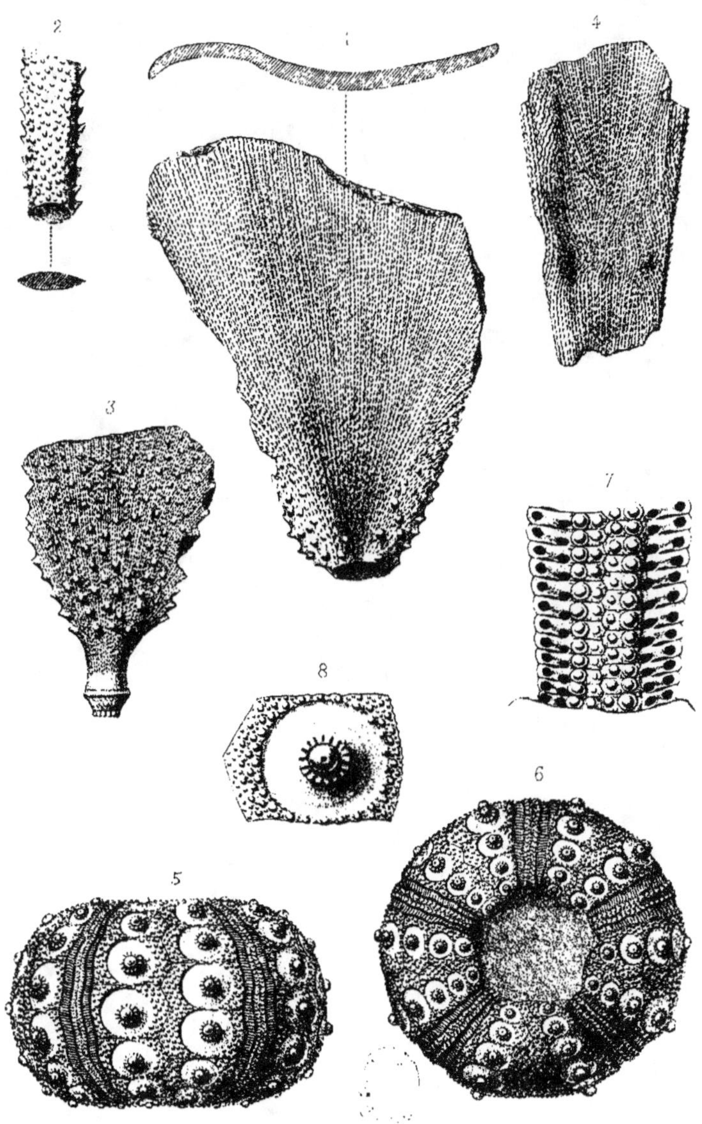

Humbert del. et lith.   G. Masson Éditeur   Imp Becquet, Paris

Rhabdocidaris copeoides, Desor. Bajocien et bathonien.

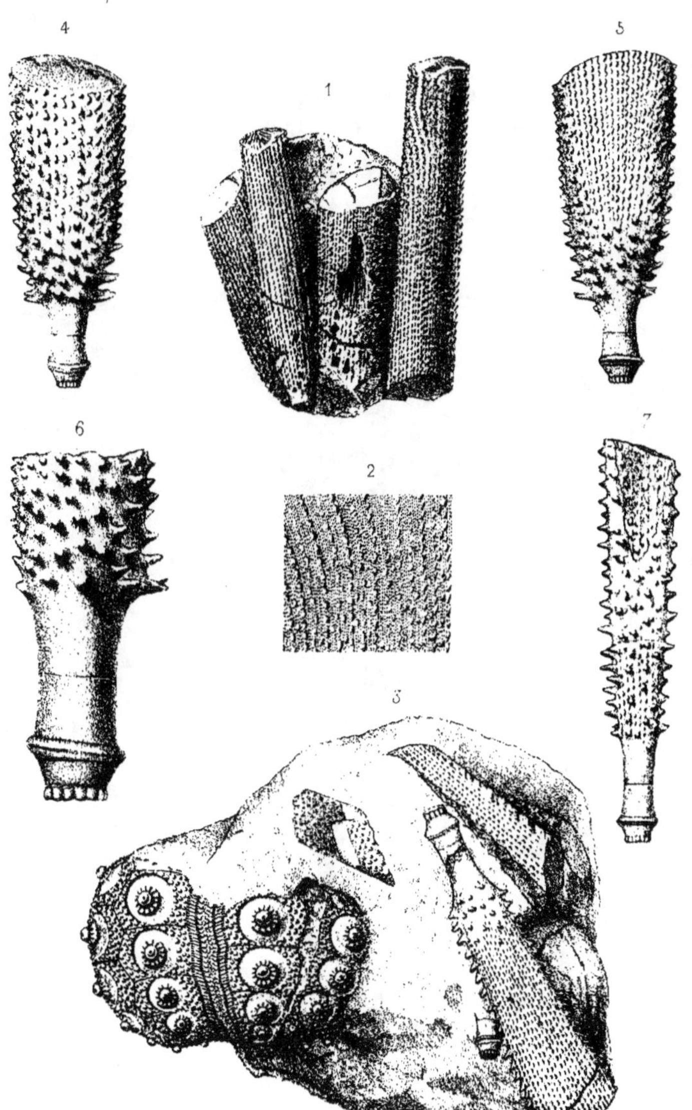

Rhabdocidaris copeoides, Desor. Bathonien et Callovien.

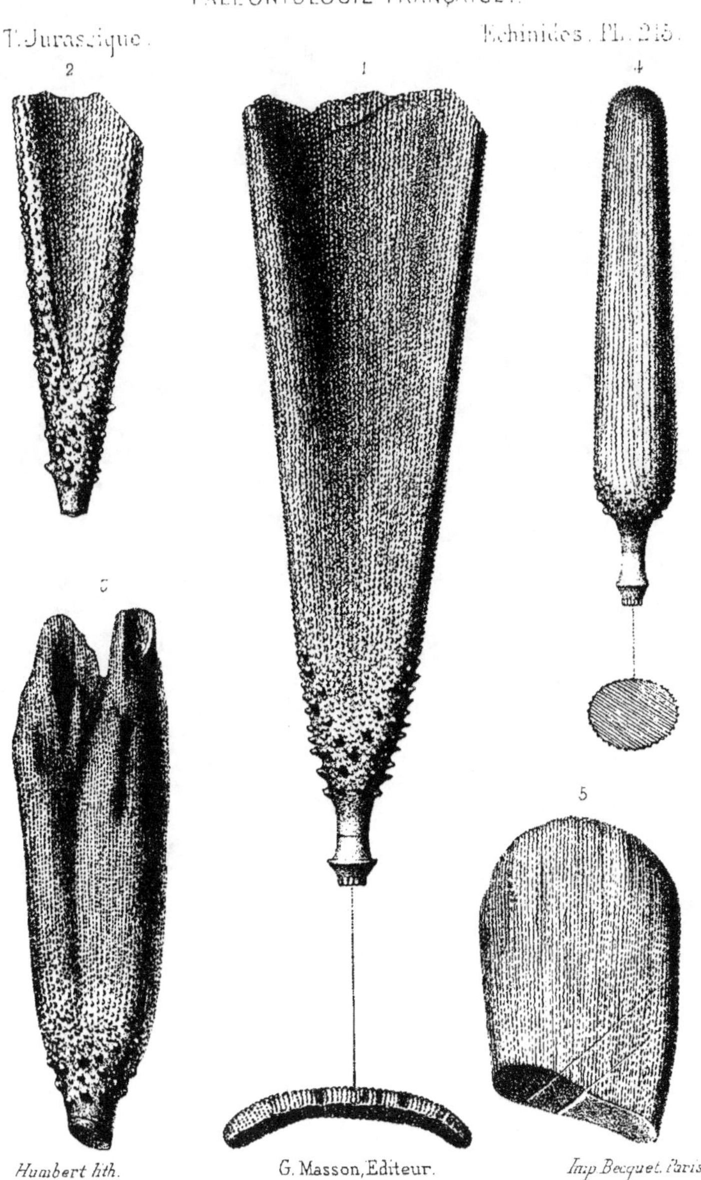

Humbert lith.   G. Masson, Editeur.   Imp. Becquet. Paris.

Rhabdocidaris copeoides, Desor. Callovien.

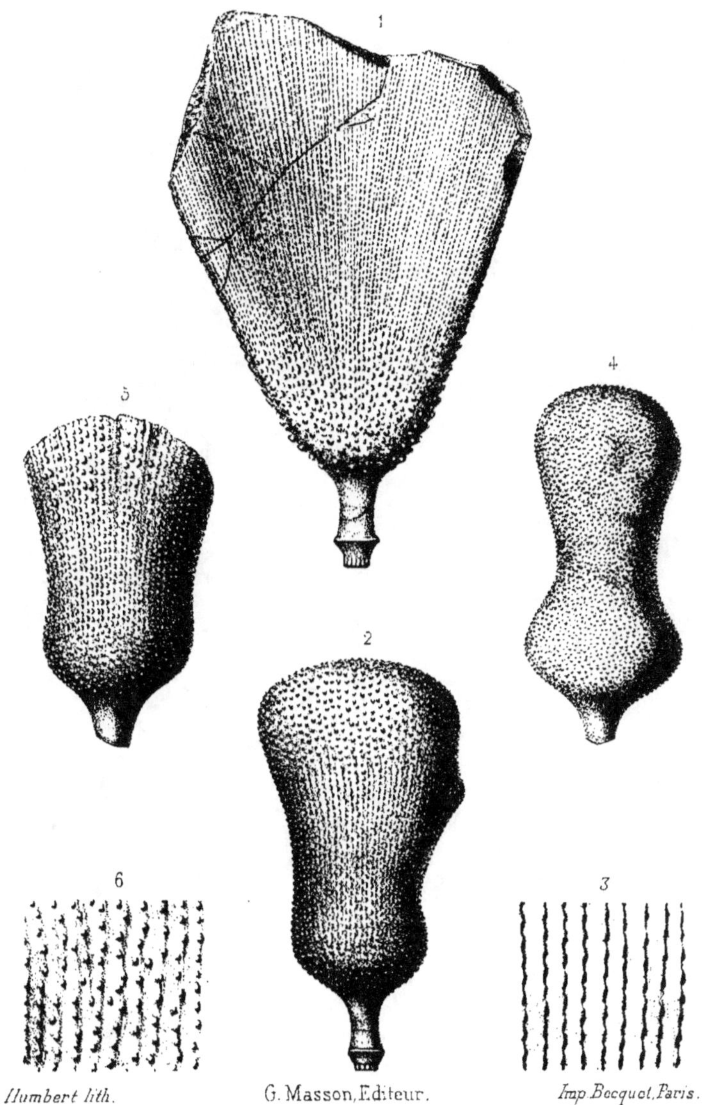

Humbert lith.   G. Masson, Editeur.   Imp. Becquet, Paris.

1. *Rhabdocidaris copeoides*, Desor. Callovien.

2_6. R. ———— *Thurmanni*, ———— ————

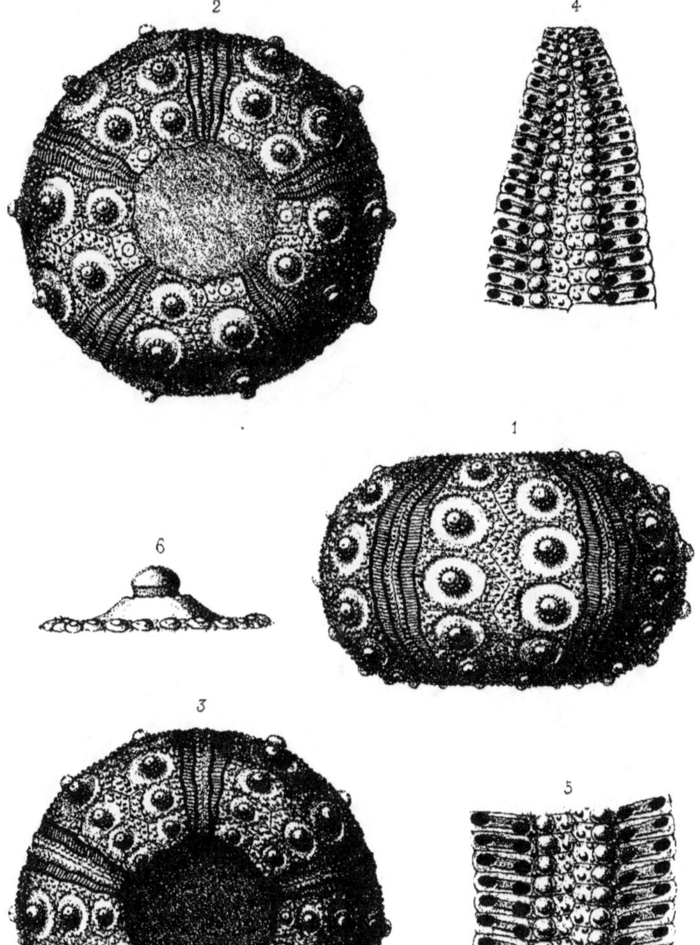

Rhabdocidaris guttata, Cotteau. Callovien.

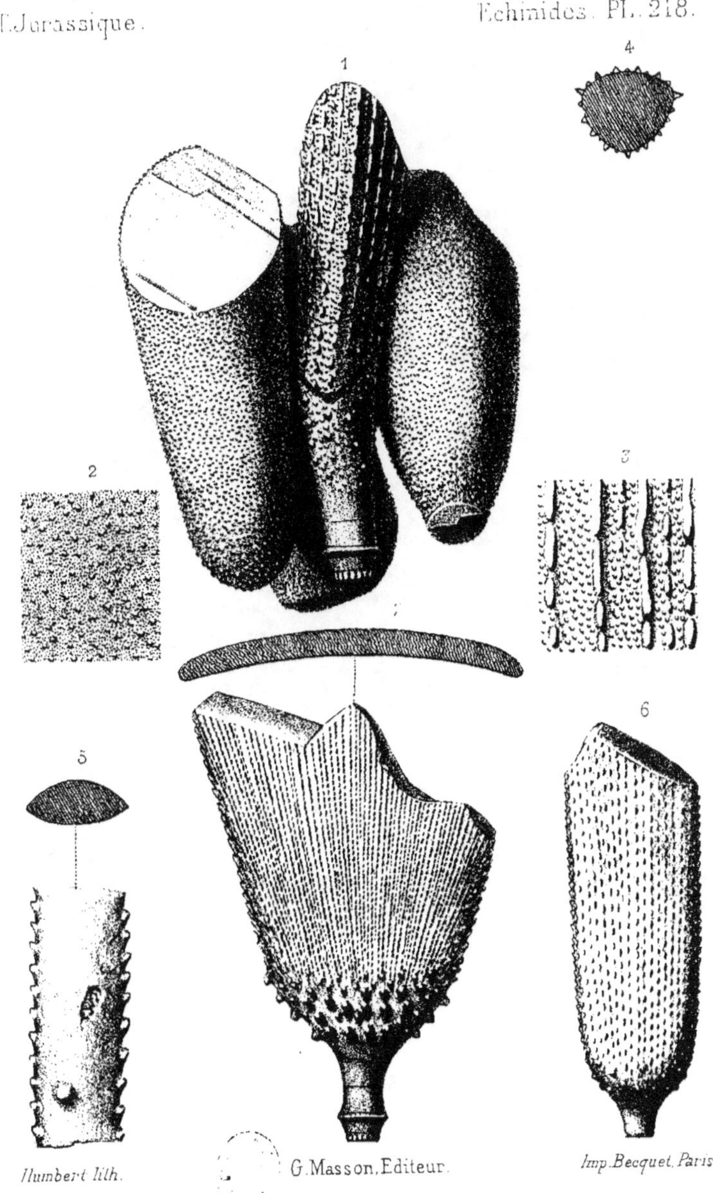

Humbert lith.   G. Masson, Editeur.   Imp. Becquet, Paris.

1—4. *Rhabdocidaris sarthacensis*, Cotteau. Oxfordien.
5—7. R. —————— *caprimontana*, Desor. —————

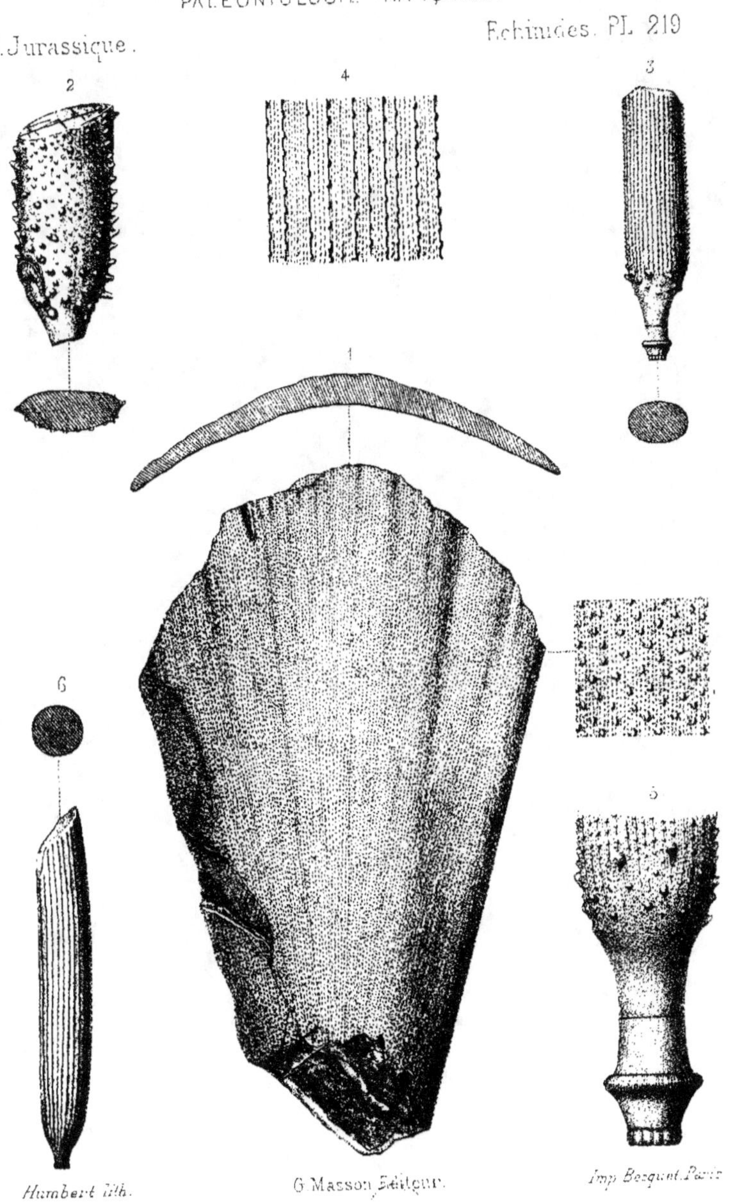

Humbert lith.　　　　G. Masson Éditeur.　　　　Imp. Becquet. Paris.

Rhabdocidaris caprimontana, Desor. Oxfordien.

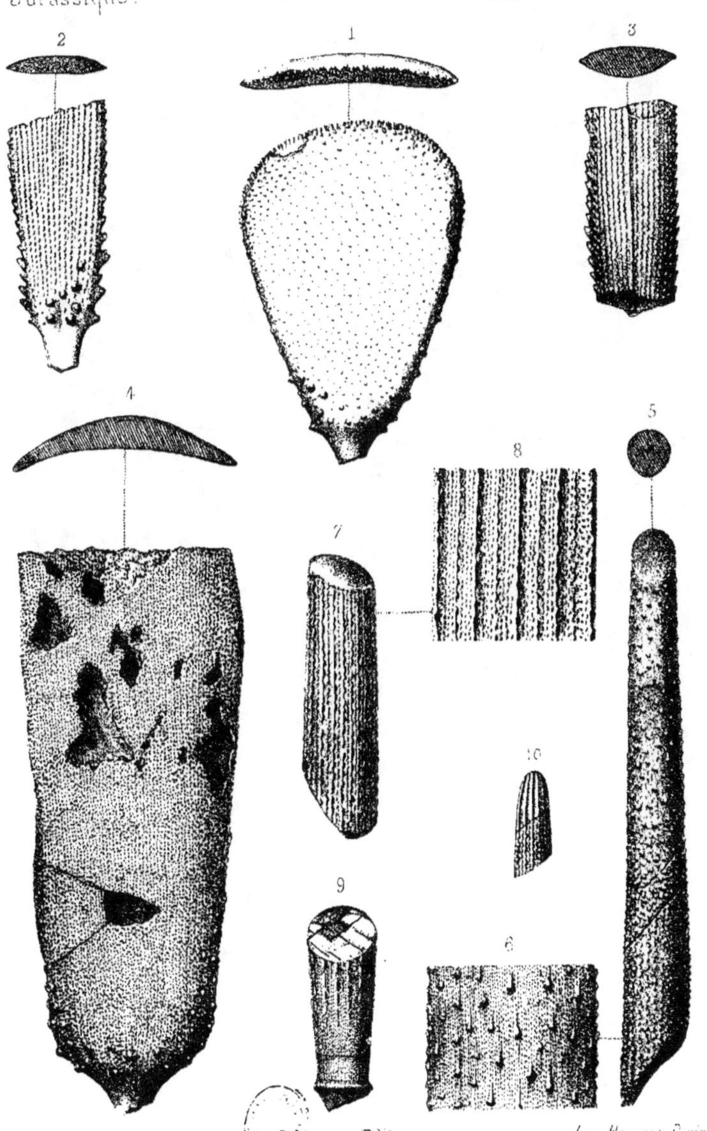

1..4. *Rhabdocidaris caprimontana*, Desor. Oxfordien.
5..6. R. ___________ *Janitoris*, Gauthier ___ ___
7..10. R. ___ ___ *Censoriensis*, Cotteau. Corallien.

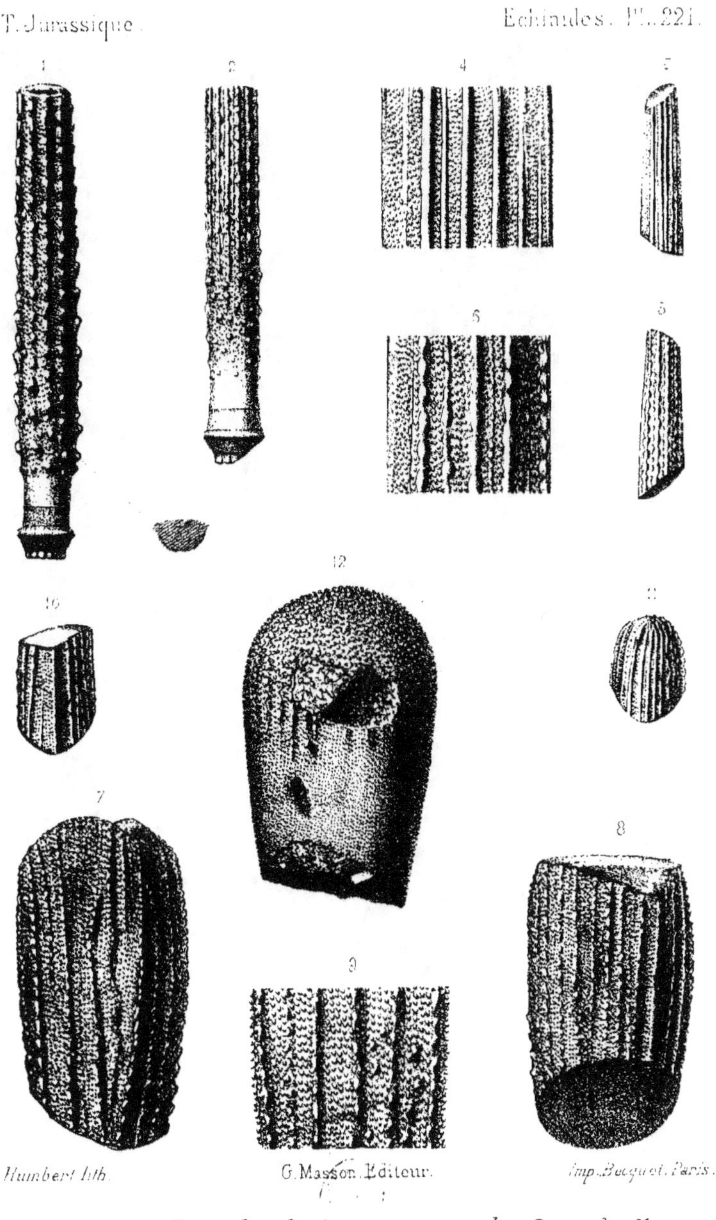

Humbert lith.   G. Masson, Éditeur.   Imp. Becquet, Paris.

1 _ 6. *Rhabdocidaris trigonacantha*, Desor. Corallien.
7 _ 12. R. ___________ *megalacantha*, ___________

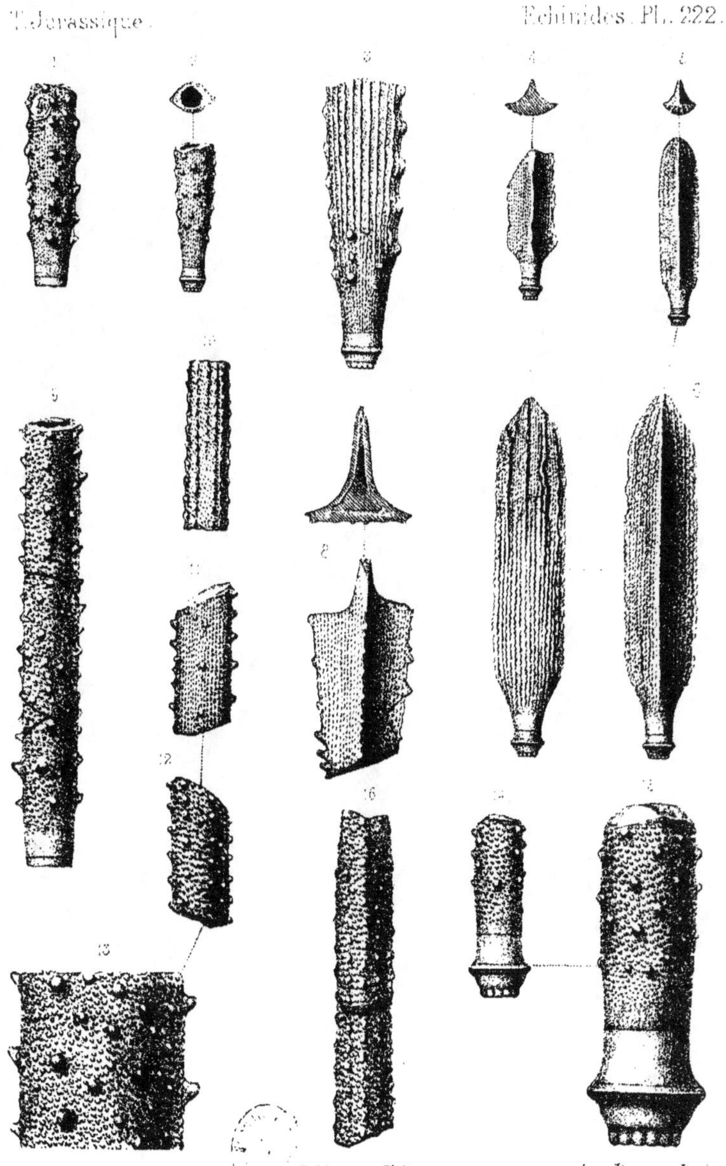

1_3. *Rhabdocidaris Ritteri*. Deser. Corallien.

4_8. R.————————— *triptera*.————————

9_10. R.————————— *virgata*. Gauthier. Corallien.

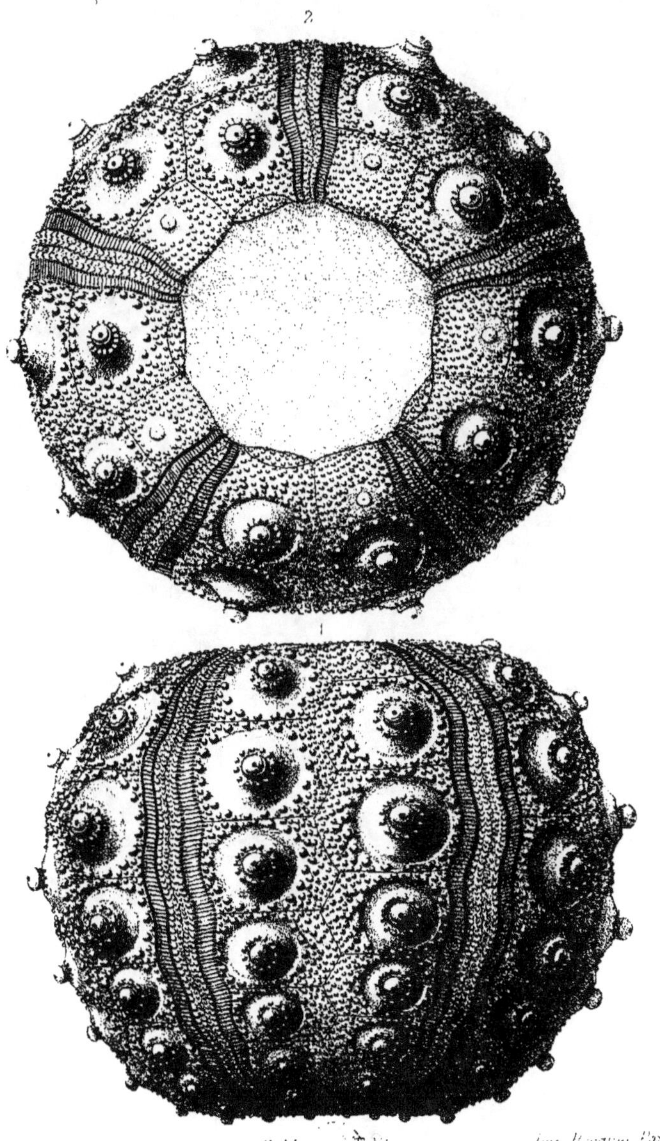

Humbert lith. G. Masson Éditeur. Imp. Becquet Paris.

Rhabdocidaris Orbignyana Desor Corallien inf

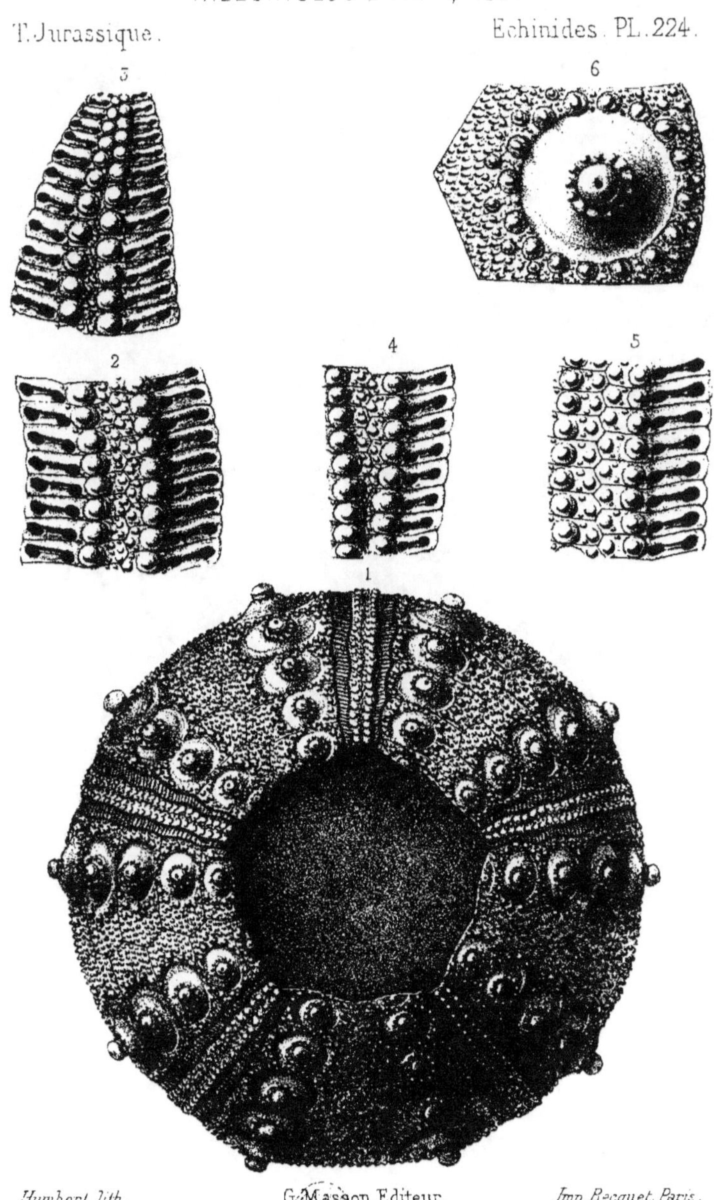

Humbert lith.

G. Masson Editeur.

Imp. Becquet, Paris.

Rhabdocidaris Orbignyana, Desor. Corallien.

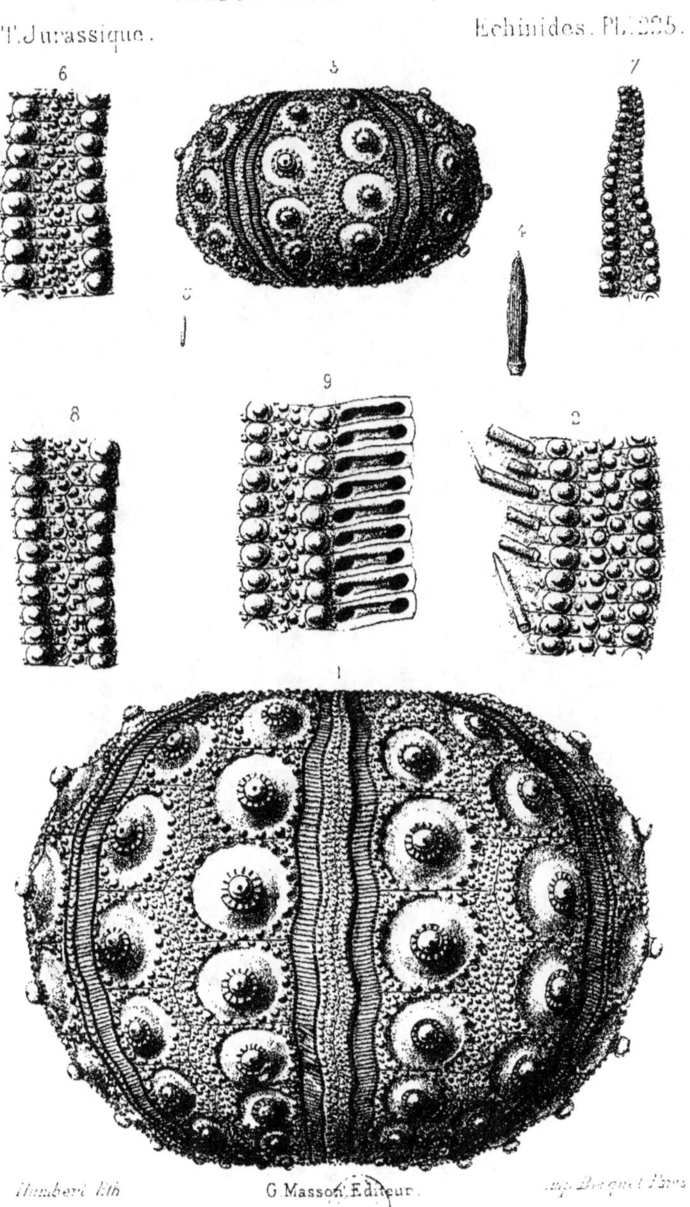

Humbert lith.   G. Masson Editeur.   imp. Becquet Paris.

Rhabdocidaris Orbignyana, Desor. Kimméridgien.

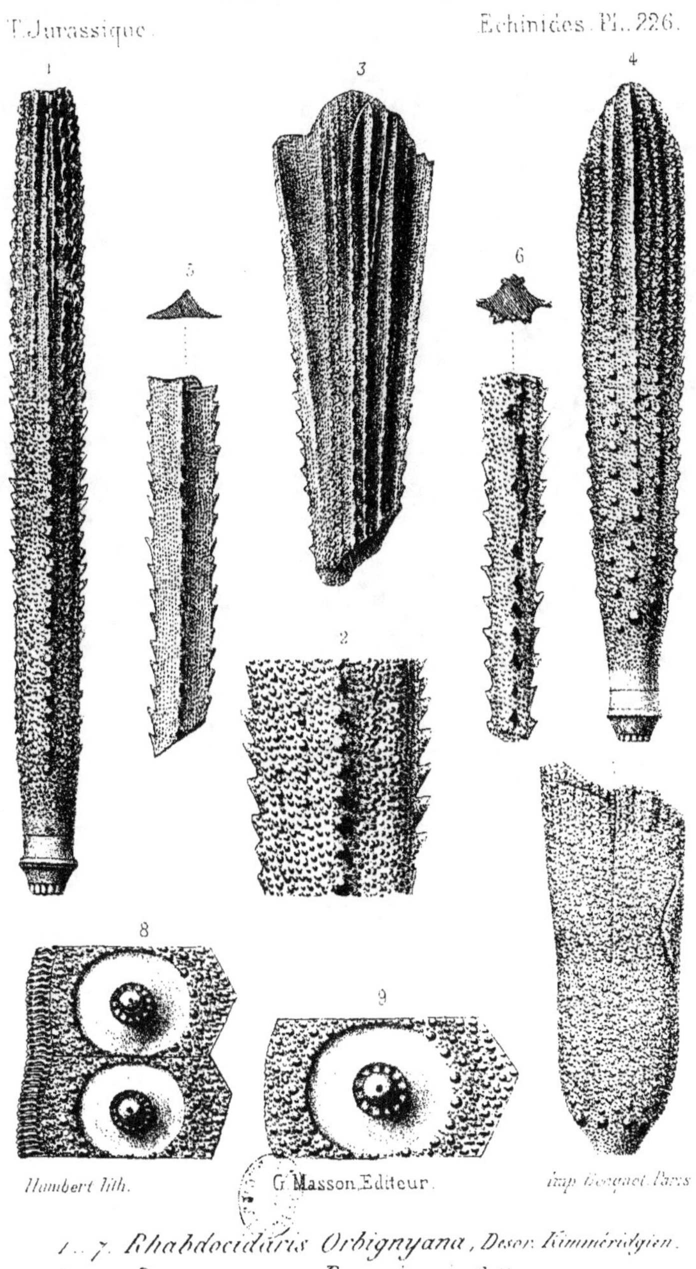

Humbert lith.   G. Masson Éditeur.   Imp. Becquet. Paris.

1–7. *Rhabdocidaris Orbignyana*, Desor. Kimméridgien.
8–9. R. ————————— *Bononiensis*, Cotteau.

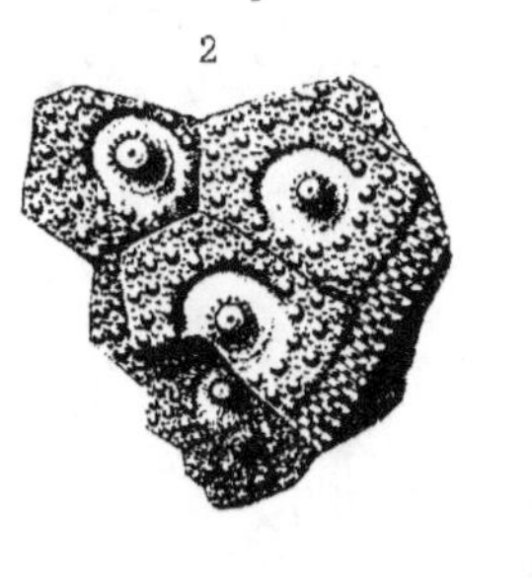

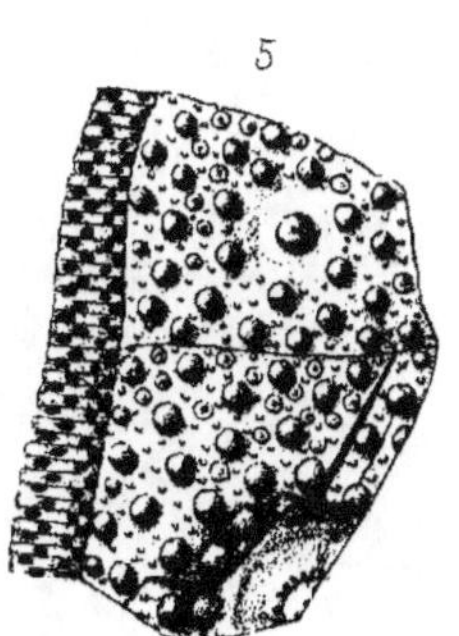

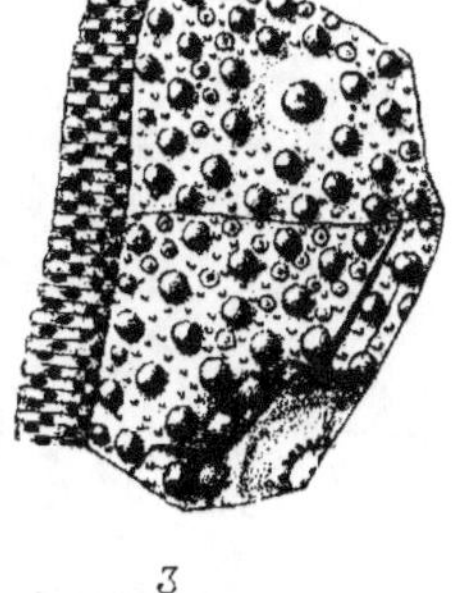

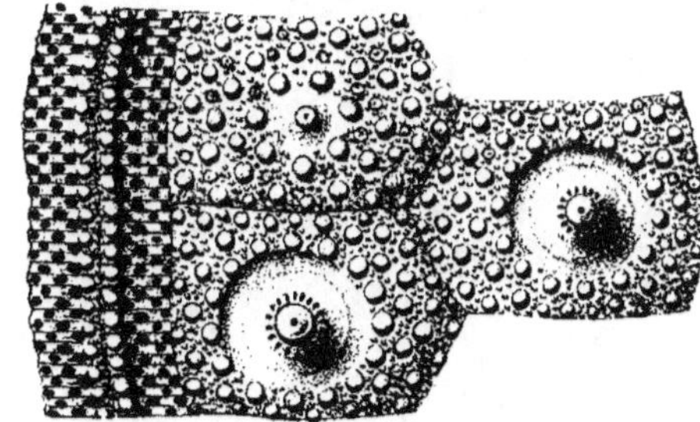

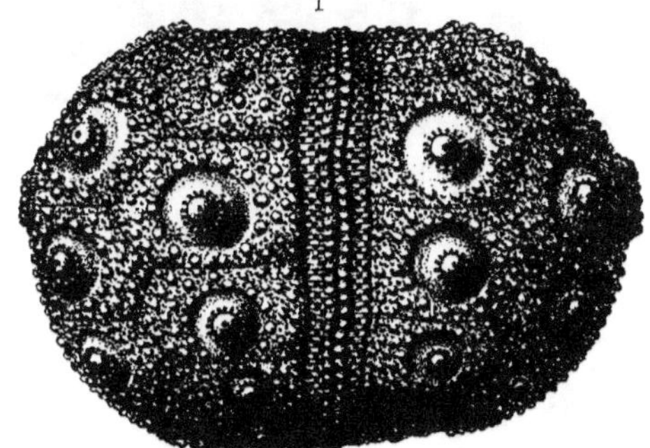

Diplocidaris Dumortieri, Cotteau. Bathonien.

2

4

5

1

3

6

Humbert del. et lith.   G. Masson. Editeur.   *Imp. Becquet, Paris.*

Diplocidaris Gauthieri, Cotteau. Oxfordien.

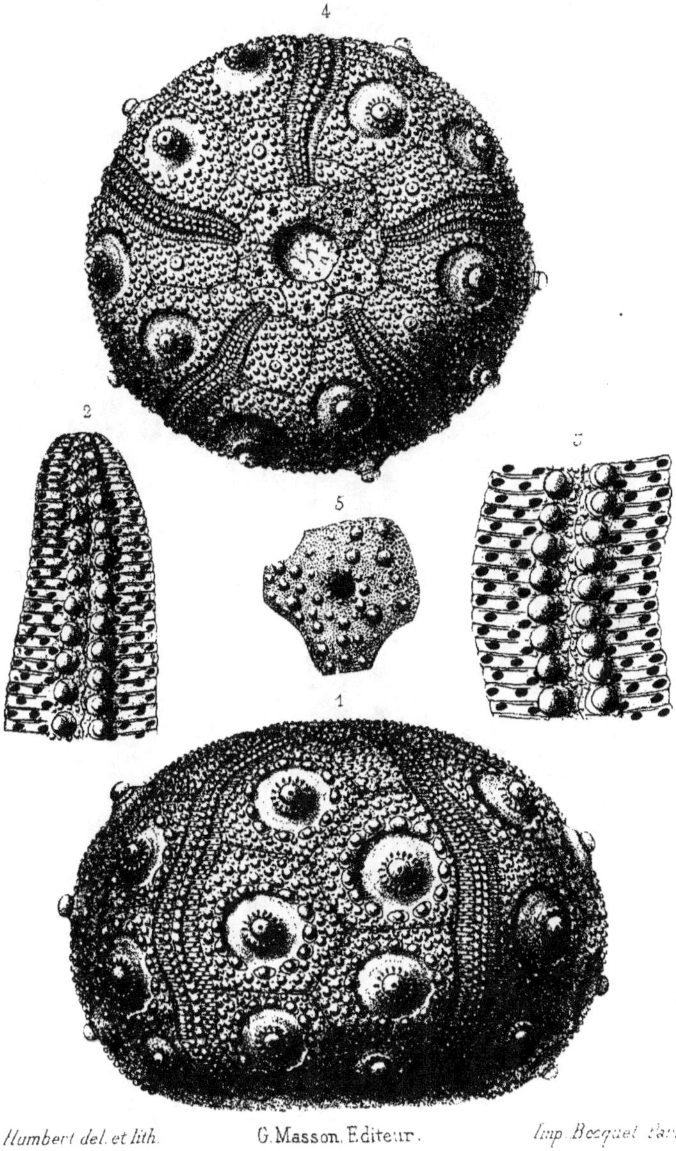

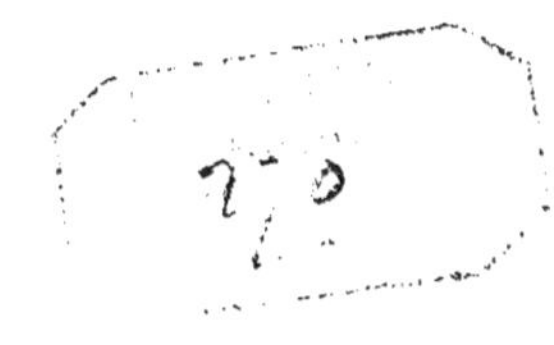

Humbert del. et lith.   G. Masson. Editeur.   Imp. Becquet Paris.

Diplocidaris gigantea, Deser. Corallien.

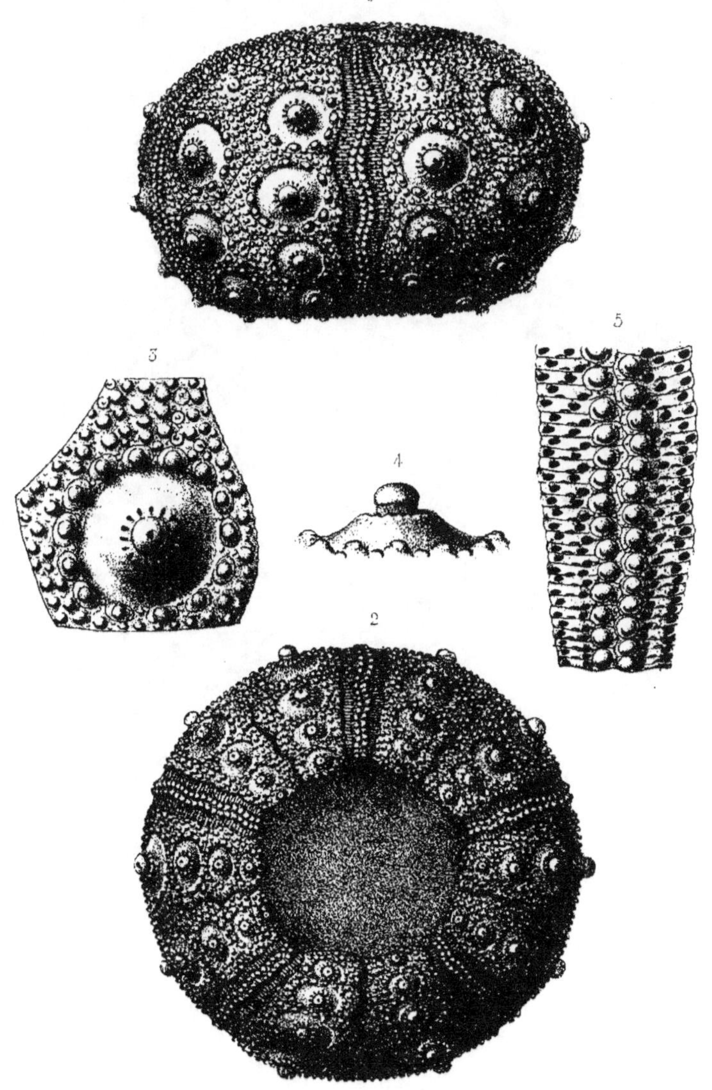

Humbert del. et lith.   G. Masson, Editeur.   Imp. Becquet, Paris.

Diplocidaris gigantea, Desor. Corallien.

1

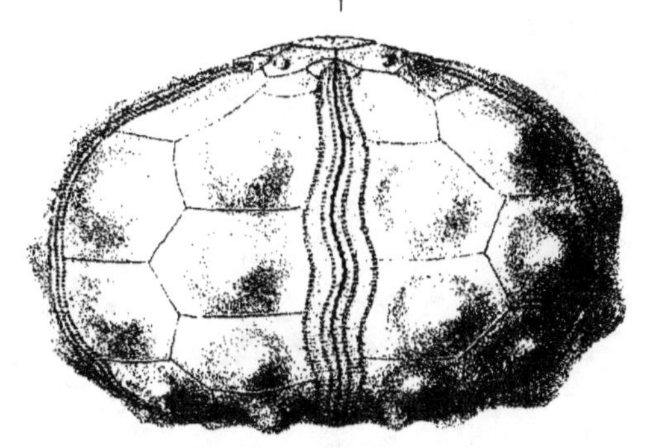

2

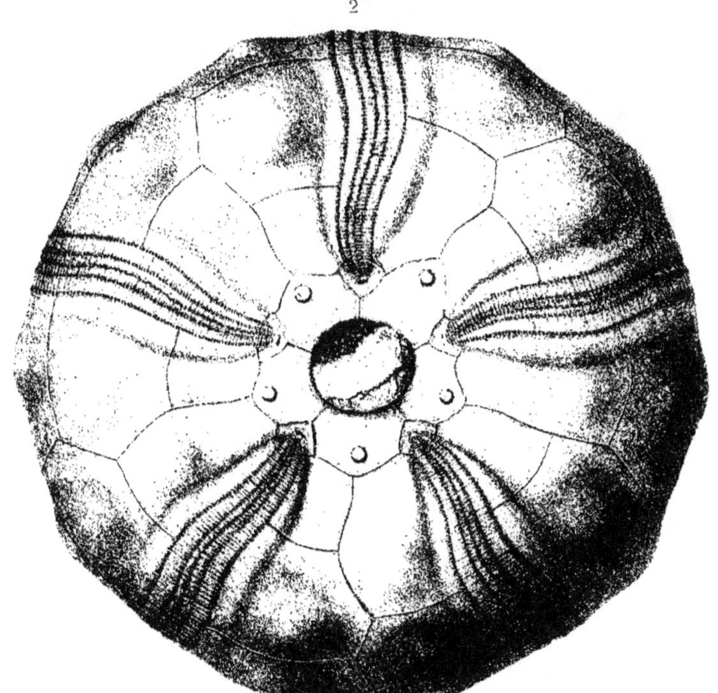

Diplocidaris gigantea, Desor. Corallien.

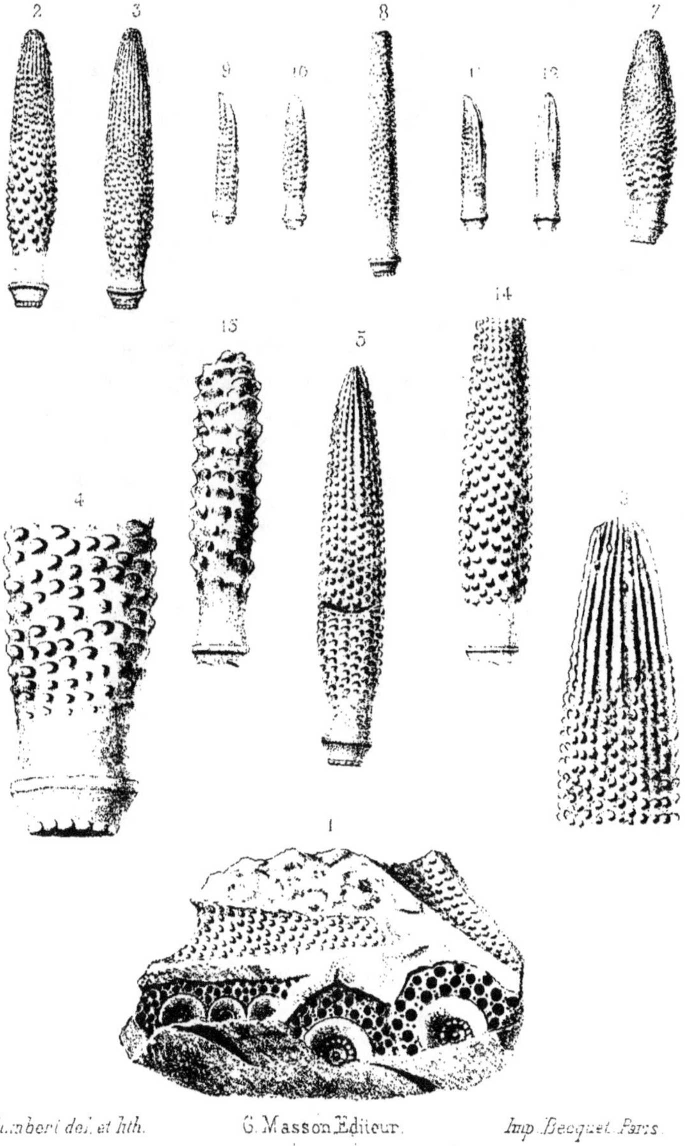

T. Jurassique.

Echinides. Pl. 232.

Humbert del. et lith.

G. Masson Editeur.

Imp. Becquet. Paris.

Diplocidaris gigantea, Desor. Corallien.

1

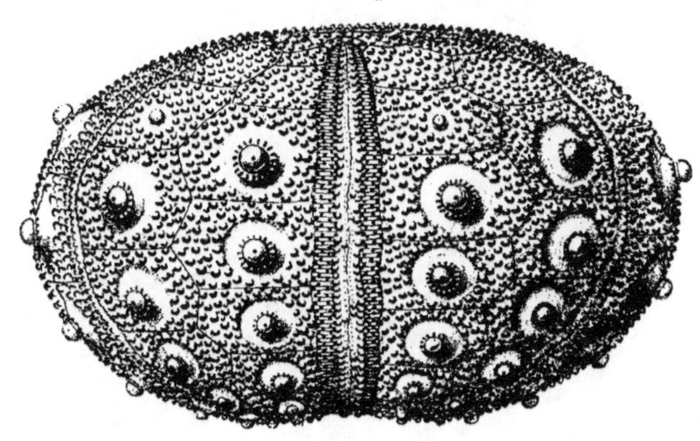

2

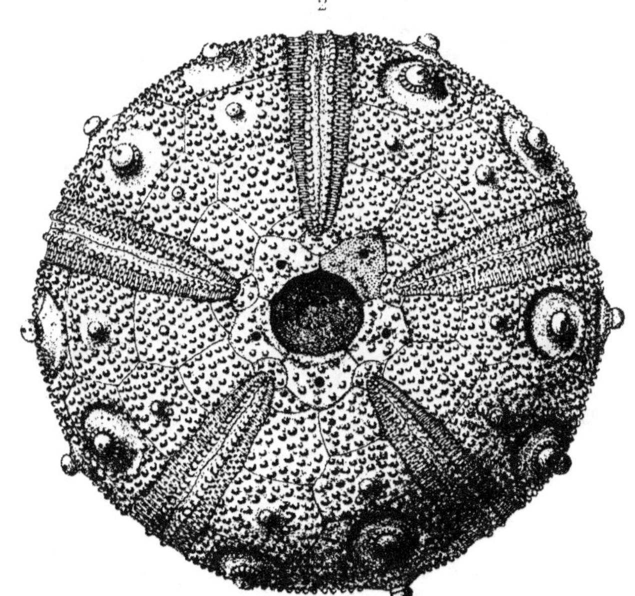

Diplocidaris Etalloni, de Loriol. Corallien.

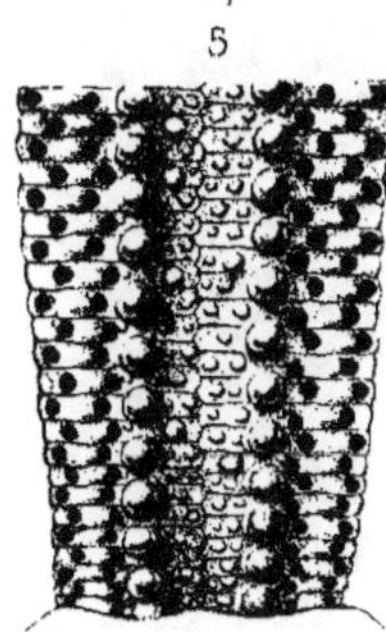

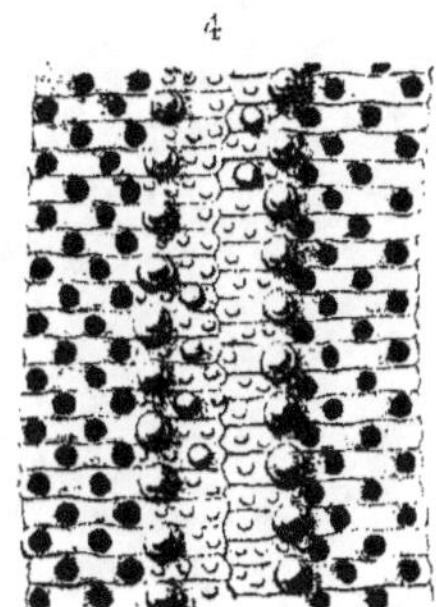

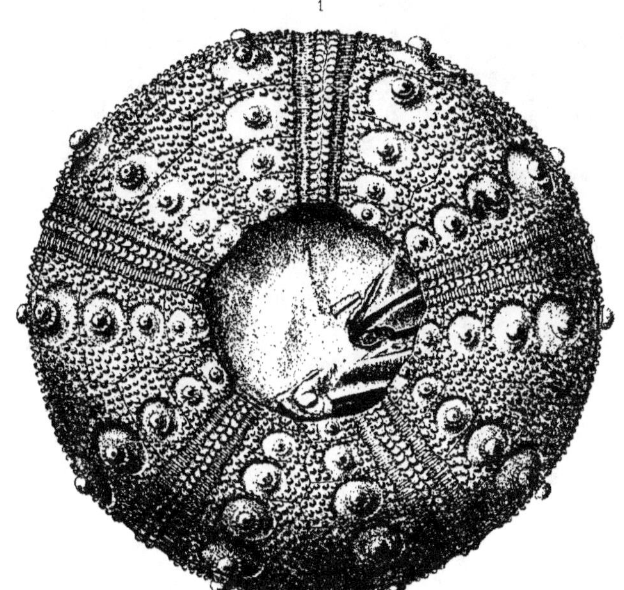

Humbert del. et lith.   G. Masson, Éditeur.   Imp. Becquet, Paris.

Diplocidaris Etalloni, de Loriol. Corallien.

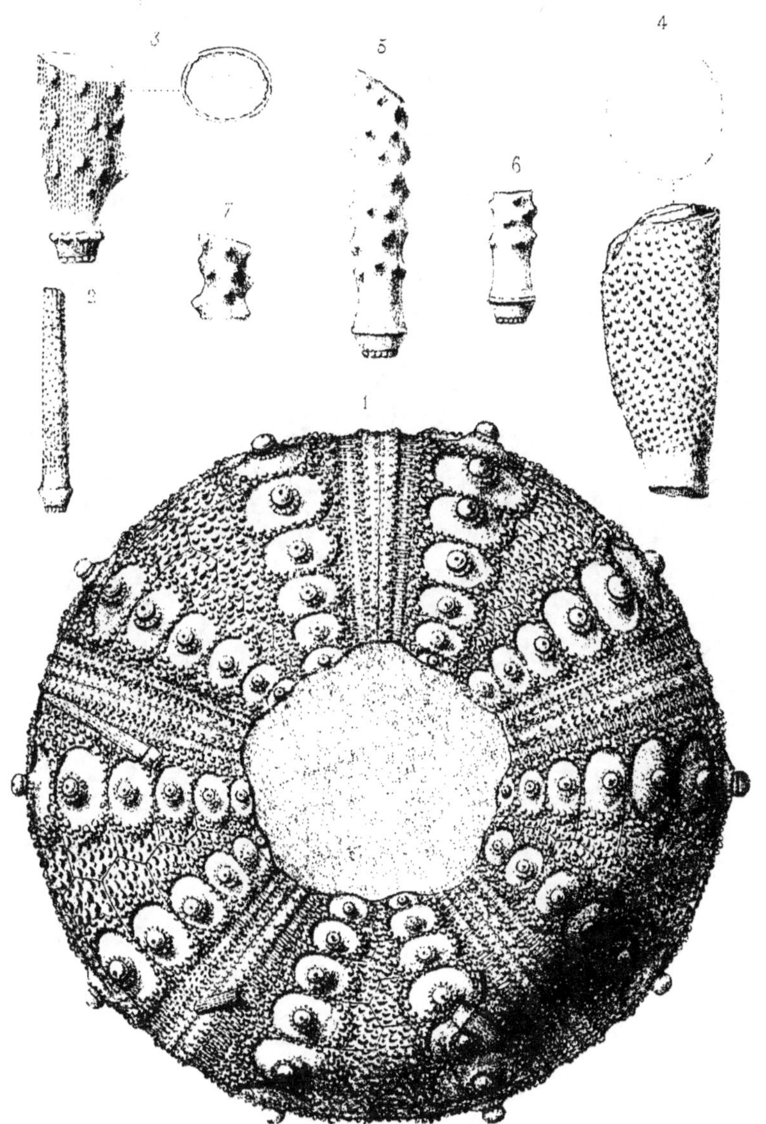

Humbert del. et lith.   G. Masson, Editeur.   Imp. Becquet, Paris.

1, 2. *Diplocidaris Etalloni*, de Loriol. Corallien.
3. D. _________ cladifera, Desor. _________
4. D. _________ cinnamonea, _________
5-7. D. _________ verrucosa, Gauthier. _________

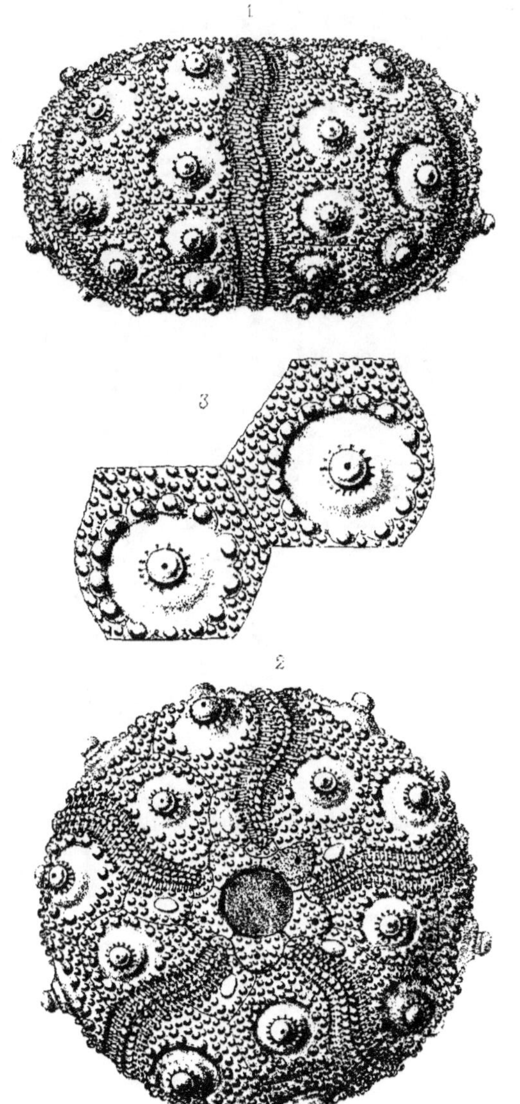

Humbert del. et lith.   G. Masson, Éditeur.   Imp. Becquet, Paris.

Diplocidaris miranda, Cotteau. Corallien sup.

Humbert del. et lith.

G. Masson, Editeur.

Imp. Becquet. Paris.

Diplocidaris mirifica, Cotteau. Corallien sup.

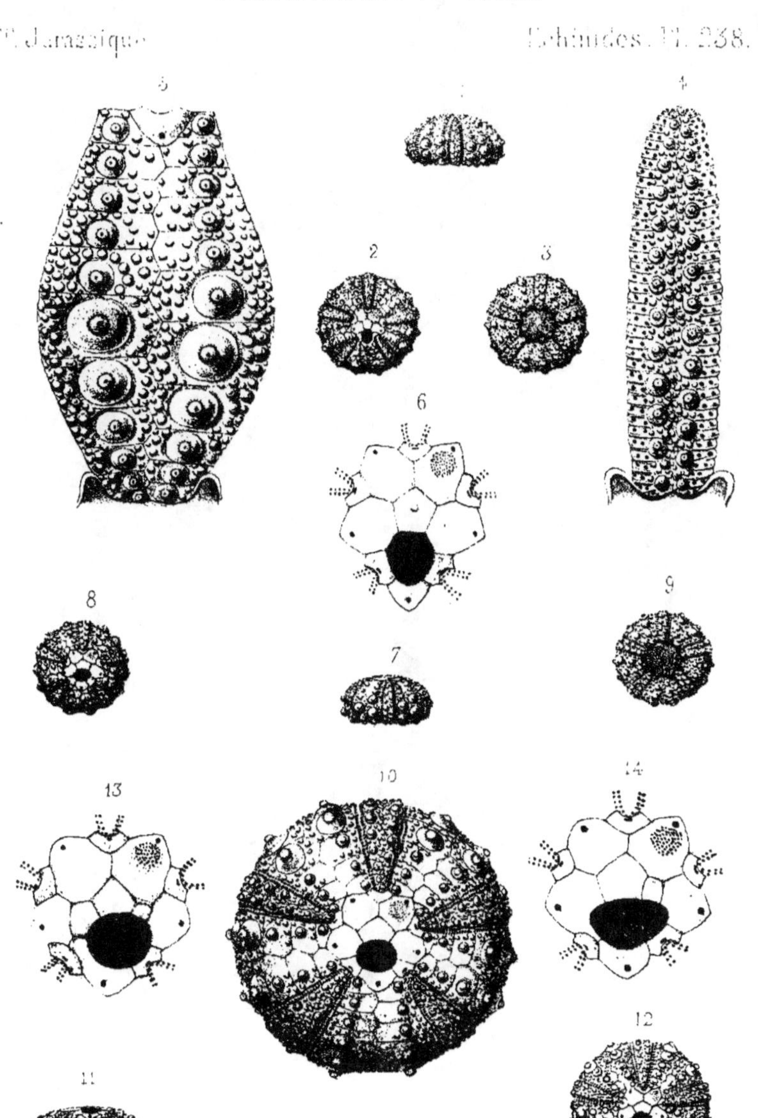

Acrosalenia spinosa, Agassiz. Bajocien.

1 _ 4. *Acrosalenia spinosa*, Agassiz. Bathonien.
5 _ 10. A. ___________ *Gauthieri*, Cotteau. Bajocien.

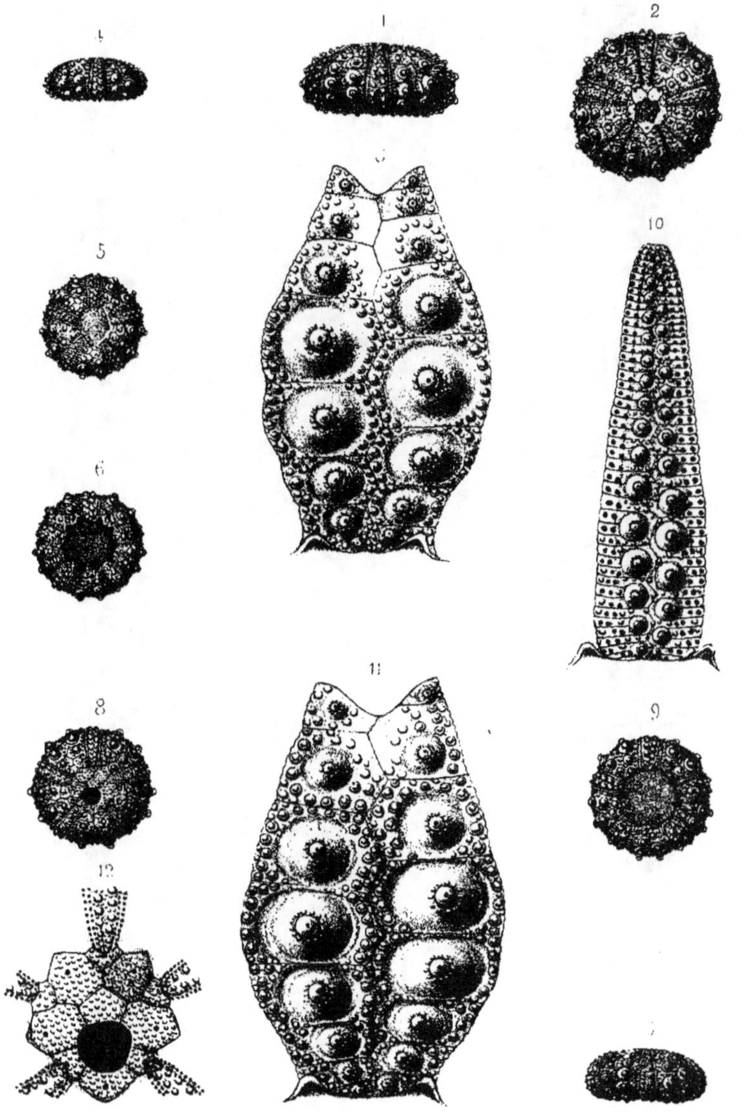

Humbert lith. G. Masson, Editeur Imp. Becquet Paris.

Acrosalenia Lycetti, Wright. Bathonien.

PALÉONTOLOGIE FRANÇAISE.

T. Jurassique

Echinides. Pl. 241.

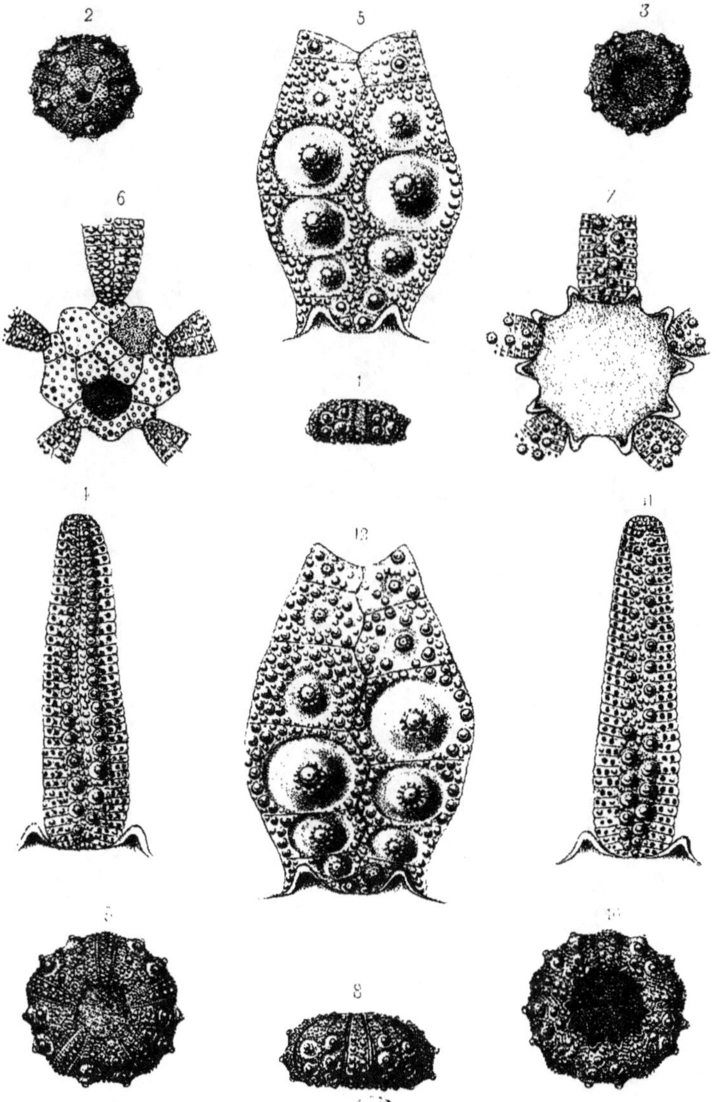

Humbert lith. G. Masson, Editeur. Imp. Becquet, Paris.

1 . 7. *Acrosalenia Loweana*, Wright. Bathonien

8 . 12. *A.* ——— *pentagona*, Cotteau. ———

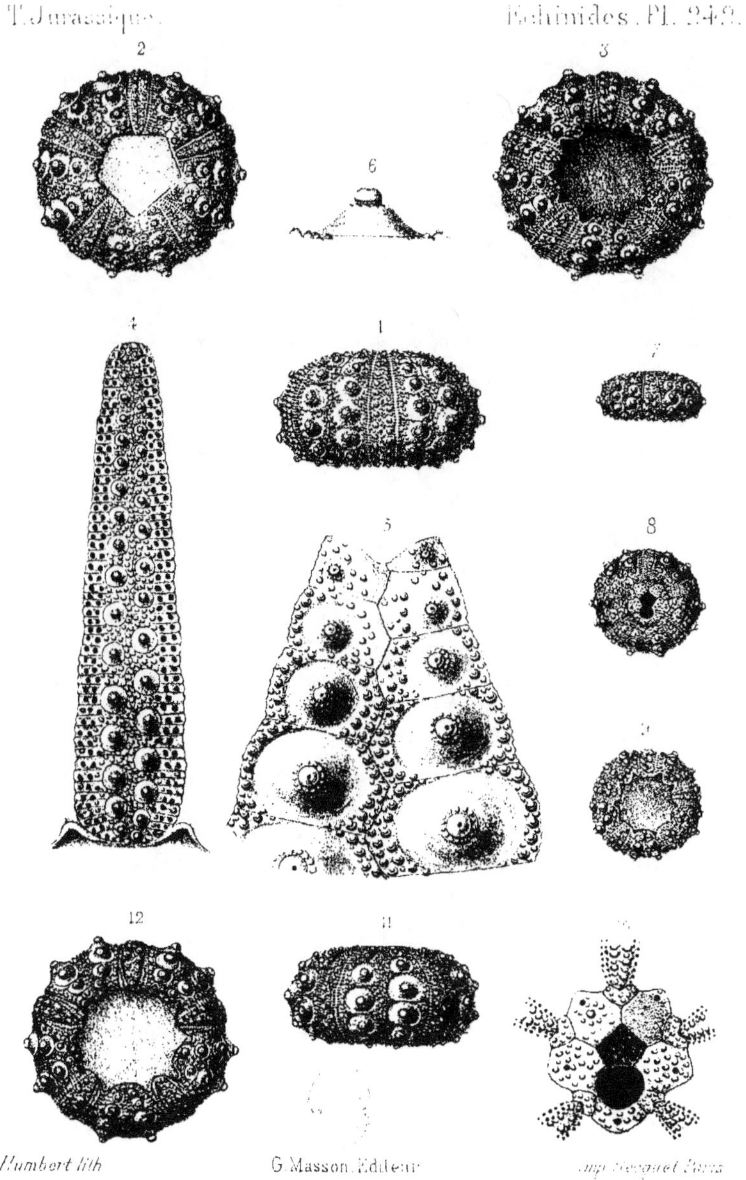

Humbert lith.   G. Masson, Éditeur.   Imp. Becquet, Paris.

Acrosalenia hemicidaroides, Wright. Bathonien.

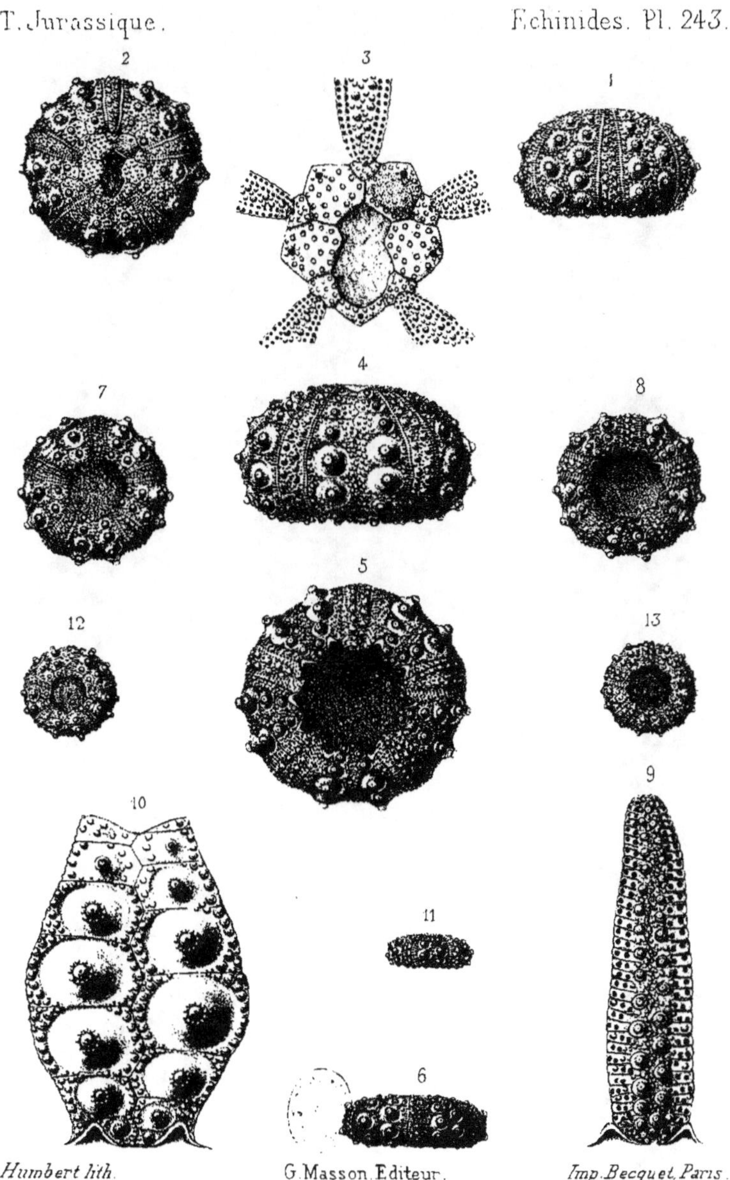

Humbert lith.

G. Masson. Editeur.

Imp. Becquet, Paris.

1_5. *Acrosalenia hemicidaroides*, Wright. Bathonien.

6_13. A._ ______ *Berthelini*, Cotteau. ______

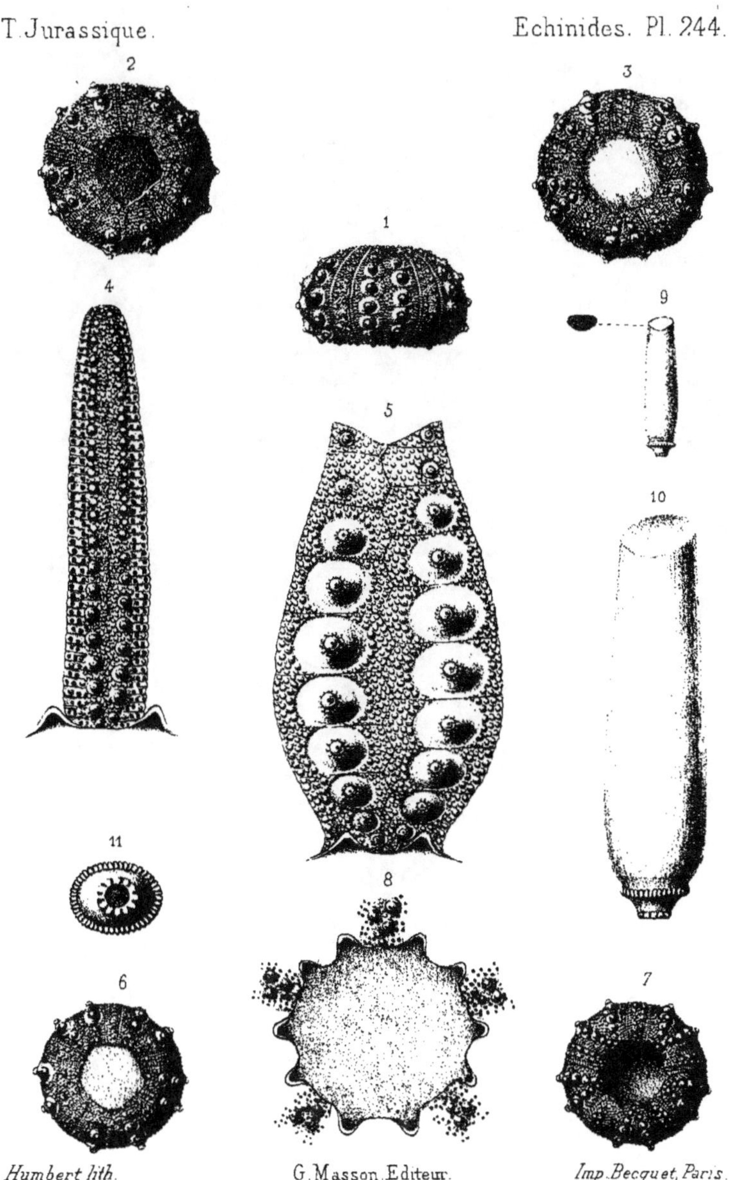

Humbert lith.　　　　G. Masson, Editeur.　　　Imp. Becquet, Paris.

Acrosalenia Lamarcki, Wright. Bathonien.

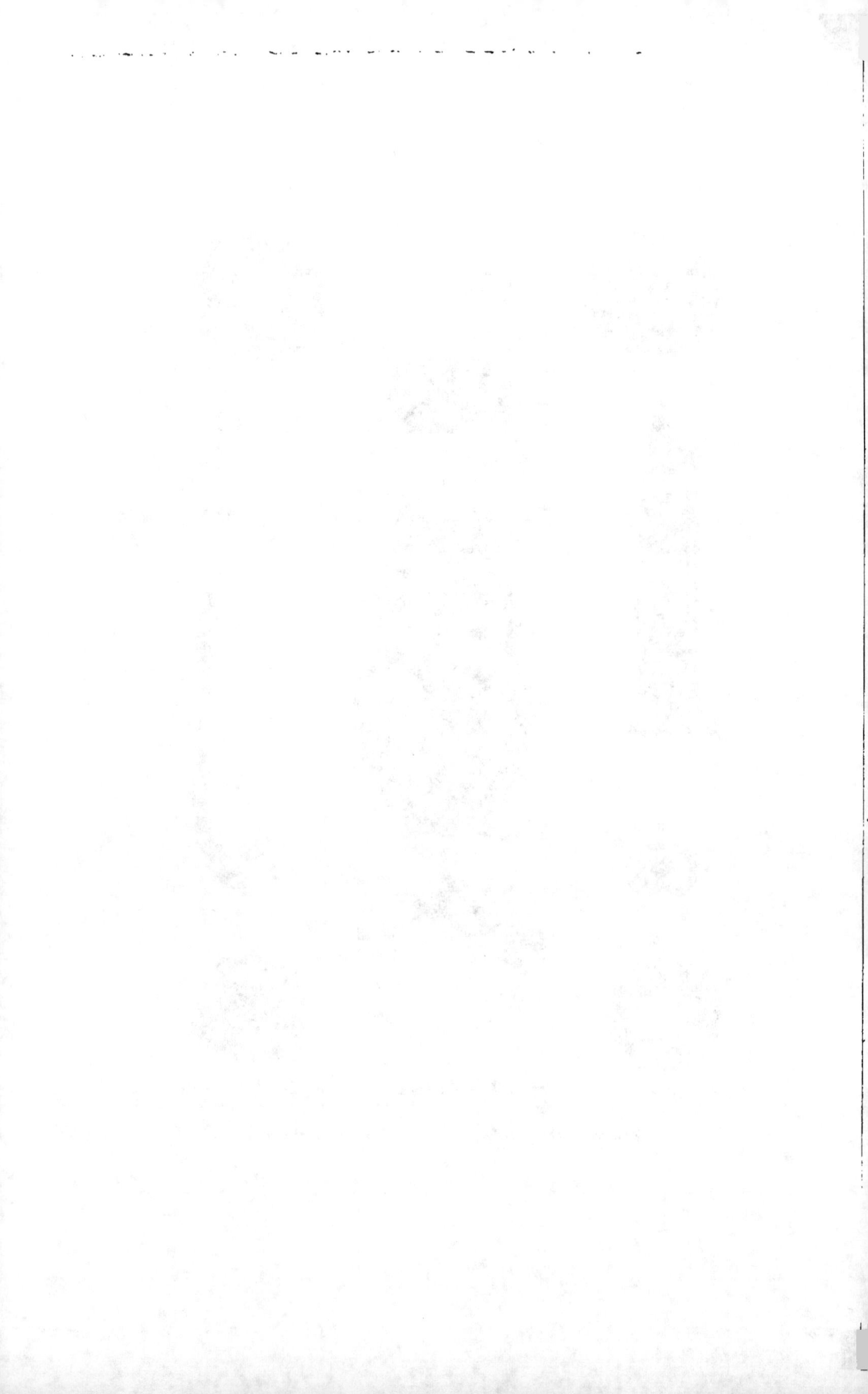

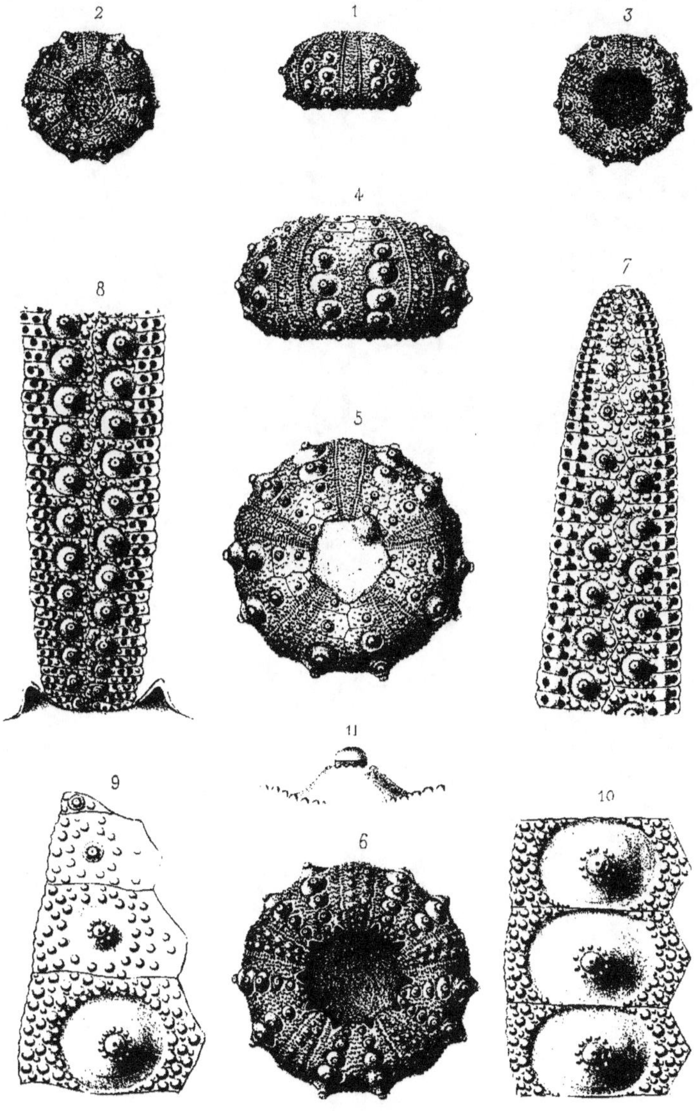

　　　　　　　　　

2

1

3

4

8

7

5

11

9

6

10

Humbert lith.　　　　　G. Masson. Editeur.　　　　　Imp. Becquet, Paris.

1 _ 3. *Acrosalenia Lamarcki*, Wright. Bathonien.

4 _ 11. A. _________ *Lapparenti*, Cotteau. _______

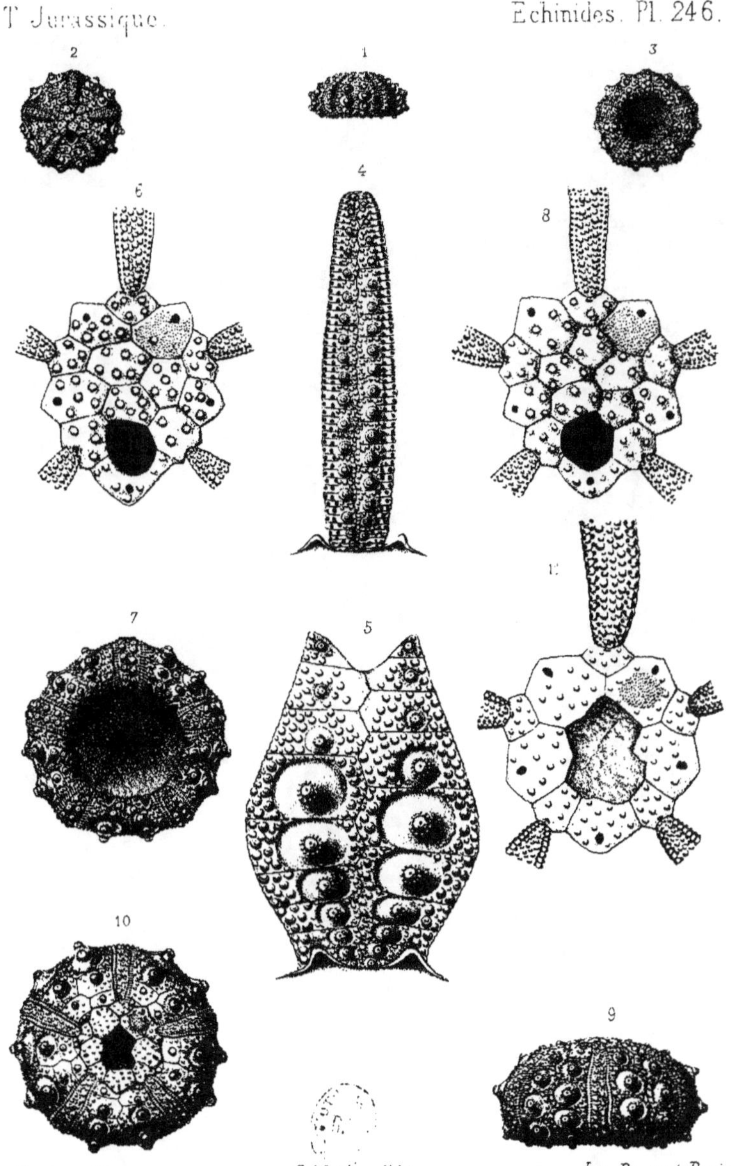

Humbert lith.

G. Masson, Editeur.

Imp. Becquet, Paris.

1 — 8. *Acrosalenia pseudodecorata*, Cotteau. Bathonien.

9 — 11. A. ————— *Marioni*, Cotteau. —————

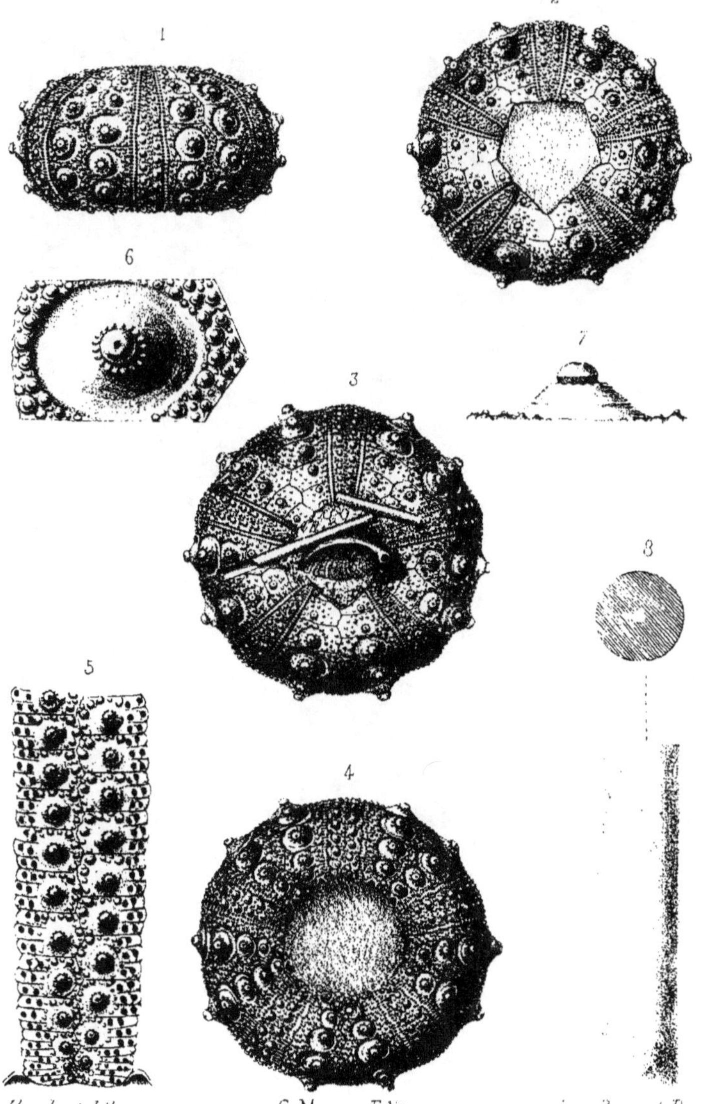

Humbert lith.   G. Masson Editeur.   Imp. Becquet. Paris.

Acrosalenia Marieni, Coteau. Bathonien.

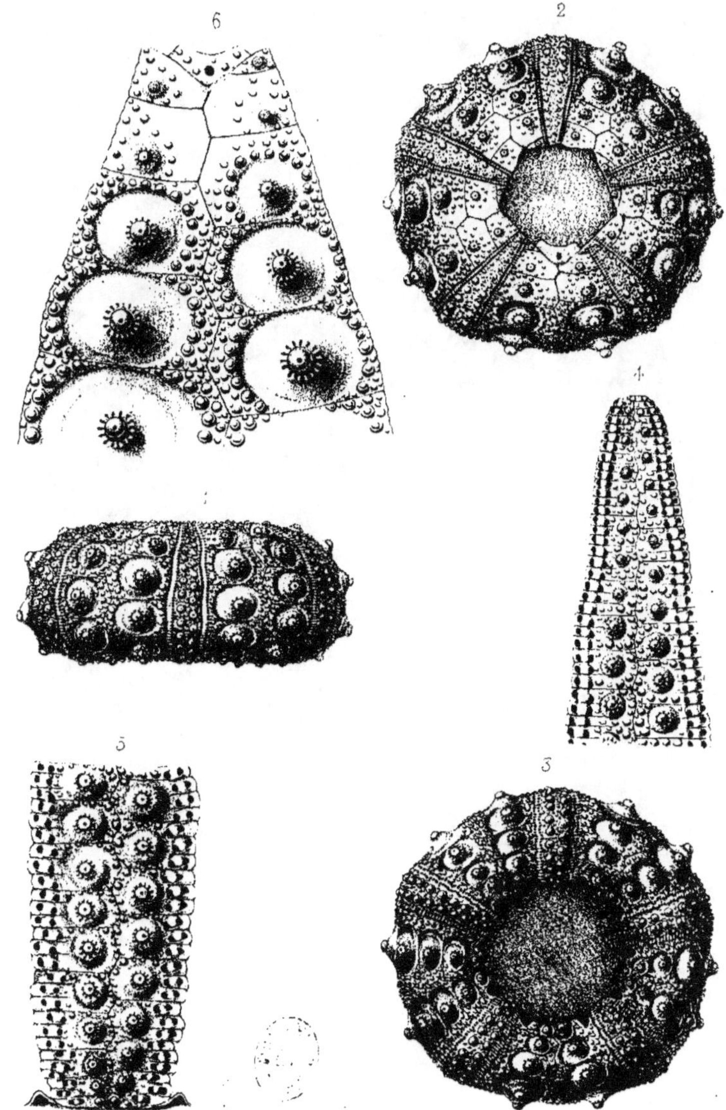

Acrosalenia Marioni, Cotteau. Oxfordien.

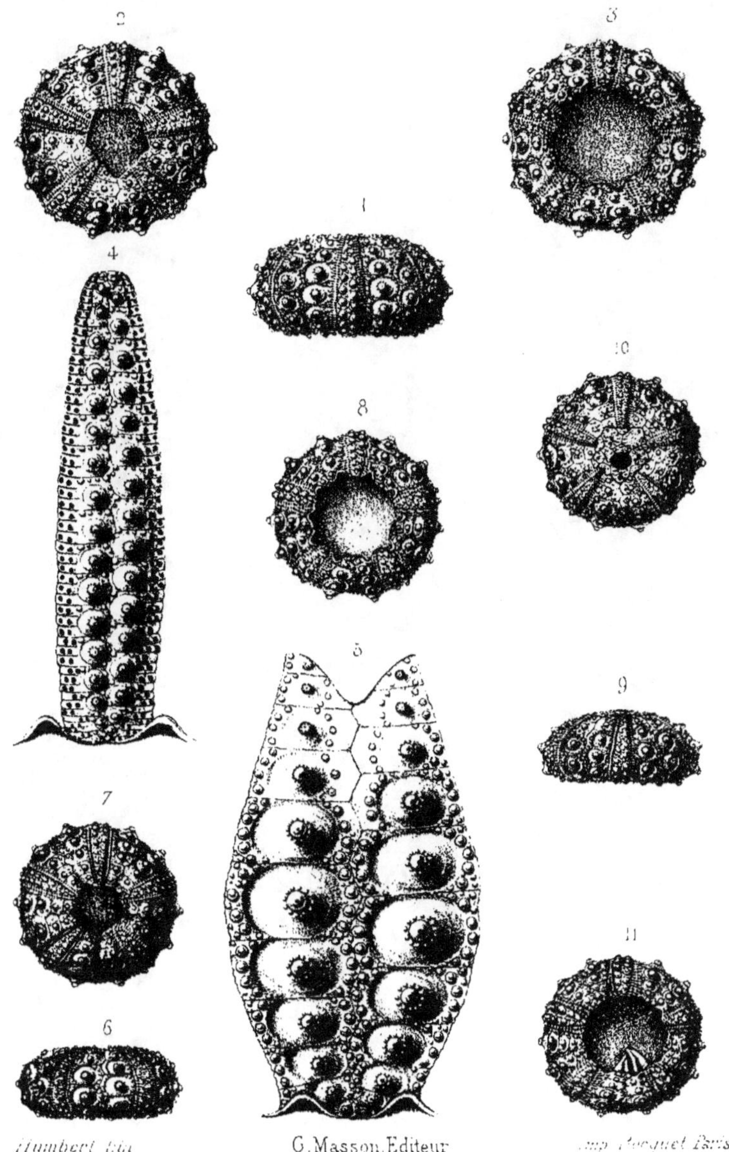

Humbert lith.　　　　G. Masson. Editeur　　　Imp. Becquet Paris.

1. 8. *Acrosalenia radians*, Deser. Callovien.

9. 11. A. ————— *Marcoui*, Cotteau. Corallien.

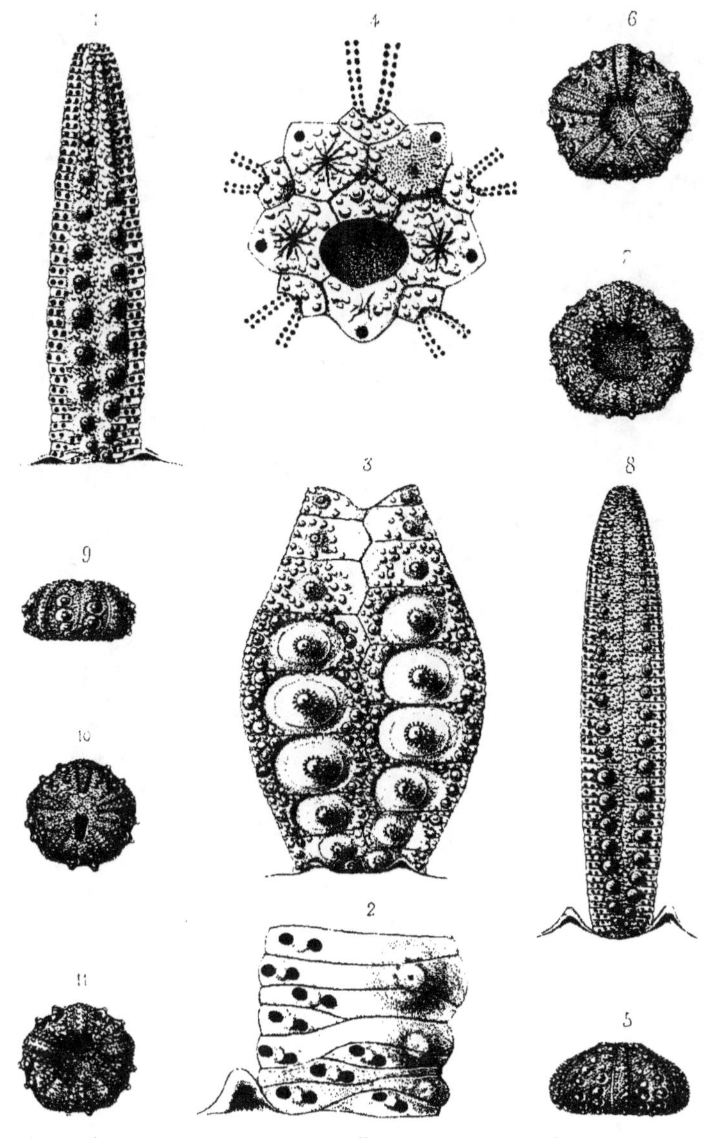

Humbert lith.   G. Masson, Éditeur.   Imp. Becquet, Paris.

1. 4. *Acrosalenia Marconi*, Cotteau, Corallien.

5. 11. A. ________ *angularis*, Agassiz, ________

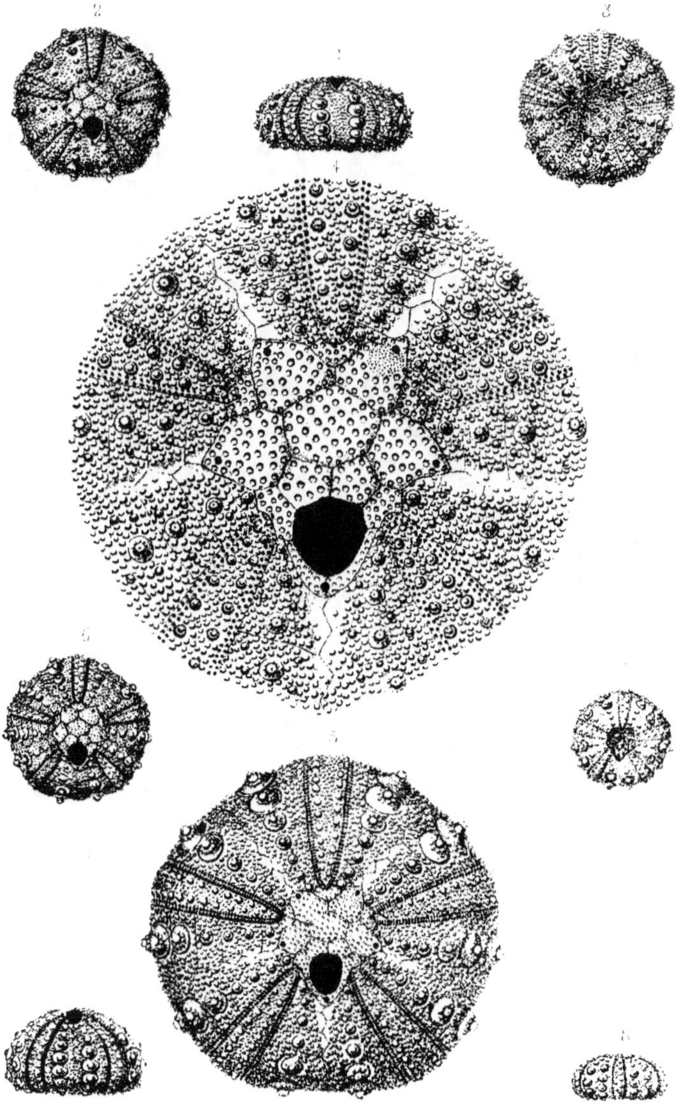

Acrosalenia angularis (Desor) Corallien et Kimméridgien.

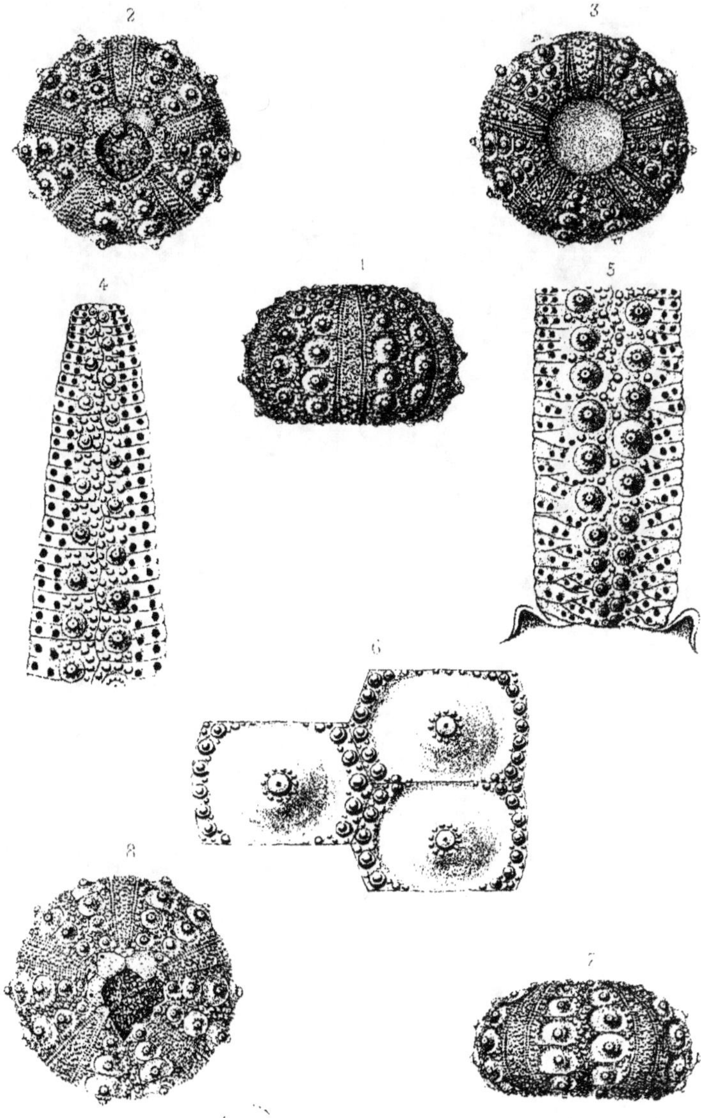

Salenia hieroglypha Wright   Portlandien

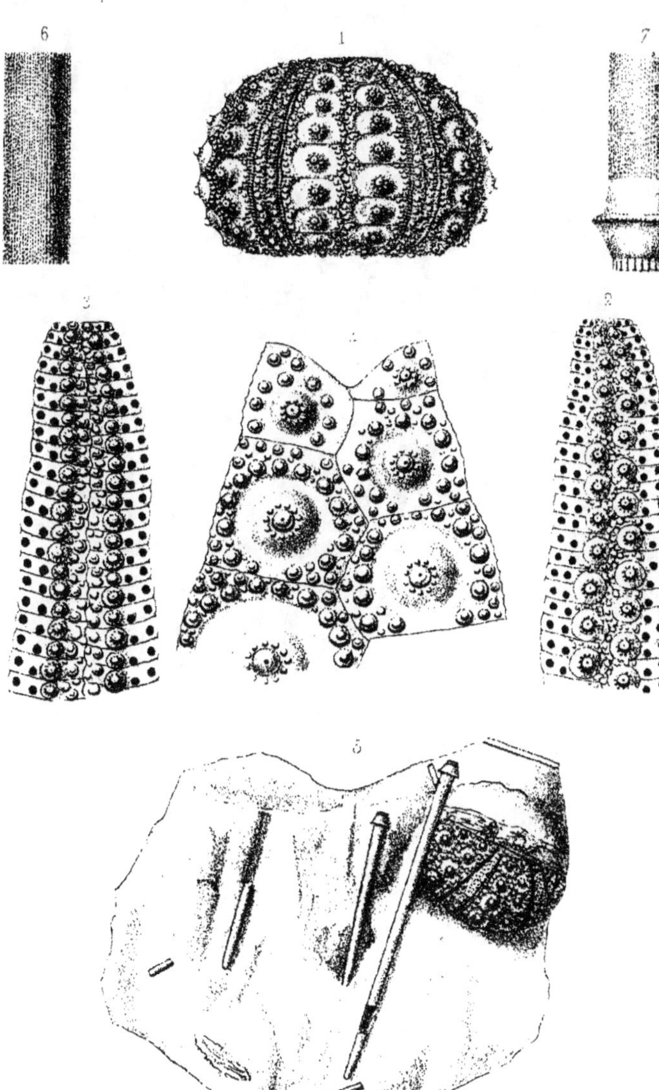

Acrosalenia Kœnigi Wright. Portlandien.

824

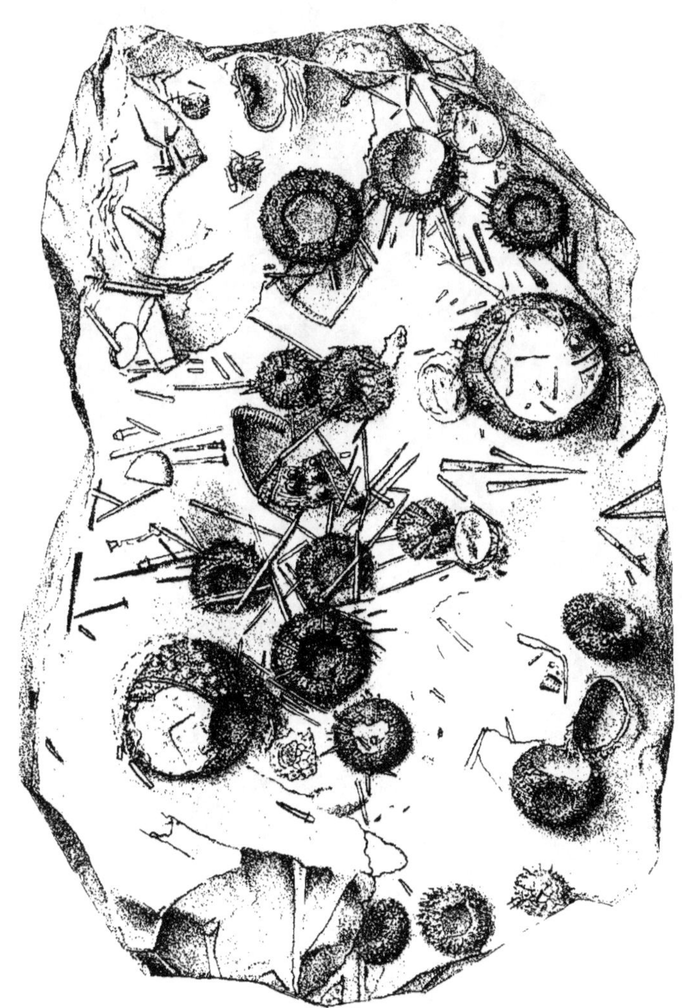

Acrosalenia Lamberti, Cotteau. Portlandien.

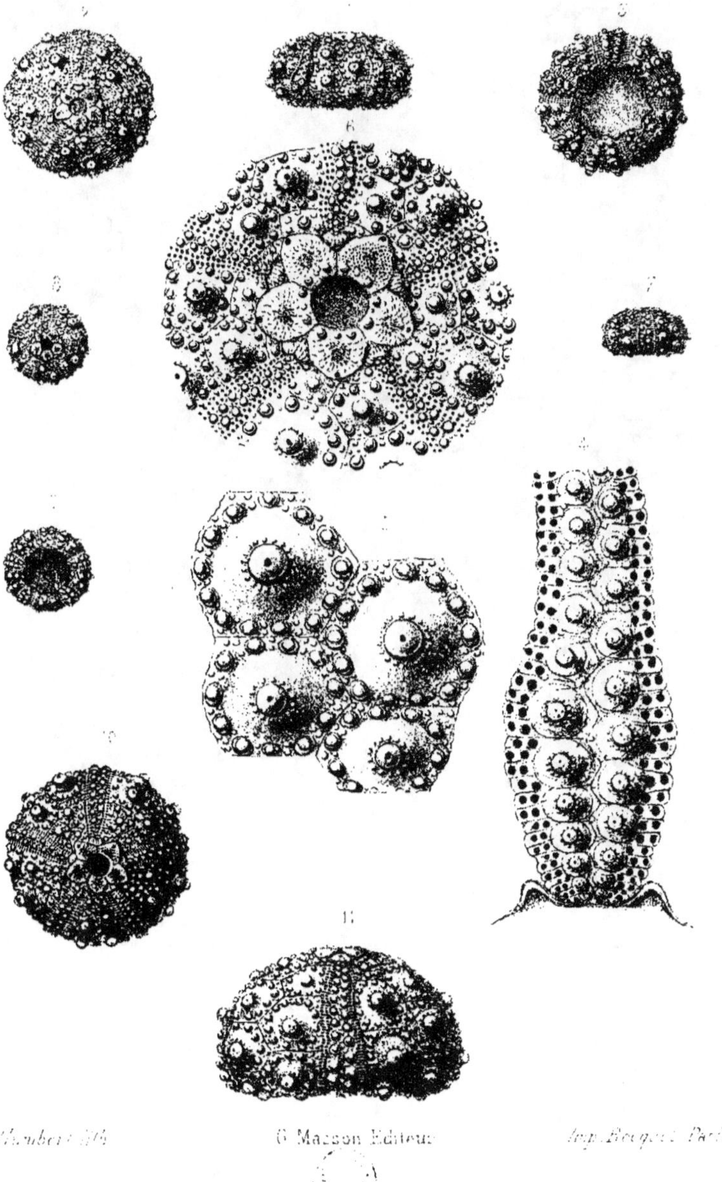

Humbert lith. G Masson Editeur Imp. Becquet Paris.

Pseudocidaris Peroni, Cotteau. Bathonien.

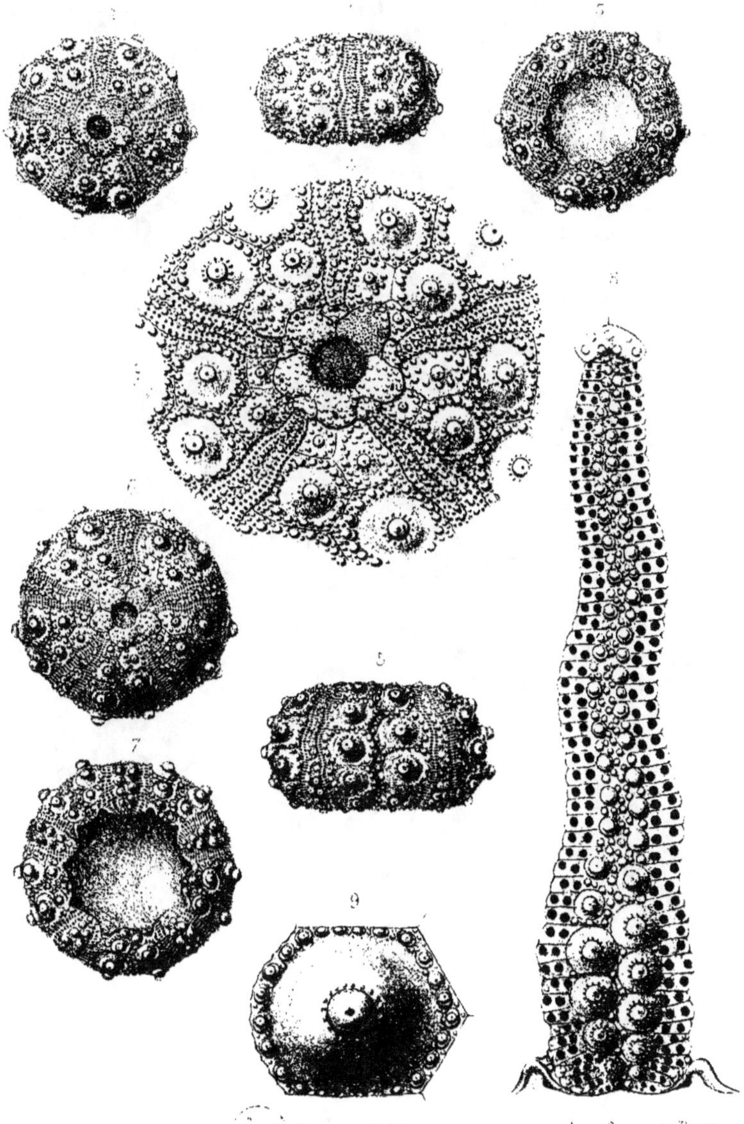

T. Jurassique

Humbert lith.

G. Masson, Editeur.

Imp. Becquet, Paris.

Pseudodiadema Quenstedti (Merian), Cotteau. Corallien.

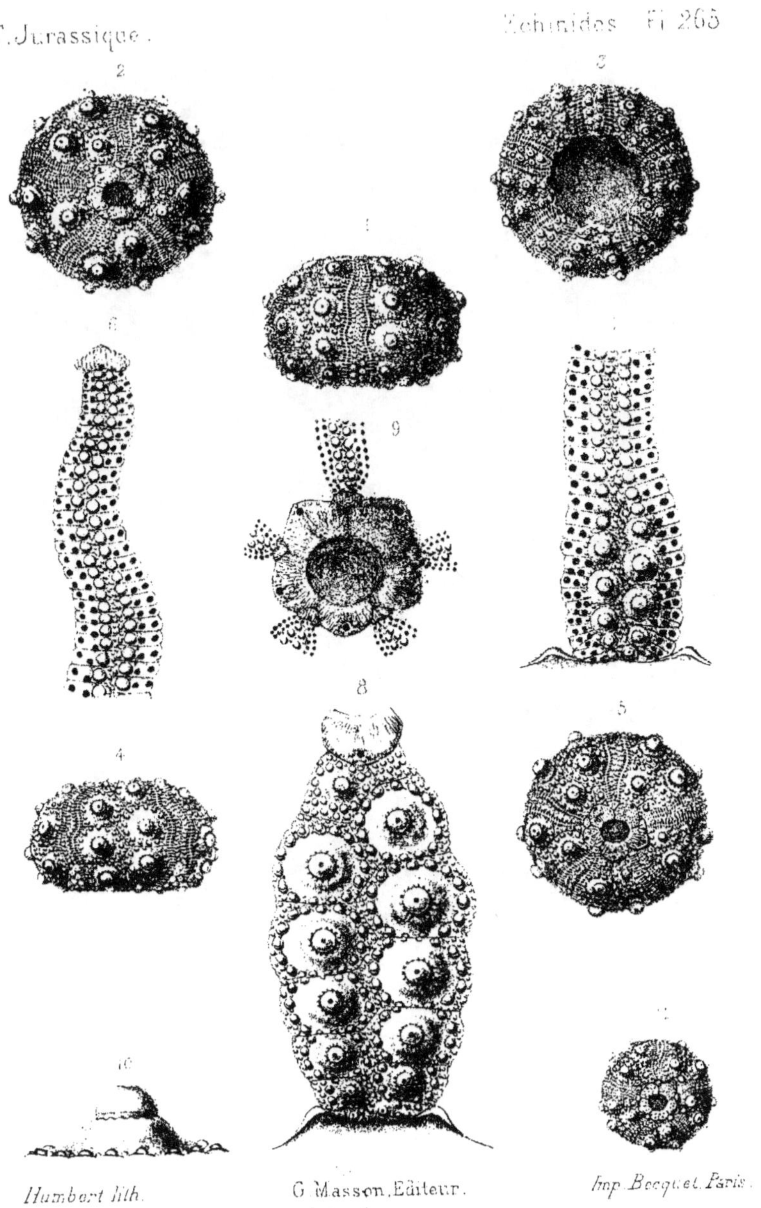

Humbert lith.   G. Masson, Éditeur.   Imp Becquet. Paris.

Pseudocidaris mammosa (Agassiz). de Loriol. Corallien.

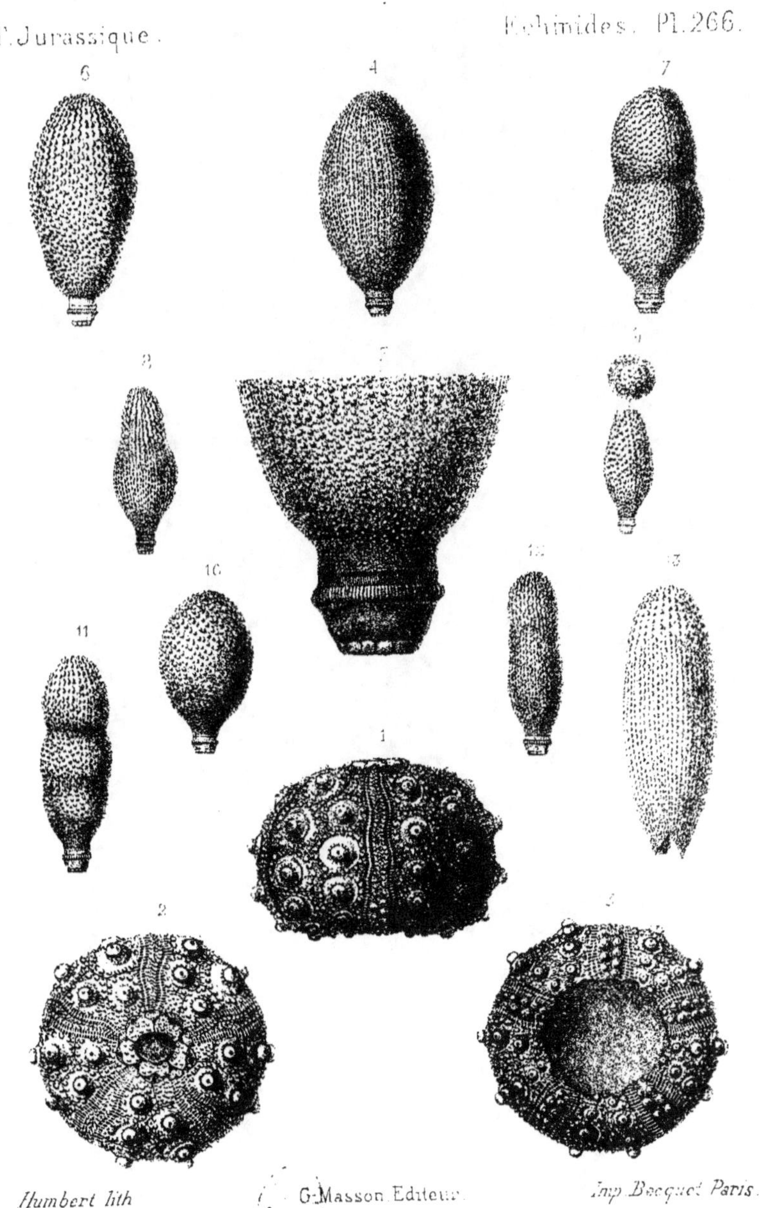

Humbert lith.

G. Masson Éditeur.

Imp. Becquet Paris.

Pseudocidaris mammosa (Agassiz), de Loriol. Corallien.

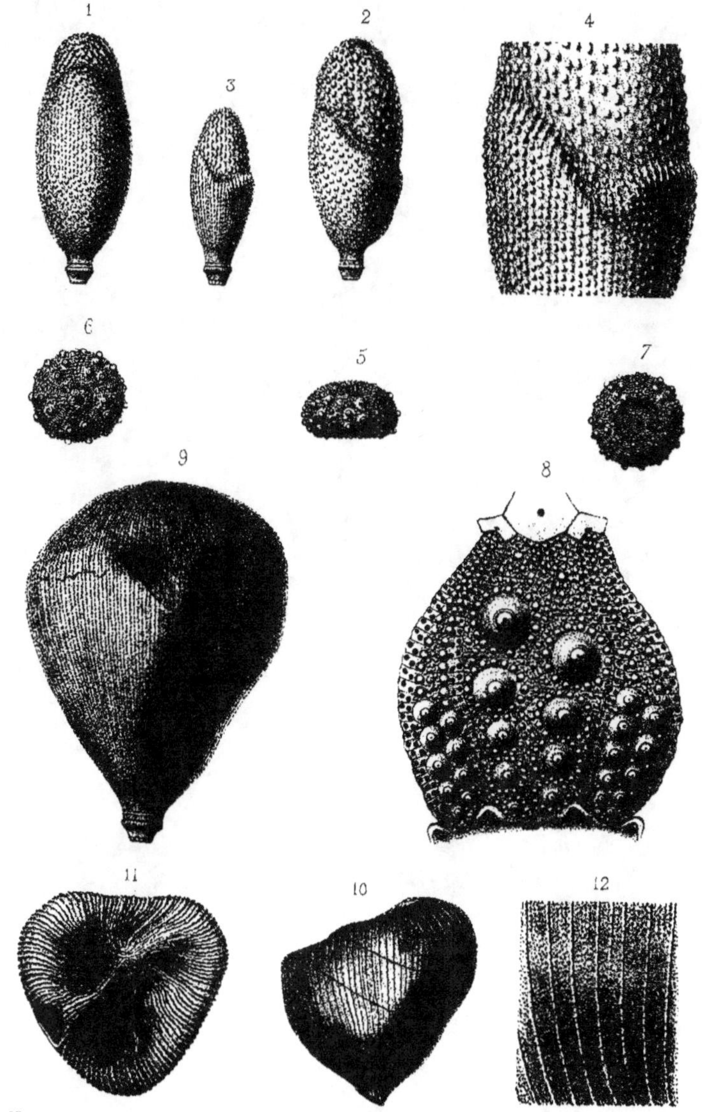

T. Jurassique.

Echinides. Pl. 267.

Humbert lith.

G. Masson, Éditeur.

Imp. Becquet. Paris.

1–4. Pseudocidaris mammosa (Agassiz), de Loriol. Corallien.
5–8. P.——————— pulchella (Cotteau), Étallon. Corallien.
9–12. P.——————— rupellensis, Cotteau. Corallien.

T. Jurassique.

Echinides. Pl. 268.

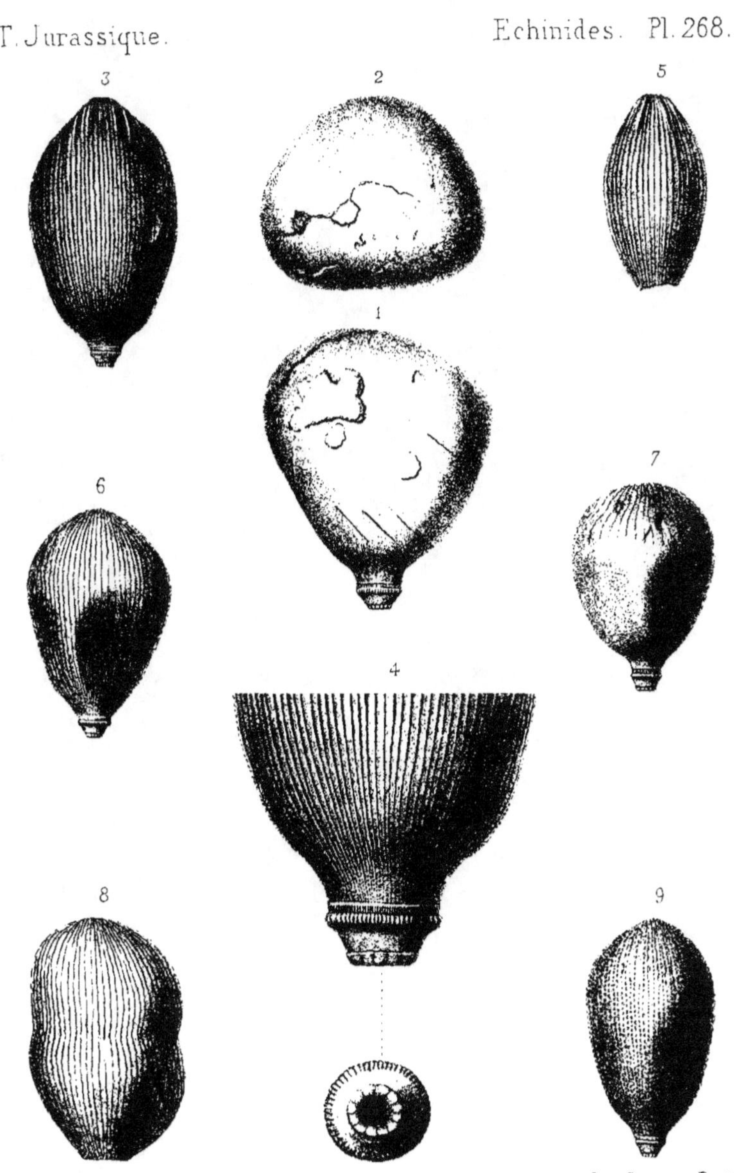

Humbert lith.

G. Masson, Éditeur.

Imp. Becquet. Paris.

Pseudocidaris rupellensis, Cotteau. Corallien.

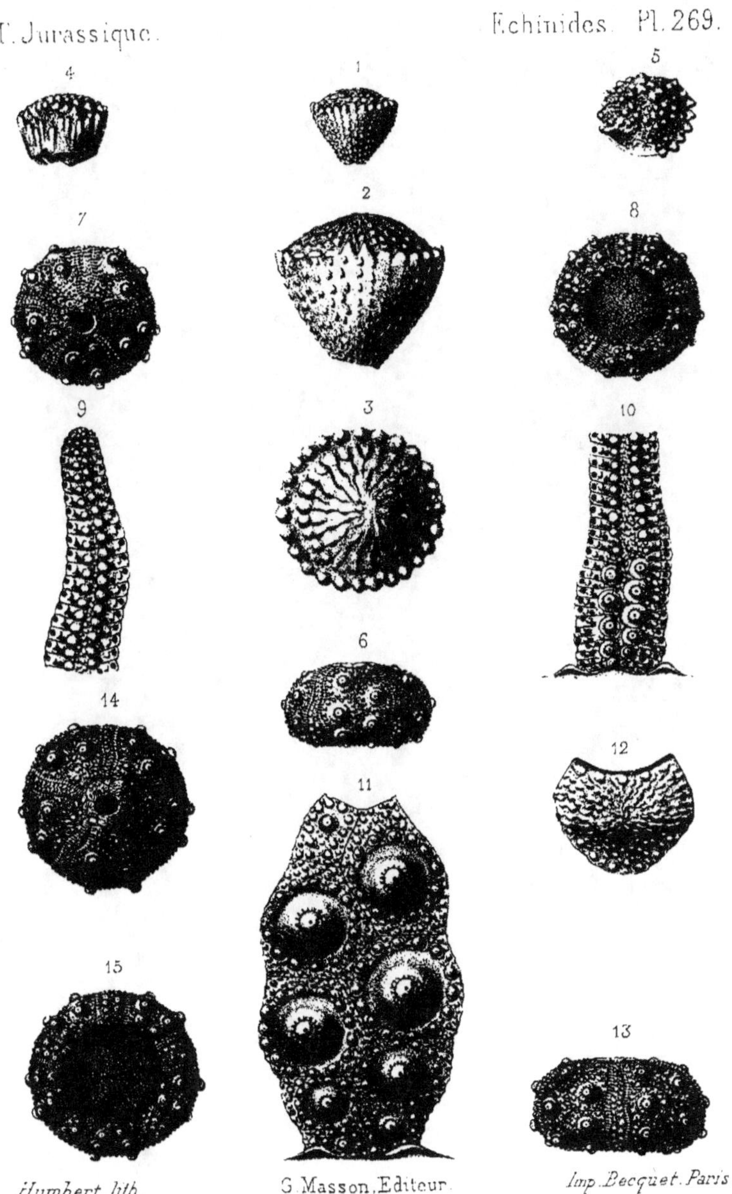

Humbert lith.   G. Masson, Editeur.   Imp. Becquet. Paris.

1 – 5. *Pseudocidaris sub-crenularis*, Gauthier Corallien.
6 – 15. P. _______ *Thurmanni* (Agassiz), Etallon Kimmeridgien.

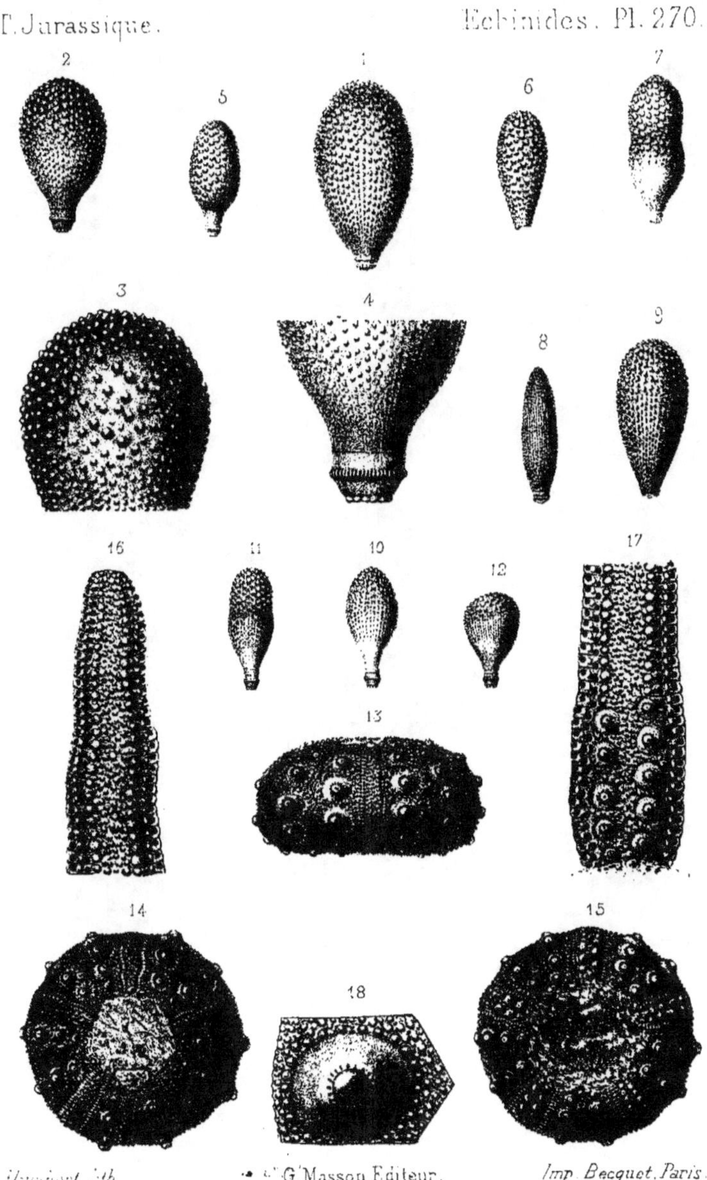

Humbert lith.

G. Masson Éditeur.

Imp. Becquet, Paris.

1-9. *Pseudocidaris Thurmanni* (Agassiz) Étallon. Kimmeridgien.
10-12. P. —————— *grayensis*, Étallon. Portlandien.
13-18. *Hemicidaris ruthenensis*, Gauthier. Bajocien.

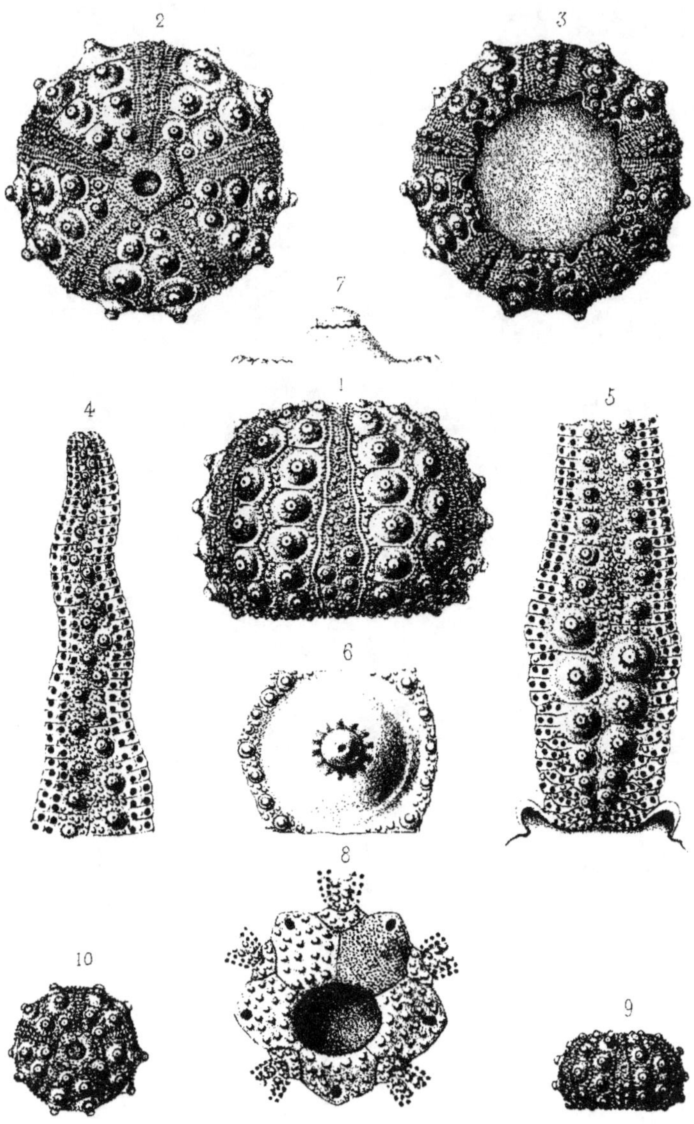

Hemicidaris crenularis (Lamarck) Agassiz, Corallien.

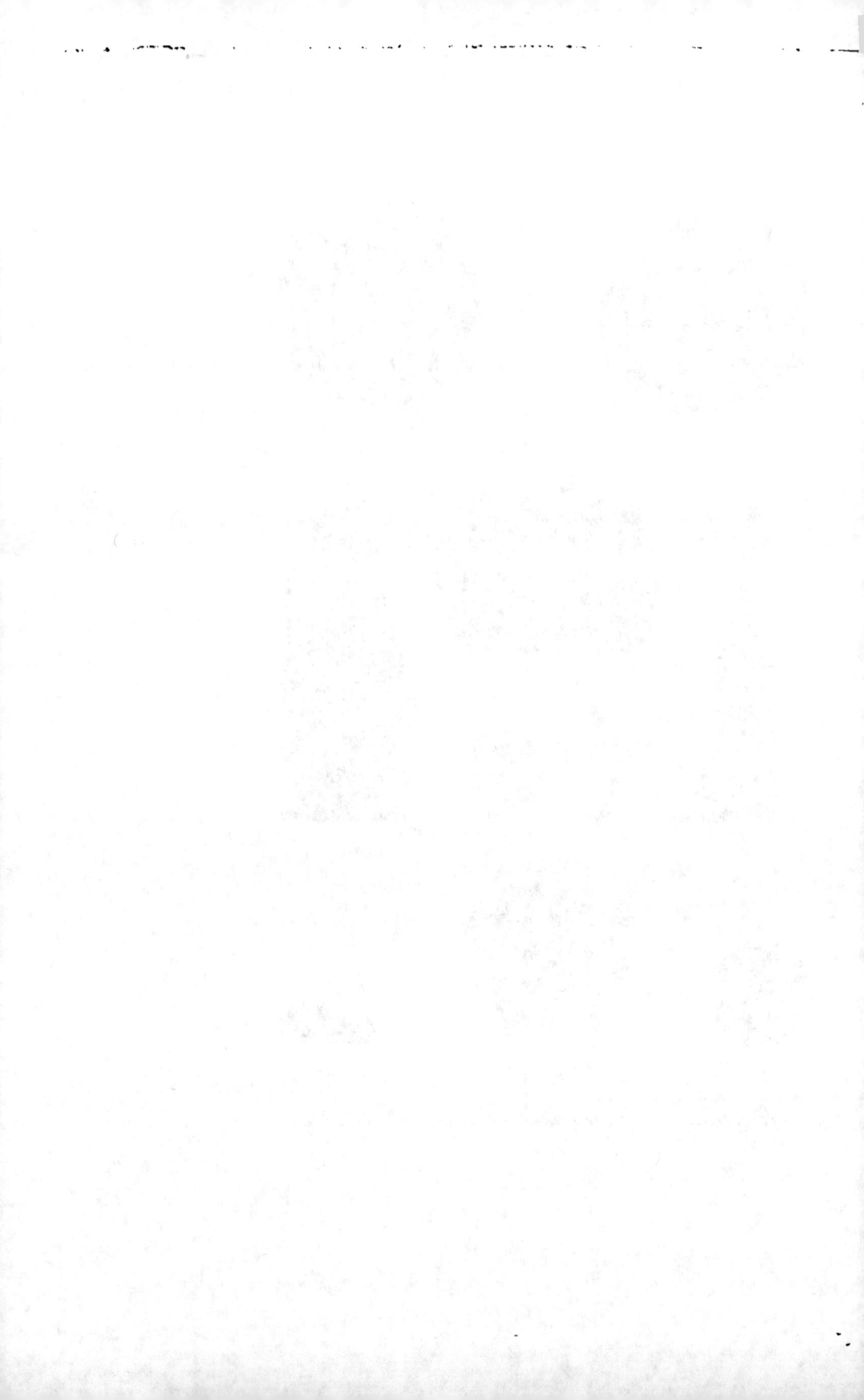

Humbert lith.

G. Masson, Éditeur.

imp Becquet Paris.

Hemicidaris crenularis (Lamarck), Agassiz. Corallien.

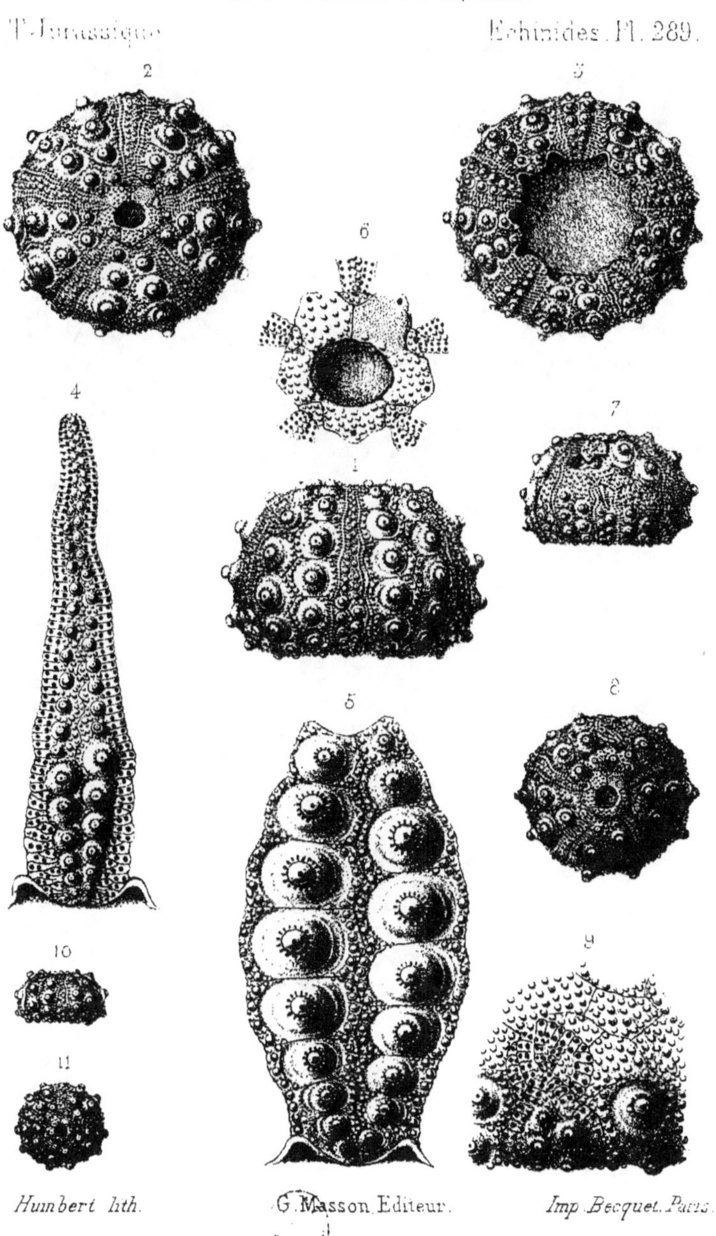

Humbert lith.   G. Masson Editeur.   Imp. Becquet. Paris.

Hemicidaris intermedia (Fleming), Agassiz. Corallien.

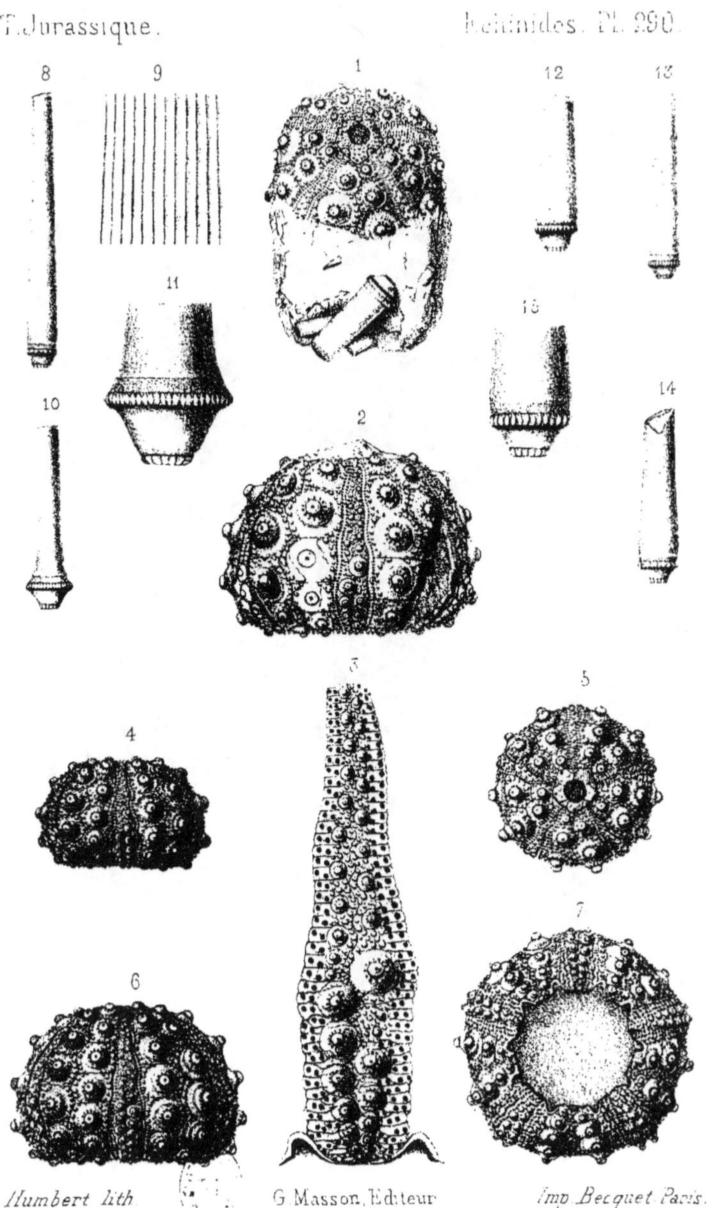

Humbert lith.   G. Masson, Éditeur.   Imp. Becquet, Paris.

Hemicidaris intermedia (Fleming), Agassiz. Corallien.

2

5

3

4

1

7

6

8

9

Humbert lith.   G. Masson, Editeur.   Imp. Becquet, Paris.

1–6. *Hemicidaris merryaca,* Cotteau. Corallien.

7–9. H. ________ Guerini, ________________

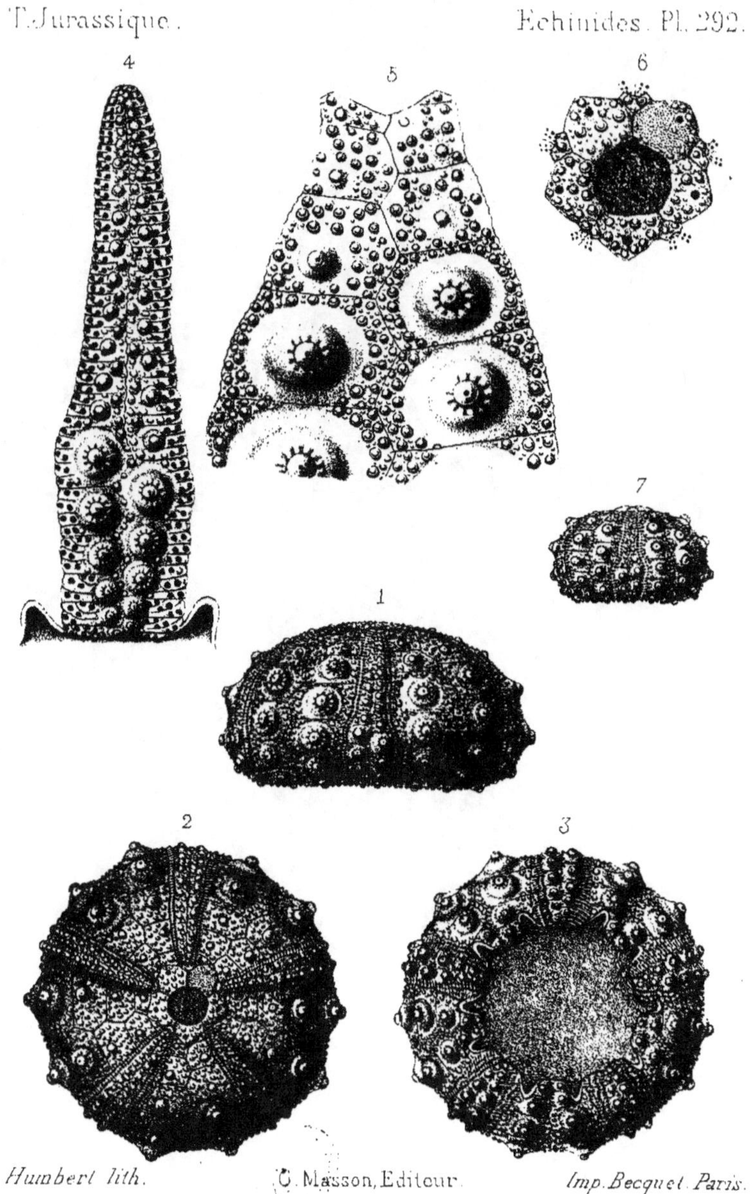

Humbert lith. G. Masson, Editeur. Imp. Becquet. Paris.

Hemicidaris Agassizi (Ræmer), Dames. Corallien.

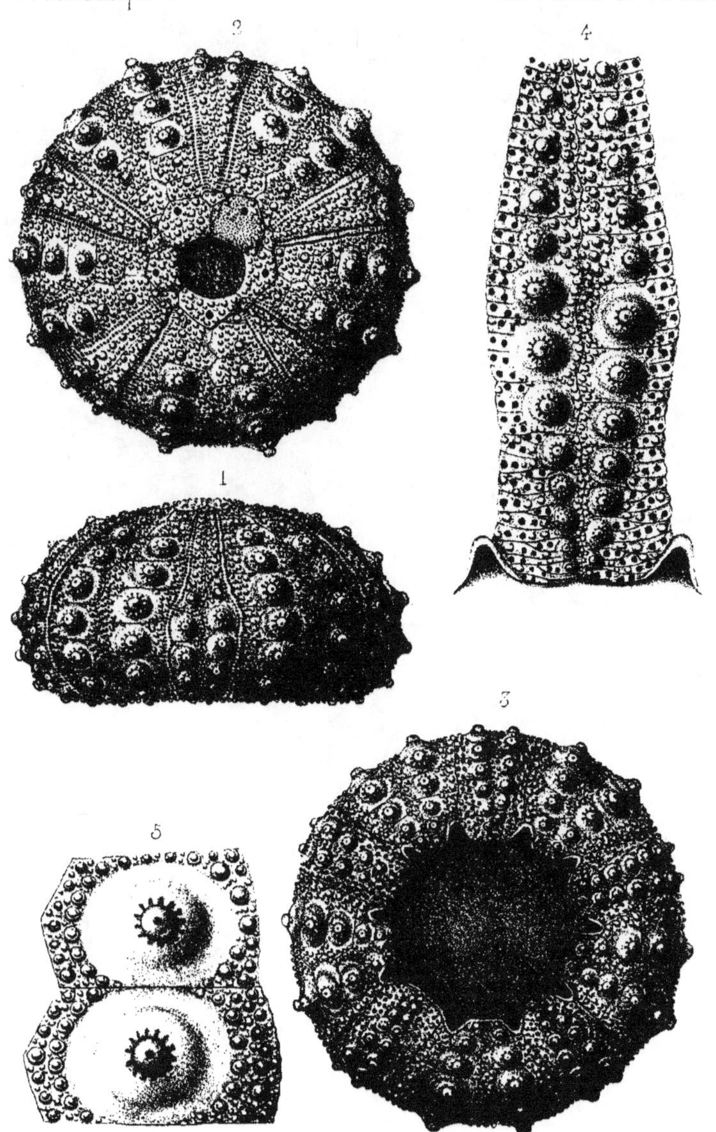

Humbert lith.   G. Masson, Editeur.   Imp. Becquet, Paris.

Hemicidaris Agassizi (Rœmer), Dames. Corallien.

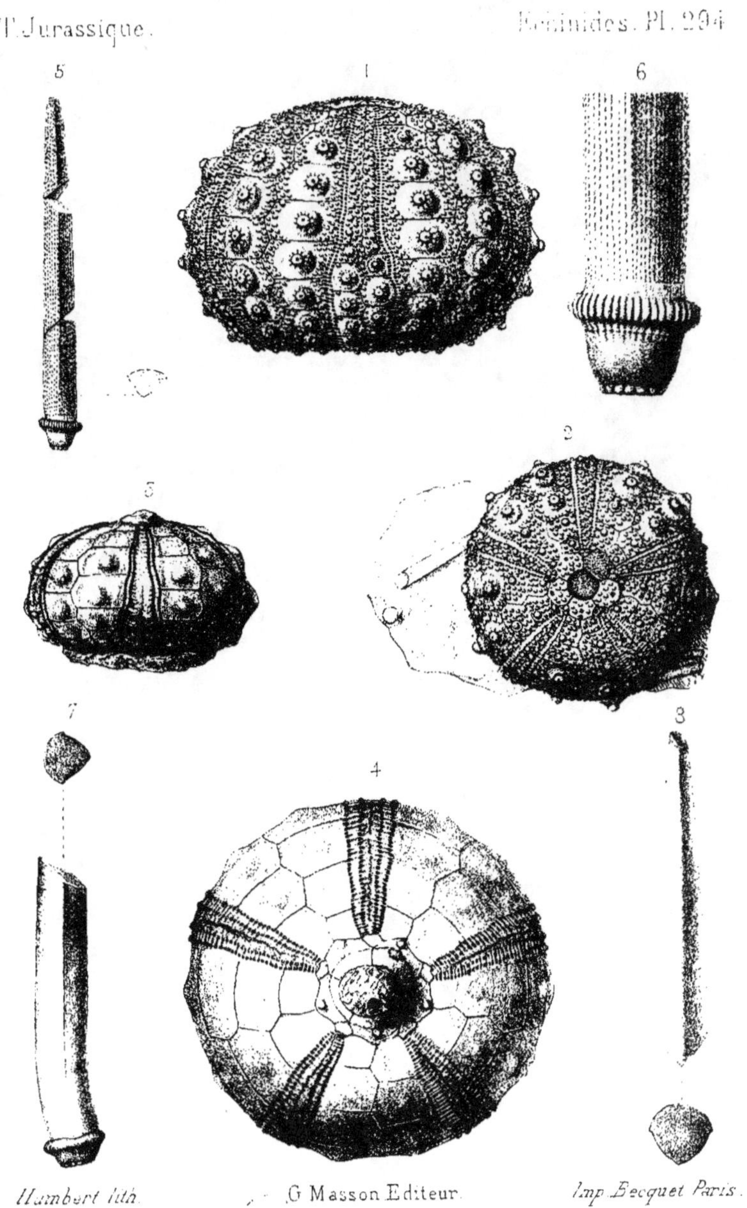

Humbert lith.   G Masson Editeur.   Imp. Becquet Paris.

Hemicidaris Agassizi (Rœmer), Dames. Corallien.

T. Jurassique

Echinides. Pl. 295.

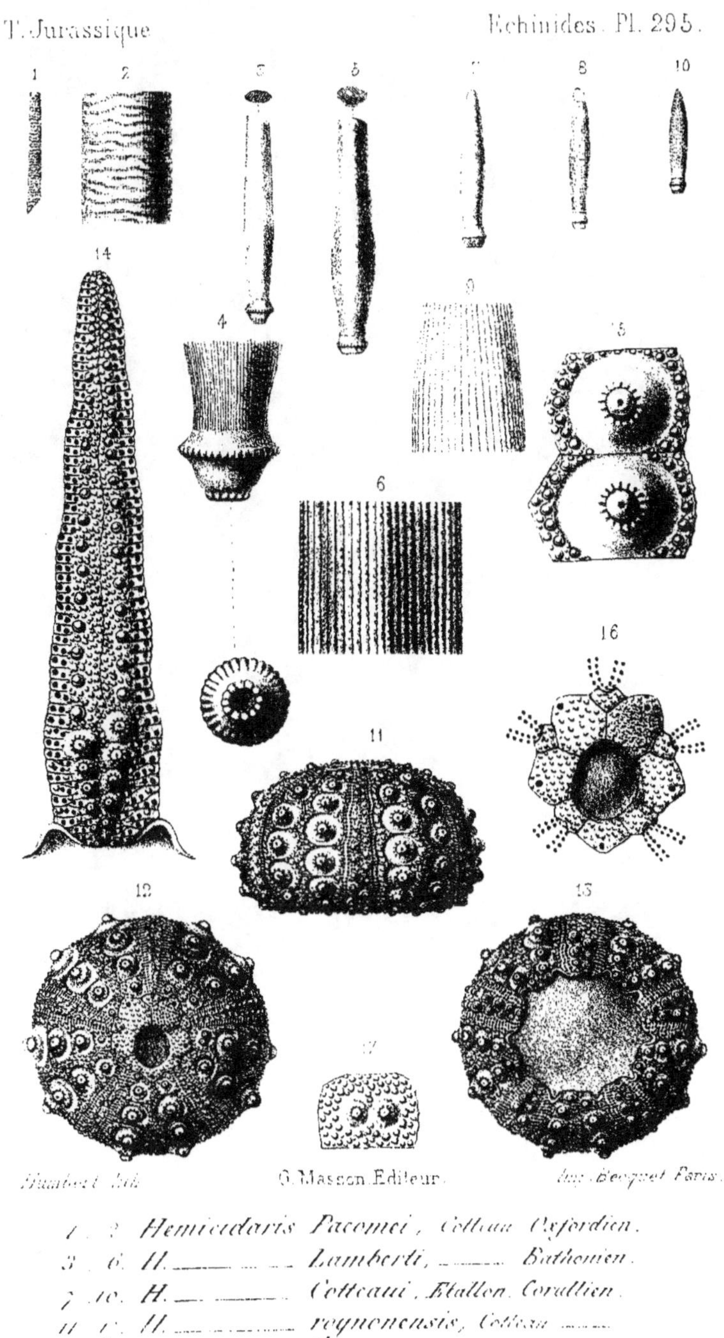

Humbert lith.

G. Masson Editeur.

Imp. Becquet Paris.

1. 2. Hemicidaris Pacomei, Cotteau Oxfordien.
3. 6. H. _______ Lamberti, _______ Bathonien.
7. 10. H. _______ Cotteaui, Etallon Corallien.
11. 17. H. _______ rognonensis, Cotteau _______

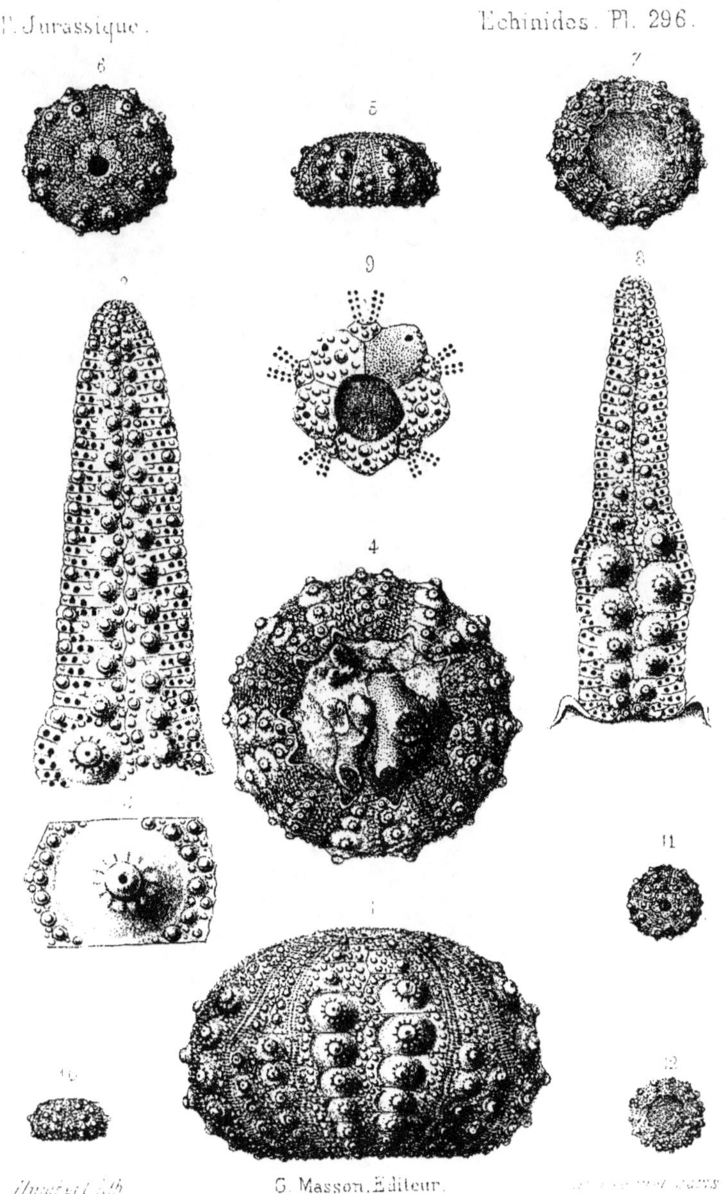

Humbert ad.

G. Masson, Éditeur.

Hemicidaris Lestoquoti Thurmann, Corallien sup.

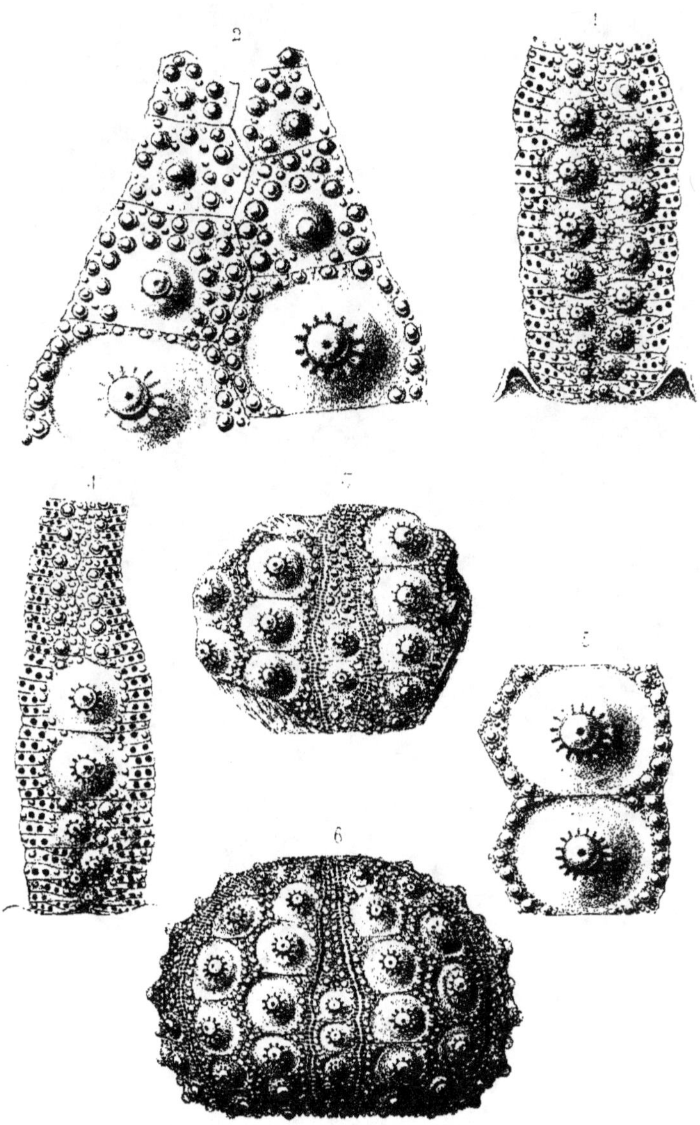

1 _ 2. *Hemicidaris Lestoquii*, Thurmann. Corallien.

3 _ 6. H. ________ serialis, Oppel.

Humbert lith.

G. Masson Éditeur.

imp. Becquet. Paris.

Hemicidaris stramonium, Agassiz. Kimméridgien.

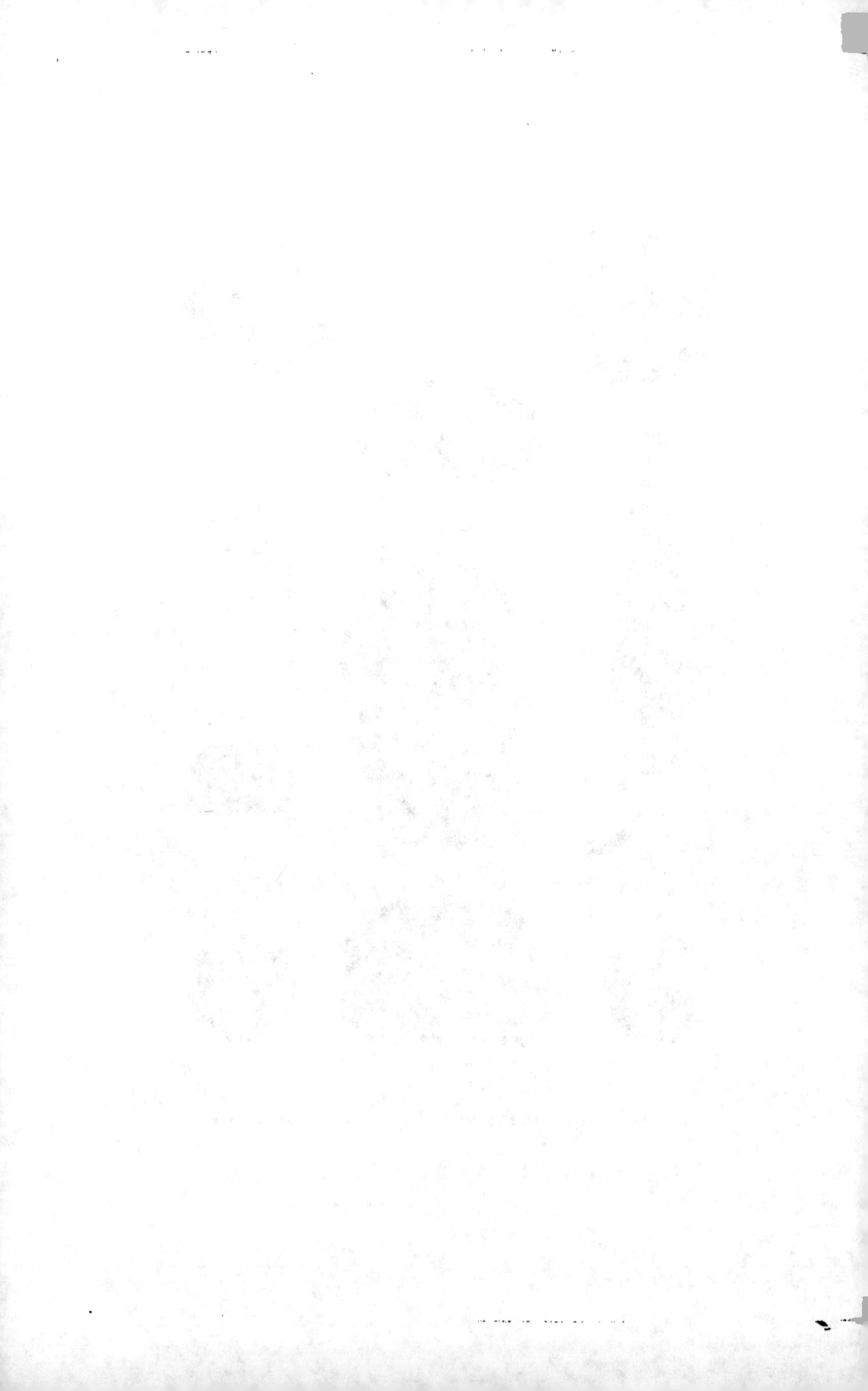